Der Bau der Wolkenkratzer

Kurze Darstellung auf Grund einer Studienreise
für Ingenieure und Architekten

Von

Otto Rappold

Regierungsbaumeister in Stuttgart

———

Mit 307 Abbildungen im Text und 1 Tafel

München und **Berlin**

Druck und Verlag von R. Oldenbourg

1913

Meiner lieben Mutter

gewidmet

Vorwort.

Wie in wirtschaftlicher, so kann auch in baulicher Hinsicht Amerika als das »Land der unbegrenzten Möglichkeiten« bezeichnet werden.

Die glänzende industrielle Entwicklung des Landes, seine ungeheure Größe, die gewaltigen Ströme zwingen im Brücken-, Eisenbahn- und Wasserbau Bauwerke zu schaffen, welche alles übertreffen, was in dieser Beziehung in der Alten Welt geleistet worden ist.

In noch viel drastischerer Weise weichen die Hochbauten, welche die besondere Art des amerikanischen Geschäftsverkehrs entstehen ließ, von allem Hergebrachten ab.

Das vorliegende Werk will diese großen baulichen Leistungen der deutschen Fachwelt näher bringen. Es verdankt seine Entstehung einer vom Verfasser ausgeführten längeren Studienreise in den Vereinigten Staaten, wobei die erhobenen Aufzeichnungen unter Benutzung der amerikanischen Fachliteratur, insbesondere der hervorragenden amerikanischen Zeitschrift »Engineering Record«, ergänzt wurden.

Es lag dem Verfasser ferne, die in Frage stehende Materie auch nur halbwegs erschöpfend zu behandeln, hierfür stand schon der erforderliche Raum nicht zur Verfügung; es wurde vielmehr versucht, in kurzen Umrissen eine Skizze vom Bau der hohen Häuser zu geben, aber doch auf breiterer Grundlage, als dies in den kurzen, meist von Vorträgen herrührenden Aufsätzen in einigen deutschen Zeitschriften geschehen ist.

Es steht zu hoffen, daß die immer größer werdende Schar bildungsdurstiger deutscher Fachgenossen, welche das große Land besuchen, zur schnellen Orientierung bei der kostbaren Zeit das vorliegende Buch gerne und mit Vorteil benutzen. Vor allem aber möchte denjenigen, welche sich für den Bau der Wolkenkratzer interessieren und nicht den Vorzug haben, das Land jenseits des großen Teichs aus eigener Anschauung kennen zu lernen, mit dem Buche ein Dienst erwiesen werden.

Wenn auch der Bau hoher Häuser infolge der bestehenden Baugesetze in Deutschland unzulässig und deshalb eine unmittelbare Nutz-
anwendung auf unser Bauen ausgeschlossen ist, so ist es doch keineswegs ausgeschlossen, daß nicht unsere üblichen Baumethoden dadurch
eine Befruchtung erfahren, welche der Förderung und dem Fortschritte
dient.

Schließlich möchte ich nicht versäumen, dem bewährten Verlage
für die solide Ausstattung des Buches meinen verbindlichsten Dank
auszusprechen.

Stuttgart, im Mai 1913.

Otto Rappold.

Inhalts-Verzeichnis.

I. Einleitung.

Überwältigend und unvergeßlich ist für den Amerikafahrer, der zum erstenmal den Ozean kreuzt, der Eindruck, den er empfängt, wenn bei der Einfahrt in den Hafen von New York die Wolkenkratzer erscheinen, erst klein, weil noch entfernt, aber immer größer werdend, bis sie sich schließlich in ihrer ganzen Riesenhaftigkeit zeigen und mit ihren ungeheuren Silhouetten, zusammen mit dem heulenden und donnernden Geräusche des Verkehrs, als fast unbeschreibbares Bild von Größe und Kraft vor die staunenden Augen treten. Alles Gewohnte der europäischen Städte erscheint klein, und das Auge muß den alten Maßstab ablegen und mit einem anderen größeren Maßstabe messen.

Selbst der Amerikaner, der vielleicht für kurze Zeit sein Land nicht mehr gesehen hat, ist häufig überrascht, denn seinen Blicken bietet sich ein neues, ungewohntes Bild, welches durch neue Riesenhäuser entstanden ist, die, ihre Vorgänger meist um Beträchtliches überragend, fast unaufhörlich aus dem Boden schießen.

Wie naheliegend, daß einen angesichts dieser Ungeheuer ein Gefühl der eigenen menschlichen Kleinheit beschleicht, und doch auch wie begreiflich, daß dieses Gefühl nicht die Oberhand behalten kann angesichts der Tatsache, daß menschliche Tatkraft und Unternehmungsgeist es sind, welche diese Konstruktionen geschaffen haben, die man als weiteres Weltwunder bezeichnen möchte.

Während die europäischen Städte sich mit ihren Konturen in sanften Linien gegen ihren Hintergrund abheben, zeigen die Silhouetten der amerikanischen Städte einen Linienverlauf, der mehr demjenigen einer grobzackigen Säge ähnlich ist, bald steigt die Be-

Abb. 1.

Ansicht des Geschäftsviertels von New York vom Hudson Flusse aus.

Aufnahme im Jahre 1908.

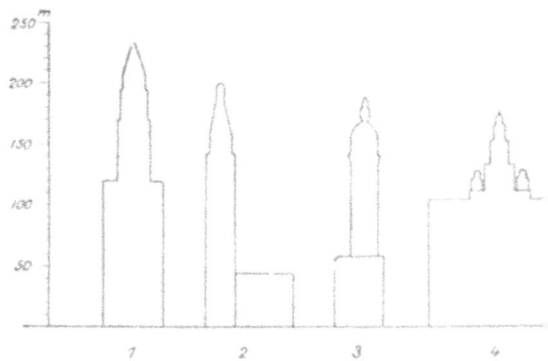

1. Woolworth Gebäude; 2. Gebäude der Metropolitan Lif[...]
11. West Street Gebäude; 12. Wall Street Exchange Ge[...]
19. Whitehall Gebäude; 20. G[...]

. 2.
New York vom East River aus.
Jahre 1908.)

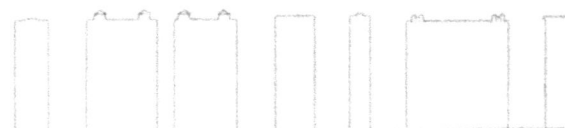

ust Company Gebäude; 6. City Investing Gebäude; 7. Bry
F. Trust Company of America Gebäude; 16. Trinity- and
tliche in New York; 23. Neues Rathaus in Stuttgart; 24.

. .
von Frontumrissen hoher Häuser.

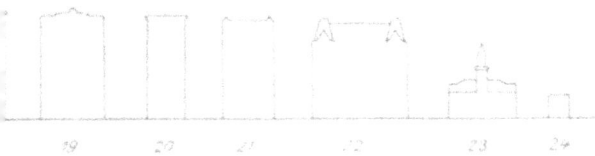

. Park Row Gebäude; 6. Times Gebäude; 10. Nr. 60 Wall Street,
. Realty Gebäude; 17. Flatiron Gebäude; 18. Hotel Belmont;
ckiges Wohngebäude der Alten Welt.

Druck und Verlag von R. Oldenbourg, München.

grenzung steil hinan zum Dache eines 30- oder 40 stockigen Riesen, bald fällt sie jäh hinab auf das Dach eines kleinen 2- oder 3 stockigen Häuschens, das sich wie ein Zwerg daneben ausnimmt.

Doch dürfte dieser Zustand nur ein vorübergehender sein, denn es unterliegt keinem Zweifel, daß die kleinen Häuser allmählich alle fallen und großen Platz machen, so daß in absehbarer Zeit die großen amerikanischen Geschäftsstädte nur noch aus Wolkenkratzern bestehen und dann wieder in ihrem Anblick ein mehr ruhiges, gleichmäßiges Bild bieten werden.

Den buntesten und schroffsten Silhouettenverlauf der amerikanischen Städte zeigt New York, er kann auch des Wassers wegen von allen Seiten besonders gut wahrgenommen werden.

Der Anblick vom East River aus (Abb. 2)[1] steht im allgemeinen demjenigen vom Hudsonflusse aus (Abb. 1) nach, weil auf der dem letzteren Flusse zugewandten Seite der Halbinsel die Wolkenkratzer fast direkt aus dem Wasser aufsteigen, während auf der dem East

---

[1] Die photogr. Aufnahmen zu Abb. 2, 5, 6, 7, 9, 11, 13, 18 u. 19 sind von G. P. Hall & Sohn in New York.

Abb. 3.
Blick ins New Yorker Geschäftsviertel von der Brooklynbrücke aus.

1*

Abb. 5.
Das Woolworth Gebäude in New York.

River zugekehrten New Yorker Seite den Wolkenkratzern eine breitere Häusermasse vorgelagert ist.

Besonders eindrucksvoll ist der Anblick des Wolkenkratzerviertels von der berühmten Brooklynbrücke aus, wenn sich des Abends kurz nach Sonnenuntergang die tiefschwarzen, riesenhaften Schatten der Gebäudekomplexe in gigantischen, fast gespensterhaften Formen gegen den Himmel abheben (Abb. 3).

Heute hat jede größere amerikanische Stadt ihre Wolkenkratzer. New York steht, was Zahl, Höhe und Größe derselben anbetrifft, allen weit voran, es hat Häuser von fast doppelter Höhe als das höchste Haus irgendeiner anderen Stadt aufzuweisen. Dann folgen Chicago, Pittsburg, Philadelphia, St. Louis, Baltimore, San Francisco usw. Die Abb. 4 gibt die Frontumrisse einer Reihe der höchsten Riesengebäude und zum Vergleich am Schlusse das neue Stuttgarter Rathaus sowie ein gewöhnliches 3 stockiges Wohngebäude.

Einen Begriff von den Größenverhältnissen, um die es sich handelt, sollen weiterhin einige Maße und sonstige Angaben über hohe Bauten geben.

Das zurzeit höchste Haus ist das Woolworthgebäude in New York (Abb. 5), das sich seit Ende 1910 im Bau befindet und seit kurzer Zeit fertiggestellt ist. Es besteht aus einem 47 m langen und 61 m tiefen Hauptteile mit 31 Stockwerken über der Straße und einem aus der Mitte der Hauptmasse aufsteigenden Turme von rund 26 m Seitenlänge, der weitere 24 Stockwerke aufweist, so daß er im ganzen 55 Stockwerke hat und der höchste Punkt des Gebäudes 236 m über der Straßenoberfläche liegt. Dieses Gebäude ist weitaus das höchste der Welt, es wird nur von dem Eiffelturm in Paris mit 300 m Höhe übertroffen. Das Gigantische dieses Hauses geht aus einigen weiteren Zahlen hervor. Der Bodenaushub für die Kellerräume und die Fundamente betrug 46 000 cbm. An Beton für die Fundamente waren 20 000 cbm, an gewöhnlichen Backsteinen 17 Millionen Stück, an Terrakotta zu Verkleidungszwecken 7600 t nötig. Für die Decken gebrauchte man 170 000 qm Hohlsteine, für die Scheidewände ebenfalls 170 000 qm, die Eisenkonstruktion wog 23 000 t. Die mittlere Arbeiterzahl am Hausbau betrug pro Schicht 2000 Mann, eine Zahl, wie wir sie in der alten Welt nur bei den größten Ingenieurbauten gewohnt sind.

Das an Höhe ihm nächstkommende ist das Haus der Metropolitan Life Insurance Company in New York, das mit seinem Turme eine Höhe von 208 m über der Straße erreicht (Abb. 6). Das Ge-

Abb. 6.
Metropolitan Life Insurance Company Gebäude in New York.

Abb. 7.
Der Singer Turm.

Abb. 8.
Das Singer Gebäude im Bau.

bäude wurde, dem Bedürfnis entsprechend, allmählich erstellt und
nimmt jetzt nach seiner Fertigstellung einen ganzen Straßenblock
von 61 m Breite und 129 m Länge ein. Es ist im Hauptteile nur
11 Stockwerke hoch, an der einen Ecke jedoch steigt ein Turm bis
zu 55 Stockwerken über die Straße empor, der rund 23×26 m
im Querschnitt mißt und oben pyramidenförmig ausläuft.

Der ganze ungeheure Bau hat blendendweiße Farbe und ist
mit Marmor verkleidet, der mit Backsteinen hintermauert ist.

Das Singer Gebäude (Abb. 7 u. 8) hat einen 14 stockigen Hauptteil und einen aus der Mitte herauswachsenden Turm, der bis auf eine
Höhe von 186 m über Straße emporführt und 47 Stockwerke enthält. Das Äußere ist recht gefällig und die Architektur von allen
Türmen am besten gelungen. Die sichtbaren Materialien sind Ziegelstein und Kalkstein dazwischen als Einfassung. Das Dach ist mit
Schiefer abgedeckt.

Das Municipal Gebäude (Abb. 9), welches die Stadtverwaltung
zur Aufnahme ihrer Kanzleien erbaut hat, weist ebenfalls den Charakter des Hauptbaues mit aufsteigendem Turm auf. Das Hauptmassiv enthält 25 Stockwerke, die bis auf 103 m Höhe über die Straße
reichen. Der aus der Mitte der gewaltigen Masse emporstrebende
Turm enthält weitere 15 Stockwerke, so daß die Gesamtstockwerks-
zahl 40 beträgt und eine Gesamthöhe bis zur Turmspitze von 171 m
über der Straße vorhanden ist. Der benutzbare Flächenraum beträgt
56 000 qm. An Beton wurden gebraucht: Für die Fundamente 70 000
cbm, für einen kleinen Teil der Decken und feuersicheren Umhüllung 4000 cbm, an Ziegelsteinen und Verblendern wurden 13 Millionen Stück, an Granitsteinen zur Verkleidung 20 000 cbm vermauert. Zur Herstellung des größten Teils der Decken und feuersicheren Umhüllungen waren 140 000 qm hohle Terrakotta nötig.
Das Gewicht der Eisenkonstruktion beläuft sich auf 26 000 t. Diese
Zahl stellt die Jahresproduktion einer bedeutenden deutschen Brücken-
bauwerkstätte dar. Der gewaltige Verkehr im Gebäude wird durch
33 Aufzüge bewerkstelligt.

Das City Investing Gebäude (Abb. 10) in New York ist ein
dicht an das Singer Gebäude anstoßendes und gleichzeitig mit ihm
errichtetes Gebäude, das auf einer Grundfläche von rund 3000 qm
steht. Sein Aussehen ist weiß, die Außenmauern sind mit weißen,
porzellanartigen Verblendern verkleidet. Es hat einen Rauminhalt
von 283 000 cbm und eine vermietbare Bodenfläche von 46 500 qm.
Einschließlich Bauplatz betrugen die Baukosten 10 Millionen Dollar.

Abb. 9.
Das Municipal Gebäude in New York.

Der Hauptteil des Anwesens hat 27 Stockwerke, die sich auf eine
Höhe von 107 m über der Straße erstrecken, ein zentraler Teil überragt denselben noch und geht auf 33 Stockwerke und 148 m.

Das Gebäude der Bankers' Trust Gesellschaft (Abb. 11) ist ein
rechteckiger Schaft mit Außenmauern aus Granit und Backstein-

hintermauerung und einem pyramidenförmigen Steindach. Das
Haus hat Fronten von 29 m an der Wall Street und 29½ m an der
Nassaustraße, an Stockwerken hat es 4 unter und 39 über der Straße.
Die 8 letzten Stockwerke liegen in dem Pyramidendach.

Das bestehende Whitehall Gebäude in New York hat 22 Stockwerke (Abb. 12). Neuerdings ist eine Erweiterung hinzugekommen,

Abb. 10.
Das City Investing Gebäude in New York.

die fast dreimal die Grundfläche des alten Gebäudes einnimmt und
auf 32 Stockwerke geht. Das Haus kostete ohne Bauplatz 4 Millionen Dollar.

Vor dem riesigen Komplex befindet sich ein freier Platz an der
Südspitze von New York, so daß derselbe von einiger Entfernung
aus ohne Hindernis übersehen werden kann und einen imposanten
Anblick darbietet.

Abb. 11.
Das Gebäude der Bankers' Trust Gesellschaft in New York..

Ein Gebäude, das durch seine ungeheure Masse auffällt, ist dasjenige der Hudson Terminal Gesellschaft in New York (Abb. 13 u. 13 a) Es steht ebenfalls im down town Viertel und ist ein Doppelhaus, das nur unter dem Boden zusammenhängt. Die Grundfläche, auf dem die beiden Gebäude stehen, beläuft sich auf 6500 qm. Trotz

Abb. 12.
Das Whitehall Gebäude in New York.

seiner 22 Stockwerke verleugnet deshalb dieses Gebäude, das durchweg gleich hoch ist, den Turmcharakter ganz. In seinen Untergeschossen beherbergt es den Endbahnhof der zwei Tunnels unter dem Hudsonflusse und bietet die Möglichkeit der Verbindung mit den Hochbahn- und Untergrundbahnlinien in New York. Die Station hat äußere Dimensionen von 64 × 133 m. Das Gebäude ist fähig, 10 000 Mieter und Angestellte in seinen Räumen aufzunehmen, das

ist die Einwohnerzahl einer kleinen Stadt. Täglich sollen an die
500 000 Personen durch das Gebäude gehen, das wäre eine Zahl gleich
der Einwohnerschaft Münchens. Das Eisenwerk des Gebäudes wiegt
25 000 t, das Gesamtgewicht des Gebäudes einschließlich Nutzlast,
das auf den Boden übertragen wird, beläuft sich auf etwa 170 000 t.
Die Anzahl Backsteine, die am Gebäude verwendet wurden, betrug

Abb. 13.
Das Gebäude der Hudson Terminal Gesellschaft in New York.

Abb. 13 a.
Das Gebäude der Hudson Terminal Gesellschaft in New York von
der Hochbahn aus gesehen.

etwa 16 Millionen Stück, und der Beton, welcher allein für die Beton-
decken verarbeitet wurde, hat einen Kubikinhalt von 28000 cbm.
Die Länge der Wasserleitungsröhren im Hause beträgt rund 25 km,
diejenige der Dampfleitungen 47 km, die Drähte für die Beleuchtung
haben eine Länge von 180 km, sie speisen gegen 30 000 Lampen.
Vorhanden sind 5000 Fenster- und ebensoviel Türöffnungen. Der
Verkehr wird von 39 Aufzügen bewältigt. Die Gebäude haben Außen-
mauern aus Ziegelsteinen, die bis zum 5. Stockwerk mit poliertem
Granit und Kalkstein und darüber hinaus bis zum 16. Stock mit
Terrakotta bekleidet sind.

Das West Street Gebäude in New York (Abb. 14) hat eine Höhe
von 23 Stockwerken und liegt nahe an der Wasserfront des Hudson,
das Äußere ist mit Granit und Terrakotta verkleidet.

Das Times Gebäude (Abb. 15) geht bis zu einer Höhe von etwa
110 m über dem Boden. Es liegt am schiefen Zusammenschnitt des
Broadway mit der 7. Avenue und hat daher dreieckigen Grundriß.
An der einen Schmalseite überragt ein Turm das Hauptmassiv des Ge-

Abb. 15.
Das Times Gebäude in New York.

Abb. 14.
Das West Street Gebäude in New York.

bäudes. Dadurch, daß durch horizontale und vertikale stark ausge-
prägte Linien immer mehrere Stockwerke zusammengefaßt sind,
macht das Gebäude nicht den Eindruck, als ob es 28 Stockwerke
enthielte. Der untere Teil
ist mit Kalksteinen, der
obere mit gelblichweißen
Ziegelverblendern bekleidet.

Einen noch spitzigeren
Grundriß weist das Fuller
Gebäude, oder nach seiner
Grundrißform Bügeleisen-
gebäude genannt, auf.
(Abb. 16).
Es ist auf einem Areal von
nur 710 qm Fläche errich-
tet, und die Grundrißlösung
war infolgedessen eine sehr
schwierige. Das Gebäude
hat 20 Stockwerke, ist nahezu 91 m hoch und hat
11 000 qm Bodenfläche.
Wegen seiner merkwürdigen
Form und seiner ausgezeich-
neten Lage ist es einer
der bekanntesten Wolken-
kratzer New Yorks.

An Riesenhäusern für
Hotelzwecke sollen das Belmont Hotel, das Plaza Hotel
und das Hotel Mc Alpin,
alle in New York erwähnt
werden.

Das Belmont Hotel
(Abb. 17) ist gegenüber der
Grand Central Station ge-
legen und hat 23 Stock-

Abb. 16.
Das Fuller Gebäude in New York.

werke über und 4 unter dem Boden. Seine Höhe über der
Straße beträgt 89 m. Die vermietbare Bodenfläche beläuft
sich auf 23 600 qm, die Baukosten betrugen etwa 10 Millionen
Dollar.

Das Plaza Hotel (Abb. 18) hat ein blendend weißes, vornehmes Aussehen und kommt, da es sich vor einer größeren Platzanlage befindet, voll zur Geltung. Es besitzt 19 Stockwerke und hat annähernd rechteckige Grundfläche von 83 m Länge und 68 m mittlerer Tiefe.

Abb. 17.
Das Belmont Hotel in New York.

Das Hotel Mc Alpin ist das neueste Riesenhotel und das größte in New York und sicherlich in der Welt überhaupt. Es bedeckt eine Grundfläche von 61 m Länge und 60 m Breite in den äußersten Abmessungen und hat über der Straßenfläche eine Höhe von $94\frac{1}{2}$ m. Es enthält 25 Stockwerke über und 4 unter dem Boden. Das tiefste liegt 16 m unter der Straße. An Zimmern dürften gegen 2000 vorhanden sein.

Abb. 18.
Das Plaza Hotel in New York.

Abb. 19.
Trinity- and United States Realty Gebäude in New York.

So wären in New York noch zahlreiche, großartige Gebäude zu nennen. Im ganzen gibt es zurzeit gegen 50 Wolkenkratzer daselbst, die mehr als 20 Stockwerke über der Straße aufweisen. Einige davon sind noch in den Abb. 19—23 dargestellt.

Nächst New York hat die größten und höchsten Häuser Chicago.

Abb. 20.
Das Park Row Gebäude in New York.

Eines der imposantesten ist das 55 × 55 m messende La Salle Hotel mit 22 Stockwerken und ungefähr 79 m Höhe über der Straße. Die Außenwände bestehen aus Ziegelsteinen mit Terrakottaverkleidung, nur bis zum 4. Stockwerk herauf ist eine Steinverkleidung ausgeführt.

Außer diesem sind Chicagos größte und höchste das gewaltige Monadnock Gebäude mit 18 Stockwerken (Abb. 24), das Fisher

Gebäude mit 22 Stockwerken, der Masonic Temple (Abb. 25) mit 19 Stockwerken, das große National Bank Gebäude, das Railway Exchange Gebäude (Abb. 26), das Reliance Gebäude (Abb. 27), das als ein großer Glaskasten bezeichnet werden kann, u. a. m.

Abb. 21.
Das German American Insurance Company Gebäude
in New York.

Das Pittsburger höchste ist das 25 stockige Farmers' Deposit National Bank Gebäude, das aus weißem Marmor und dunklen Ziegelsteinen erbaut ist. Außer diesem sticht noch insbesondere das massige 20 stockige Frick Gebäude, von überall aus sichtbar, hervor.

Ein Blick in die Geschäftsstadt von Baltimore von einer umliegenden Höhe aus gesehen ist in Abb. 28 dargestellt.

Abb. 22.
United States Express Gebäude in
New York.

Abb. 23.
Haus Nr. 60 Wall Street von der
Hochbahn aus gesehen.

Abb. 24.
Das Monadnock Gebäude in Chicago.

Abb. 25.
Der Masonic-Temple in Chicago.

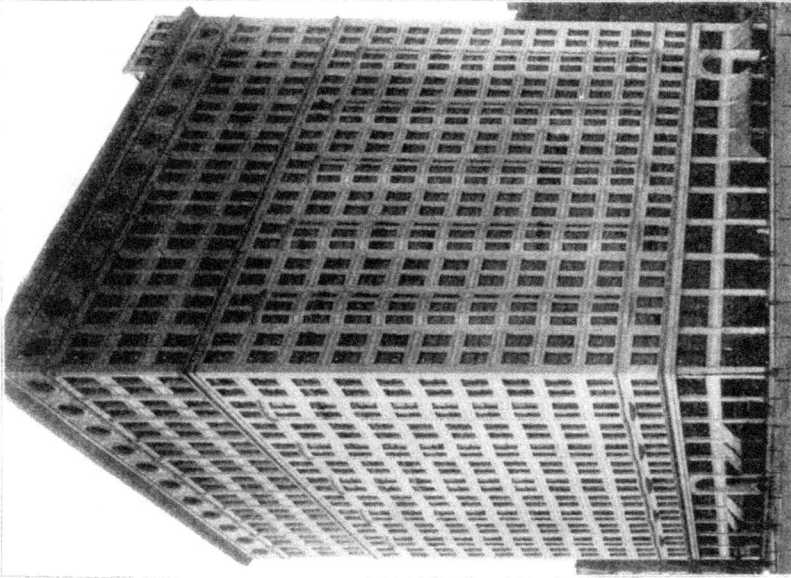

Abb. 26.
Das Railway Exchange Gebäude in Chicago.

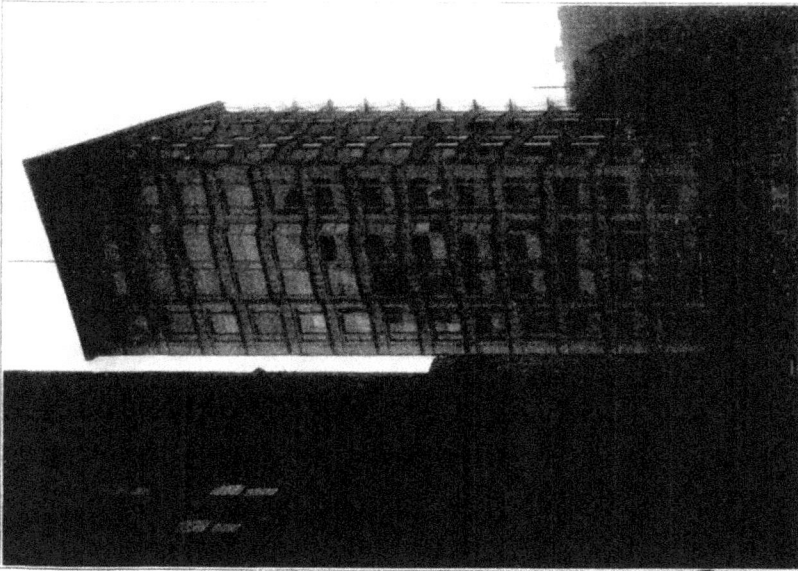

Abb. 27.
Das Reliance Gebäude in Chicago.

Abb. 28.
Blick in die Geschäftsstadt von Baltimore.

San Francisco hat, auch nach dem Wiederaufbau, keine besonders hohen Konstruktionen, das höchste ist das Call- oder Spreckels Gebäude, das schon vor dem Erdbeben stand und eine Höhe von 15 Stockwerken mit einer Kuppel, die bis zu 94 m Höhe reicht, besitzt.

II. Entstehung der Wolkenkratzer.

Die Wolkenkratzer sind eine Errungenschaft der zwei bis drei letzten Dezennien. Früher baute man in Amerika ebenso wie bei uns und auch nicht höher. Die Mauern gingen in voller Stärke vom Fundament bis zum obersten Stockwerk hoch, die Geschoßdecken wurden auf die Mauern aufgelagert. Nachdem man über 3- und 4 stockige Gebäude hinausgekommen und zu 9- und 10 stockigen gelangt war, sah man ein, daß man diese Bauweise für noch höhere Gebäude nicht beibehalten konnte, wollte man nicht ungemein starke Mauern, schwer belastete Fundamente, zu kleine Tür- und Fensteröffnungen und dadurch bedingte geschmälerte Licht- und Luftzufuhr, Einbuße an vermietbarem Flächenraum und noch andere Unzuträglichkeiten in den Kauf nehmen.

Den kecken Schritt zu einer Änderung tat der Architekt Jenney im Jahre 1883, indem er bei dem Projekt für ein 10 stockiges Gebäude den Mauern die Lasten der Geschoßdecken abnahm und sie auf Stützen übertrug, welche in die Frontmauern eingestellt waren. Das Prinzip dieser Konstruktionsweise, bei welcher die Mauern nur noch ihr Eigengewicht zu tragen und die Innenräume abzuschließen haben, wird mit dem Namen S k e l e t t - konstruktion bezeichnet. Das erste größere derartige Haus war das Tacoma Gebäude in Chicago mit 14 Stockwerken. Die damit erzielten Vorteile ermutigten zu Ausführungen mit steigender Stockwerkszahl, so daß im Jahre 1890 bereits das erste 20 stockige Haus in Chicago, der Masonic Temple, aus dem Boden schoß, das heute noch zu den größten und interessantesten dieser Stadt zählt.

Kleinliche Baugesetze und zäheres Festhalten am Alten verhinderten ein Schritthalten der östlichen Städte mit Chicago, bis dann im Jahre 1893 das

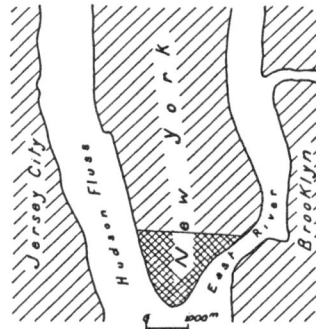

Abb. 29.
Lage der Geschäftsstadt
von New York.

Manhattan Life Gebäude in New York begonnen wurde, das dieser Stadt zum ersten Male die durch die neue Konstruktion gebotenen Möglichkeiten praktisch vor Augen führte.

Den letzten Schritt vorwärts bedeutete es, als man auch das Mauerwerk auf das Eisengerippe abstützte und dieses als selbständiges Element so gestaltete, daß es auch seitlichen Kräften Widerstand zu leisten imstande war. Diese Konstruktionsweise wird K ä f i g - konstruktion (steel cage construction) genannt, sie feiert in den immer höher werdenden Riesenhäusern ihre größten Triumphe. Die großen Mauermassen verwandeln sich in leichte Verkleidungsmauern, welche unten nur wenig stärker sind als im obersten Stockwerk, die Fenster können in den unteren Stockwerken, wo die Licht- und Luftzufuhr erschwert ist, ebenso groß gemacht werden als in den oberen Stockwerken.

Beweggründe zur Errichtung der Wolkenkratzer. Die Beweggründe zur Erstellung solch hoher Gebäude sind zweierlei Art: Platzmangel und Konzentration des Verkehrs.

Der erste Grund ist besonders zutreffend bei New York, die Insel ist so schmal, und der Verkehrsmittelpunkt ist so nahe an dem nur etwa 800 m breiten Ende derselben gelegen (Abb. 29), daß der Platzpreis in der Unterstadt einfach ungeheuer ist. Um sich deshalb eine genügende Rente zu sichern, muß der Eigentümer mehr Mietzins aus seinem Hause ziehen, was er nur durch Schaffung von mehr Bodenraum, d. h. durch Bauen in die Höhe (und auch in die Tiefe) erreichen konnte. Ungeheure Preise werden besonders bezahlt für Plätze, die an den Broadway in New York stoßen oder in der Nähe des Bankviertels gelegen sind. Der Bauplatz, auf dem das City Investing Gebäude steht, kostete pro qm etwa 1000 Dollar, für das Singer Gebäude wurde etwas mehr, für das Hudson Terminal Gebäude etwas weniger bezahlt. Der Platz, auf welchem das Manhattan Life Gebäude errichtet ist, wurde für 1700 Dollar pro qm verkauft, derjenige von Nr. 141 Broadway kostete sogar 1950 Dollar pro qm. Der höchste Preis war derjenige für eine schmale Ecke an der Ecke von Wall Street und Broadway mit etwa 6000 Dollar pro qm.

Es ist gar nichts Außergewöhnliches, daß der Platz, auf dem ein Gebäude steht, teurer ist als das Gebäude selbst. Dies war z. B. der Fall bei dem bereits genannten Bügeleisengebäude in New York, dessen Platz 2½ Mill. Dollar kostete.

Wo solch ungeheure Summen für Bauplätze bezahlt werden, ist es nötig, Stockwerk auf Stockwerk zu türmen, um noch einen auskömmlichen Nutzen aus dem Gebäude herauszuziehen.

Auch in Chicago ist das Geschäftsviertel durch natürliche Grenzen, die allerdings nur in schmalen Flüssen bestehen, beschränkt.

Der zweitgenannte Grund der Konzentration des Verkehrs ist typisch für alle amerikanischen Städte mit ihrer ausgesprochenen Trennung von Geschäfts- und Wohnstadt. Der Amerikaner will seine Bureaus in möglichster Nähe der großen Geschäftszentren haben, damit er diese leicht erreichen kann; dieses Streben führte zu einer Zusammenballung des ganzen oft ungeheuren Geschäftsverkehrs auf verhältnismäßig kleinem Raume, eine Ausflucht gab es nur nach der Höhe.

Aber nicht nur die Geschäfte im allgemeinen sondern auch die einzelnen Geschäftszweige liegen zusammen, sind zentralisiert. So unterscheidet man in New York ganz deutlich das Hotel- und Theaterviertel, das Kurzwarenviertel, das Finanzviertel mit den Banken, Versicherungsgesellschaften, Fondsbörsen, Dampfschiffahrtsgesellschaften.

In der Tat ist es angenehm und zeitsparend, die Institute und Geschäfte, mit denen man tagtäglich in Verkehr zu treten hat, innerhalb naher Grenzen zu haben.

So hat sich der Wolkenkratzer im Geschäftsleben der Vereinigten Staaten zu einem beliebten, nicht mehr zu missenden Gliede eingebürgert, der dem Mieter sowohl als auch dessen Kunden Annehmlichkeiten und Komfort in ganz anderer Weise gewähren kann, als dies die älteren, niedrigen Häuser zu tun imstande sind.

Nachteile der Wolkenkratzer. Die Wolkenkratzer bringen natürlich auch verschiedene Nachteile mit sich. Für die amerikanischen Bauordnungen bezeichnend ist, daß in fast allen Städten Beschränkungen der Gebäudehöhe, die in den Baugesetzen der Städte der Alten Welt die wichtigste Rolle spielen, nicht auferlegt sind. Man kann unbekümmert um die Straßenbreite bauen so hoch man will. Daß unter diesen Umständen Bilder entstehen, die in ästhetischer sowohl als in hygienischer Beziehung nicht nur anfechtbar sondern geradezu zu verwerfen sind, ist klar. Besonders in New York bestehen geradezu schluchtähnliche Straßen, in welche Licht und frische Luft nur wenig eindringen können und deren anliegende Gebäude in den untersten Stockwerken fast stets Licht brennen müssen. Es ist vielleicht nicht von ungefähr, daß man im Geschäftsviertel New Yorks auffallend viele Menschen mit Augengläsern sieht. Durch eine derartig enge Straße ist in Abb. 30 ein Querprofil an einer besonders drastischen Stelle aufgetragen; während die Straße nur eine Breite von 12 m hat, ragt das Exchange Gebäude 100 m hoch in die Lüfte und ist daher mehr als 8 mal so hoch, als die Straße breit ist. Neuerdings wird auf die Licht- und Luftbeeinflussung bei den ultrahohen Gebäuden in der Weise Rücksicht zu nehmen gesucht, daß man das Hauptmassiv des Gebäudes zu einer gewissen erträglichen Höhe hochführt und dann terrassenartig zurückführt und einen Turm auf das Gebäude setzt.

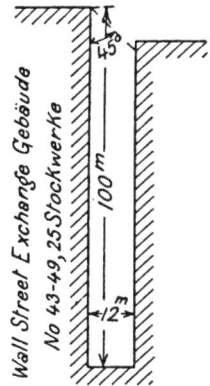

Abb. 30.
Querschnitt durch
Exchange Place
in New York.

Über diese Nachteile, die sich bei der steigenden Zunahme der hohen Gebäude und dem Verschwinden der kleinen, anliegenden Häuser, die noch Licht und Luft hereingelassen haben, immer drastischer werden fühlbar machen, geht der Amerikaner verhältnismäßig leicht hinweg; denn er wohnt ja nicht in den Häusern, sondern draußen in den Wohnstätten, die den gerade entgegengesetzten Typus der Geschäftsviertel tragen, die weiträumige, gartenstadtähnliche Bebauung und die niedrigen ein-, höchstens zweistockigen Gebäude. Nur ab und zu sind Stimmen laut geworden, die für eine gesetzliche Beschränkung der Gebäudehöhe eingetreten sind, aber es war nur eine kleine Minderheit oder einzelne, deren Phantasie sich die Zustände, die sich allmählich herausbilden müssen, vor Augen malen konnte. In San Francisco wurde nach dem Erdbeben und bis zum Jahre 1907 die Maximalhöhe der Gebäude auf das 1½fache der Straßenbreite beschränkt, was einer Gebäudehöhe von etwa 8 Stockwerken gleichkam. Diese Beschränkung wurde jedoch bald wieder aufgehoben, und nun ist keine Höhe mehr vorgeschrieben.

Soviel bekannt, hat nur eine Stadt, Boston, ein Antiwolkenkratzergesetz erlassen, das Bauten von mehr als 38 m Höhe verbot, doch findet man dort nur ein einziges Haus von solcher Höhe, weil in dieser Stadt, welche zu den vornehmsten der Vereinigten Staaten zählt, überhaupt wenig Neigung besteht, hohe Gebäude zu erstellen.

Interessant ist ein Vorschlag, der in Chicago gemacht wurde, die Gebäude auf eine Höhe von 60 m zu beschränken, um der Entwicklung der Stadt als Ganzes aufzuhelfen und nicht das innerste Geschäftsviertel, das bereits einen lebensgefährlichen Verkehr aufweist, immer mehr zu belasten.

Im Grunde genommen kann es auch keineswegs angenehm sein, in Straßen und Häusern zu verkehren, die mit Passanten überfüllt sind, geschweige denn als Mieter die hohen Mietpreise zu bezahlen. Auch sollte man meinen, daß Telephon- und günstige Verkehrs- und Fahrgelegenheiten es nicht gerade zur absoluten Notwendigkeit machen, mit den Menschen gleichen Berufes auf engem Raum zusammen zu sein.

III. Voraussetzungen zur Ermöglichung der Wolkenkratzer.

Die Möglichkeit, derartig hohe Gebäude erstellen und zum menschlichen Gebrauch in sicherer Weise benutzen zu können, fußt auf drei wichtigen Errungenschaften, welche sich bis heute zu hoher Vollkommenheit entwickelt haben. Hütten-, Bau- und Maschineningenieur arbeiten unablässig an ihrer Vervollkommnung und teilen sich in die Verdienste um den hohen Stand. Die Voraussetzungen sind:

1. Die Schaffung des eisernen Tragwerks als selbständiges und unabhängiges Knochengerüste, dessen Größe, verhältnismäßige Billigkeit und Ausbildung durch die Massenerzeugung von Schmiedeeisen und Stahl mittels des Bessemer-Prozesses möglich geworden ist.

2. Die Ermöglichung einer feuer- und rostsicheren Umkleidung der Eisenteile mit Materialien, welche das Eisen davor schützen, daß es bei besonderen Anlässen seine tragende Fähigkeit verliert, und welchen in erster Linie das Verdienst des hohen Sicherheitsgrades der Riesenhäuser zugeschrieben werden muß.

3. Die Einführung sicherer und schnellfahrender Aufzüge, ohne welche man sich den Verkehr in den hohen Gebäuden gar nicht denken könnte.

Während die unter 1 und 2 zitierten Errungenschaften die Möglichkeit der technischen Ausführbarkeit der hohen Gebäude geschaffen haben, haben die Aufzüge die wirtschaftliche Ausnutzung derselben ermöglicht, ohne sie wäre jeder Wolkenkratzer ein toter Körper, der allenfalls in den unteren paar Stockwerken bewohnt wäre, in allen anderen dagegen leer stehen würde; denn keinem Menschen würde es einfallen, Räumlichkeiten zu mieten, deren Erreichen ihn vorher außer einem großen Zeitaufwand eine körperliche Anstrengung oft bis zur Erschöpfung kosten würde. In der ersten Zeit vor Einführung der Aufzüge war es daher so, daß die unteren Stockwerke am begehrtesten und teuersten waren. Heute ist es umgekehrt. Die paar Sekunden, die man mit dem Aufzug zu fahren hat, spielen gar keine Rolle, während man oben mehr Tageslicht und besseren Luftzutritt hat.

Bis zu Ende der siebziger Jahre baute man niedrig, um diese Zeit wurde dann der hydraulische Aufzug mit vertikalem Zylinder in New York eingeführt, was sofort zu einer Vermehrung der Stockwerkszahl Veranlassung gab, bis diese dann an dem System der tragenden Mauern einen Halt fand. Die Einführung der selbsttragenden Eisenkonstruktion ermöglichte alsdann einen neuen und raschen Aufschwung in der Gebäudehöhe, welchem der Maschineningenieur in unentwegter Arbeit zu folgen vermochte, so daß heute in dieser Beziehung eine obere Grenze in der Höhe der Gebäude noch lange nicht erreicht ist. Viel früher werden die wirtschaftlichen Umstände Halt gebieten; denn es ist klar, daß die höheren Stockwerke erheblich größere Ausführungskosten verursachen als die niedrigen. Auch die sanitären Verhältnisse, denen man in Amerika allmählich doch auch mehr Beachtung schenken wird, werden der zunehmenden Gebäudehöhe eher ein Veto in den Weg legen.

IV. Maßnahmen zur Fortleitung des Personenverkehrs während des Bauens.

Während des Bauens werden für die wenigstens notdürftige Aufrechterhaltung des Personenverkehrs und den Schutz der auf dem Gehweg verkehrenden Passanten nacheinander zweierlei provisorische Konstruktionen erstellt.

Da in Amerika der Raum unter dem Gehweg ebenfalls ausgebaut wird, so muß während der Gründung des Baues eine provisorische Überbrückung des Gehweges hergestellt werden, die gewöhnlich so lange stehen bleibt, bis der Eisenaufbau bis zum 2. Stockwerk gediehen ist. Derartige Überbrückungen geschehen gewöhnlich in der Weise, wie es in Abb. 31 dargestellt ist. Die normale Gehwegbreite wird meist erheblich eingeschränkt, um im Bauen möglichst wenig behindert zu sein, die meisten Personen benutzen eben doch lieber die Straße, als daß sie Treppen steigen.

Der provisorische Fußsteg, dessen Belagdielen eine Stärke von 5—8 cm haben, ist straßenseitig von einem hölzernen Geländer, bauseitig von einer übermannshohen Wand abgeschlossen, die neugierigen

Augen den Einblick verwehren soll, hauptsächlich deshalb, um Ansammlungen auf der Brücke zu verhindern. Die Stegdielen liegen auf Jochen auf, die mit einem kurzen Pfosten auf der Straße, mit einem langen auf der Sohle des Aushubs für den Raum unter dem Gehweg stehen. Die Jochpfosten stehen auf durchgehenden Schwellhölzern. Damit die Überdeckung des Gehwegs unbehindert ausgeführt werden kann, sind die Jochholme etwa 1 m über Gehweghöhe gelegt, und der Fußsteg muß deshalb auf beiden Seiten mit 5 bis 6 Tritten erstiegen werden. Die eben genannte erhöhte Lage schafft gleichzeitig die Möglichkeit, auf einer zwischen Fußsteg und Straße eingelegten Rutsche die Baumaterialien für die Gründung auf Aushubsohle hinableiten zu können.

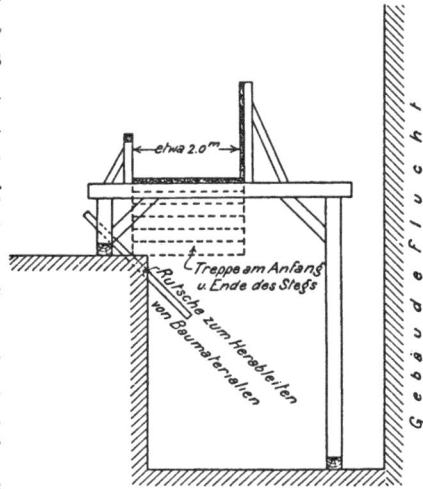

Abb. 31.
Provisorische Überbrückung
des Raumes unter dem Gehweg.

Nachdem der definitive Gehweg unter dem provisorischen Fußsteg eingebaut worden ist und der Eisenaufbau bis zum 2. Stockwerk gediehen ist, wird der Fußsteg

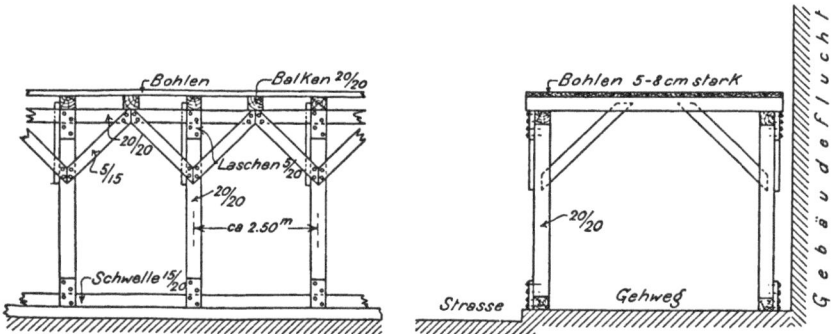

Abb. 32.
Provisorisches Schutzdach über dem Gehweg.

abgebrochen, und es wird ein provisorisches Schutzdach erstellt, wie es in Abb. 32 dargestellt ist. Dasselbe hat den Zweck, Fußgänger vor herabfallenden Bauteilen zu schützen, und wird gleichzeitig dazu

benutzt, Baumaterialien, insbesondere die Hausteine für die Verkleidung der Außenmauern, einstweilen zu lagern.

Im Gegensatz zum vorhergehenden Fußsteg überdeckt das
Schutzdach die ganze Gehwegbreite. Die tragende Konstruktion
besteht aus zweipfostigen Jochen, die sowohl in der Längs- als in der
Querrichtung mittels Kniestreben versteift sind. Die Joche, welche
in Abständen von etwa 2,5 m gestellt sind, stehen auf Holzschwellen,
welche nahe an den Straßenrand bzw. an die Baulinie gelegt sind.
Die Jochpfosten tragen Längsbalken, auf welche Querbalken aufgelegt sind, die den Bohlenbelag erhalten. Die Entfernung der Querbalken richtet sich nach der Gebäudehöhe und danach, welchen
Nebenzwecken das Schutzdach noch dienen soll. Für Gebäude,
welche 30 m an Höhe überschreiten, sollen nach den New Yorker
Bauvorschriften die Querbalken nicht mehr als 60 cm von Mitte
zu Mitte auseinanderliegen. Auch für die anderen Teile werden Mini-
malmaße vorgeschrieben.

V. Fundation der Wolkenkratzer.

1. Allgemeines.

Bei Bauten normaler Höhe wird der Fundation weniger Sorgfalt
beigemessen, weil es sich meist um Lasten handelt, die mit einfachen
Mitteln auf den Boden übertragen werden können und in diesem
nur geringe Pressungen hervorrufen. Lasten von 150 t, welche durch
eine Säule in den Boden geleitet werden, sind bei Gebäuden normaler
Höhe schon groß und kommen nicht häufig vor. Anders ist das bei
den hohen Gebäuden, hier werden Einzellasten auf den Boden übertragen, die das 20 fache und mehr der obengenannten Größe über-
steigen. Aus diesem Grunde und der Erkenntnis der Gefahren, welche
einseitige Setzungen gerade bei hohen Gebäuden zur Folge haben
können, ist es nicht verwunderlich, daß drüben der Fundation eine
große Wichtigkeit beigemessen wird, die mindestens ebenso groß ist,
wie wir sie bei unseren großen Brückenbauwerken anzunehmen gewohnt sind. Daher kommt es auch, daß drüben die Fundations-
methoden sehr beachtenswerte Leistungen der Ingenieurkunst darstellen, insbesondere ist die pneumatische Gründungsmethode infolge
ihrer ungemein zahlreichen, umfassenden Anwendung auf einem hohen

Grade der Vollkommenheit angelangt. Im Prinzip sind mit Ausnahme der pneumatischen Gründung die Fundierungsmethoden dieselben wie bei uns, die pneumatische Methode dagegen kennt man
außerhalb Nordamerika für Gebäudefundationen nicht.

---

2. Die Bodenarten unter den Wolkenkratzern und ihre Beanspruchung.

Der Untergrund der meisten amerikanischen Geschäftsstädte besteht in seinem obersten Teile aus einer meist mächtigen Sandschicht,
unter der eine weniger starke, aber sehr harte Lage eines Gemisches
von Sand, Kies und Ton mit eingeschlossenen Geröllsteinen folgt,
die glazialen Ursprungs ist, und von dem Amerikaner mit hard pan
bezeichnet wird, was etwa unserem Konglomeratfelsen entsprechen
dürfte. Hierunter kommt der gewachsene Fels.

Im Geschäftsviertel New Yorks ist der Sand sehr fein und äußerst
leichtflüssig (Fließsand, quick sand) mit einer Stärke von 10 bis
20 m, die darunter folgende harte Schicht ist 2—6 m mächtig. Der
gewachsene Fels bildet eine gegen Norden ansteigende Ebene so, daß
in dieser Richtung die Sandschicht immer dünner wird und der Fels
etwa in Höhe der 50. Straße an die Oberfläche kommt.

Sand bildet an und für sich einen vorzüglichen Baugrund, auf
welchem schwere Lasten aufgesetzt werden können, weil er die Eigenschaft minimaler Zusammendrückbarkeit hat, sofern er selbst auf
einer tragfähigen Schicht aufruht.

Ist dagegen die Möglichkeit seitlichen Ausweichens vorhanden,
die eintreten kann, sobald in der Nähe tiefer liegende Baugruben
(etwa für Untergrundtunnels oder Abzugkanäle) hergestellt werden,
so ist die Sache um so gefährlicher, je größer die Belastung ist. Insbesondere wenn Wasser vorhanden ist, wird der Sand mit dem Wasser
vermischt dem tieferen Orte zustreben, wodurch einem höher gelegenen Fundament der Boden weggezogen wird.

Wenn man also auf die höheren Lagen des Sandes fundiert, so
werden nicht viel mehr als 1 kg/qcm Pressung erlaubt. So übt das
10 stockige Pope Gebäude in Cleveland einen einheitlichen Druck von
1,6 kg/qcm auf eine über einem Bett von dichtem Ton lagernde
Fließsandschicht aus.

Gründet man dagegen genügend tief, so daß ein Entweichen des Bodens ausgeschlossen ist, so läßt man, auch wenn der Sand naß ist, Pressungen von 3,5—4 kg/qcm und mehr zu.

Das 17 stockige Humboldt Savings Bank Gebäude in New York preßt auf den feinen trockenen Sand mit einem Druck von 3,8 kg/qcm. Die Säulen des 26 stockigen St. Paul Gebäudes in New York übertragen ihre Last mittels Eisenrosten auf den etwa 9 m unter der Straße liegenden Sand und belasten ihn mit etwa 3,5 kg/qcm. Die Setzungen waren nach einer Reihe von Jahren sehr gering und überdies von großer Gleichmäßigkeit.

Beim neuen Municipal Gebäude in New York gründete man einen Teil der Fundamente auf den nassen Sand in 27 m Tiefe unter der Straße und mutete demselben sogar eine Beanspruchung von 6,5 kg/qcm zu, da ein Ausweichen des Sandes gänzlich ausgeschlossen erscheint.

Die Fundamente des 32 stockigen Union Central Life Insurance-Gebäudes in Cincinnati sind mit Eisenrosten ebenfalls auf den trockenen Sand in etwa 15 m unter der Straße aufgesetzt und pressen ihn mit 5,4 kg/qcm.

Der Untergrund Chicagos macht insofern eine Ausnahme, als an Stelle der Sandlage eine solche aus blauem, fettem Ton vorhanden ist, die für das Wasser undurchlässig ist.

Um an Kosten zu sparen, setzte man bis in die neueste Zeit die Bauten mit Flachgründungskörpern auf die starke Tonschicht auf und ließ dabei eine Pressung von 1,5—1,8 kg/qcm zu. Dabei haben sich jedoch, entgegen dem Verhalten der Sandschicht, mehrfach bedeutende und ungleichmäßige Setzungen gezeigt, die zu großen Unannehmlichkeiten führten.

Wie in New York geht man deshalb auch in Chicago bei höheren Gebäuden nunmehr bis auf den gewachsenen Fels hinab.

Die Beanspruchungen, die diesem zugemutet werden, betragen 15—19 kg/qcm.

---

3. Grunduntersuchungen und Versuchsbelastungen.

Untersuchungen des Grundes auf seine Zusammensetzung und Tragfähigkeit sind für die Wahl der einzuschlagenden Gründungsart, die Größe der Fundamente wegen der Bodenpressung, sowie für den Baubetrieb überhaupt von Wichtigkeit und absoluter Notwendigkeit.

Insbesondere ist dies bei dem stark wechselnden Boden New Yorks der Fall.

Um die genaueren Verhältnisse des Bodens zu erfahren, führt man Probeschächte aus, oder, da dies wegen der Tiefe häufig unmöglich ist, geht man zu Versuchsbohrungen über. Dabei soll eine genügende Anzahl derselben und an geeigneten Punkten vorgenommen werden. Bei sandigem Material wendet man Spülbohrungen an; dieselben werden so ausgeführt, daß eine äußere Röhre von 3—5 cm Durchmesser in den Boden gerammt wird. In diese Röhre wird eine andere von geringerem Durchmesser und unten mit Löchern versehen eingeführt, oben wird an dieselbe ein Schlauch angeschraubt, so daß Wasser unter Druck eingelassen werden kann. Das Material wird am Fuß der Röhre weggespült, kommt mit dem Spülwasser vermischt zwischen den beiden Röhren herauf und kann dann untersucht werden. Die äußere Röhre wird entweder durch Drehen und Lockern mit der Hand nachgesenkt oder mit Hilfe eines leichten Rammbärs oder Schlaghammers durch leichte Schläge abgetrieben. Will man größere Proben des Materials, so führt man zur Entnahme desselben Löffel ein. Trifft man große Steine an, so muß die Bohrung aufgegeben und verlegt werden. Nicht selten kommt es vor, daß man größere Steine für den gewachsenen Felsen hält, weil sie beim Aufschlagen der Röhre einen hellen Klang von sich geben.

Muß man härteres Gestein durchfahren, so wendet man Diamantbohrer an, welche den Vorteil haben, daß man die Bohrkerne an die Oberfläche bringen kann und in ihnen einen genaueren Aufschluß über die Bodenbeschaffenheit erhält, als wenn man nur den Bohrsch'amm untersuchen kann. Beim Singer Gebäude wurden an vier Stellen solche Bohrungen vorgenommen, die 24—30 m unter die Straßenoberfläche hinabgingen, und zwar nicht nur bis zum Felsen, sondern in denselben hinein. So wurde etwa bis 21 m unter der Straße feiner Sand angetroffen. Unter dem Triebsand stand eine 6—9 m tiefe Lage hard pan mit Einlagen von Geröllsteinen an, dann kam der gewachsene Felsen.

Um an Bauzeit zu sparen, werden die Versuchsbohrungen meist noch von den Kellern der bestehenden Gebäude aus vorgenommen.

Ist es möglich, im offenen Aushub bis zu der Tiefe hinabzugehen, bei welcher man die Tragfähigkeit bestimmen will, so verwendet man eiserne oder betoneiserne Platten, deren Grundfläche man genau bestimmt, belastet dieselben mit allmählich zunehmenden Lasten und notiert die Einsenkung der Platte, wobei sich die Beobachtungen auf mehrere Tage erstrecken müssen.

Pfähle werden einzeln oder in Gruppen belastet und ihre Einsenkung notiert. Auch durch Rammen derselben mit einem Bär von bestimmtem Gewicht und Fallhöhe erhält man mit Zuhilfenahme der Rankineschen Formel die zulässige Last.

Versuchsbelastungen in beliebiger Tiefe werden, ohne daß man im offenen Schacht hinabgeht, mit einem Verfahren angestellt, das im folgenden beschrieben wird (Abb. 33 u. 34).

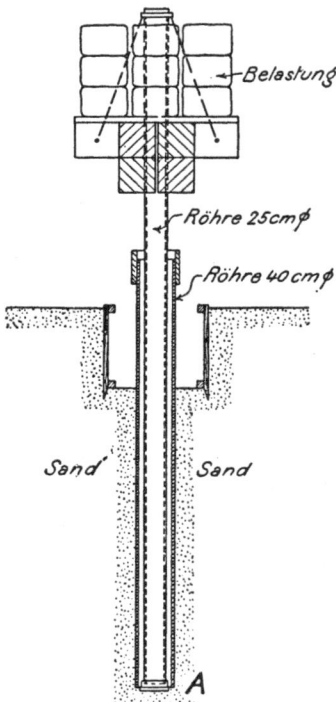

Abb. 33.
Versuchsbelastungen
in beliebiger Tiefe.

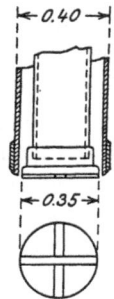

Abb. 34.
Detail bei A
der Abb. 33.

Eine schwere Eisenröhre mit 40 cm Durchmesser wird mit Hilfe eines Spülrohres und allenfalls unter Beihilfe eines Rammbären bis auf die beabsichtigte Tiefe abgesenkt. Der Sand wird aus der Röhre mit einem kleinen, aus einem Eisenrohrstück von 25 cm Durchmesser hergestellten Kübel entfernt, der am unteren Ende ein Ventil trägt. In die weite Röhre wird nach dem Absenken eine Röhre von 25 cm Durchmesser eingeführt, die unten mit einer gußeisernen, gerippten Platte verschlossen ist und um ihre vertikale Achse gedreht wird, bis ein zufriedenstellendes Aufsitzen am unteren Ende wahrscheinlich ist. Das obere Ende der Röhre wird mit Füllstücken gegen die Mantelröhre festgelegt und ragt mehrere Meter über dieselbe heraus, um eine Plattform aus Holz aufzunehmen, die allmählich mit Eisenmasseln beladen wird. Die Einsenkungen der Röhre werden an einer Marke gemessen, die mit einem Nivellierinstrument gegen eine weiter abliegende, gegen Setzung gesicherte Marke eingewogen worden ist. Die Beziehung zwischen den Lasten und den Setzungen wird gewöhnlich graphisch verzeichnet.

Sogar in den Arbeitskammern der Senkkasten sind noch Probebelastungen angestellt worden, wenn der angetroffene Boden nicht ganz zuverlässig erscheint, und wenn festgestellt werden will, um wieviel die Basis eines Caissons eventuell unten verbreitert werden soll. Abb. 35 zeigt die Anordnung bei einer derartigen Untersuchung. Der Aushub ist bereits unter die Schneide des Caissons herab gediehen, so daß derselbe nur durch die Reibung am Boden am Hinabgleiten gehindert ist. Der Apparat besteht aus einem zweiarmigen, mit Teilung versehenen Hebel, dessen Drehpunkt sich auf einem

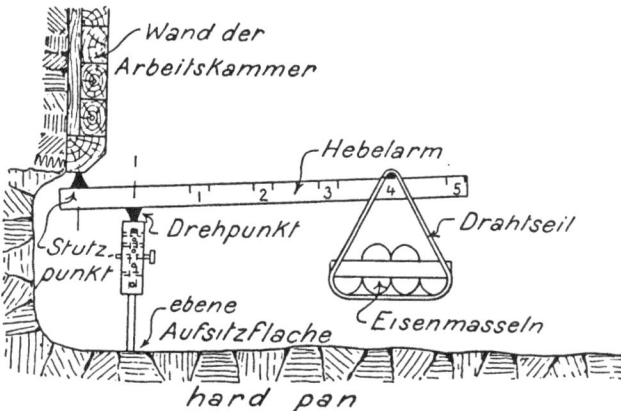

Abb. 35.
Versuchsbelastung in einem Caisson.

vertikal gestellten Eisenstab von quadratischem, 25 mm Seite messendem Querschnitt befindet, der als Belastungsprüfer dient. Der kürzere Arm des Hebels greift an die Schneide des Caissons, während der längere Arm mit Stücken von Gußeisen belastet ist, die in eine Drahtseilschlinge eingebracht sind, die von dem langen Arm herunterhängt. Die Last ist leicht beweglich an jedem Punkt des geteilten Armes, die Oberfläche des Bodens wurde natürlich sorgfältig geebnet.

Es dürfte jedoch auf derartige Belastungen mit solch kleiner Belastungsfläche nicht viel Wert zu legen sein.

4. Der Aushub des Bodens für die Kellerräume.

Der Betrieb der Wolkenkratzer erfordert eine große Zahl von Maschinen, die ausgedehnte Räume zu ihrer Aufstellung benötigen. Die Räumlichkeiten im Erdgeschoß oder auch im ersten Untergeschoß

sind zu deren Unterbringung zu kostbar, und so kommt es, daß man
heute fast alle großen Wolkenkratzer mit 3—4 Stockwerken unter
die Straßenoberfläche gehen läßt.

Da in den dichtbebauten Stadtteilen, in welchen die Wolkenkratzer erstellt zu werden pflegen, zuvor meist Häuser geringerer
Höhe den Bauplatz einnehmen, so müssen diese vor Inangriffnahme des Bodenaushubs abgebrochen werden. Diese Arbeit wird
besonders vergeben, und da es sich gewöhnlich beim Abbruch um
Material handelt, das noch einen Wert besitzt, so bezahlt der Unternehmer für den Abbruch dem Hauseigentümer eine Summe, welche
sich nach dem Werte richtet, welchen er aus dem Verkauf des abge-
brochenen Materials lösen kann. Wenn die alten Gebäude von den
Mietern verlassen sind, so entfernen die Abbruchsunternehmer sorgfältig Türen, Fenster, Metallwerk und andere wertvollere Materialien
und brechen dann Decken und Wände von oben nach unten ab,
indem sie den Schutt in hölzernen Rinnen oder Schächten nach den
unteren Stockwerken befördern in Fuhrwerke hinein, die ihn ab-
führen. Das in Kalkmörtel versetzte Ziegelmauerwerk kann gewöhnlich ohne große Mühe abgebrochen werden, dagegen erfordern gut
gebaute und noch verhältnismäßig neue Gebäude nicht selten die
Anwendung von Dynamit, wodurch nicht nur die Kosten des Ab-
brechens erhöht, sondern auch der Erlös aus dem Material vermindert wird.

Sofern es sich beim Aushub um leicht lösbare Bodenarten handelt, geschieht die Gewinnung mit Pickel und Schaufel. Das Material
wird in Wagen geladen, die von Pferden oder Mauleseln gezogen
werden und auf geneigten, von der Straße nach der Baugrubensohle
herabführenden Rampen fahren, die auf Holzjochen gelagert sind.
Das Herausfahren auf den meist 1:15 geneigten Ebenen geschieht mit
Benutzung eines Hilfsgespanns, das auf der Straße abgespannt wird.

Die Massen, um die es sich beim Aushub für die Räume unter
der Straße handelt, sind häufig ganz bedeutende, wie wir sie bei uns
nur für größere Ingenieurarbeiten finden. So wurden für den Neubau des Trinity- und Boreel Gebäudes in New York etwa 26000 cbm
Erde, Sand und altes Mauerwerk ausgehoben. Dies geschah durch
300 Mann, wobei in aufeinanderfolgenden 8 stündigen Schichten Tag
und Nacht gearbeitet wurde. Beim Plaza Hotel in New York mußten
70 000 cbm Material, wovon 20 000 cbm Felsen, entfernt werden.

Die Umschließung und Stützung der Baugruben geschieht meist
mit vertikalen, genuteten, starken Bohlen, die mit dem Fortschreiten

des Aushubs mittels schwerer hölzerner Schlegel oder mit leichten
Dampfhämmern nachgetrieben werden, die in den meisten Fällen an
den Auslegern von Derricks hängen. Beim Bau des Knickerbocker
Trust Company Gebäudes am Broadway in New York hatte man,
wie Abb. 125 es zeigt, an den Enden der Abschlußwände hölzerne
Türme errichtet, die zur Erhöhung der Stabilität mit Eisenmasseln
beschwert waren. Über diese Türme wurde ein Drahtseil geführt,
auf welchem ein Wagen lief, an dem der Dampfhammer angehängt
war, so daß in leichter Weise die ganze Länge der Wand bestrichen
und, wo es nötig war, nachgerammt werden konnte. Die Wände
sind hinter starken horizontalen Balken geführt, die gewöhnlich dem
größeren Drucke entsprechend unten näher zusammenliegen als oben.
Die Abstrebung der Wände geschieht mit geneigten Balken auf den
Boden der Baugrube oder bei
geringer Breitenausdehnung gegen die gegenüberliegende Wand
oder eine bestehende Konstruktion (Abb. 36).

Abb. 36.
Abstützung der Baugrubenwände.

Statt der hölzernen Um-
schließungen kommen neuerdings
eiserne auf, die erheblich teurer
sind, doch größere Haltbarkeit besitzen und sich beliebig oft verwenden lassen. Die vielen Arten der drüben gebräuchlichen eisernen
Spundwandsysteme sollen bei Besprechung der offenen Schächte, zu
denen sie häufiger Verwendung finden, beschrieben werden.

Einige besondere Arten der Förderung des Bodenaushubes sind
in Chicago zur Anwendung gekommen, wobei der Wunsch maßgebend
war, den Boden so rasch als möglich auszuheben und überhaupt beim
Bauen so schnell als möglich voranzuschreiten. Mit den Erdfuhrwerken ist es häufig nicht möglich, selbst bei der dichtesten Auf-
einanderfolge derselben und der besten Ausnutzung des vorhandenen
Platzes, die Leistung der ausgrabenden Leute auszunutzen, und selbst
wenn dies der Fall wäre, so müßten alle anderen Arbeiten stillgelegt
werden. Der Straßenverkehr selbst erleidet Störungen und Hem-
mungen, weil die halbe Straße mit Erdfuhrwerken blockiert ist, was
in den verkehrsreichen Vierteln gefährlich wird. So hat man in
Chicago in manchen Fällen die Untergrundbahn für Güterverkehr
zur Bodenförderung benutzt, welche den verkehrsreichsten Stadtteil
in einer Länge von etwa 64 km unterfährt. Die Tunnels haben ein
Gleis mit 60 cm Spurweite, sind 2,30 m hoch und 1,80 m im Lichten

breit. Sie befinden sich im allgemeinen 12,2 m unter der Straßenoberfläche.

Bei der einen Methode wurde von dem Kellerboden des alten
Gebäudes aus durch eine Fallröhre eine Verbindung mit einer seitlichen Abzweigung des Tunnels hergestellt, die zu diesem Zweck
eigens gebaut wurde, um den Tunnelbetrieb nicht aufzuhalten. Das
ausgehobene Material wurde direkt in den Schacht geschüttet und
fiel in Wagen, welche in der Seitenabzweigung aufgestellt waren.

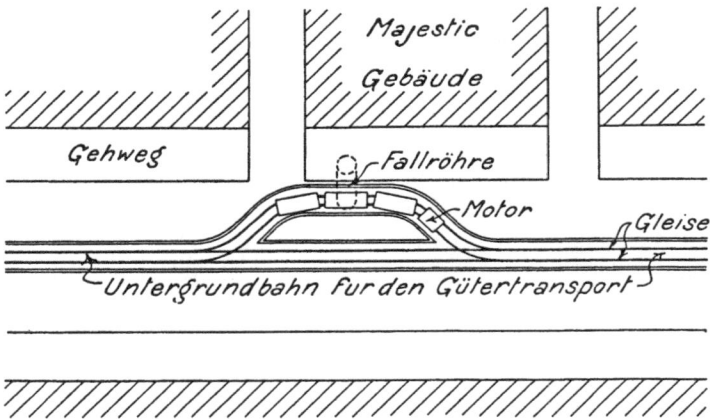

Abb. 37.
Einrichtung zur Bodenförderung bei der Gründung des Majestic Gebäudes
in Chicago. Grundriß.

Die Abb. 37 und 38 stellen den Vorgang beim Aushub für das
Majestic Gebäude dar. Das letztere mißt 21,9 × 29,3 m im Grundriß und ist 20 Stockwerke hoch, der Fallschacht hat 1,22 m Durchmesser und ist von dem Raum unter dem Gehweg hinab zu dem
Seitentunnel gebaut. Der Schacht wurde mit Eisenteilen ausgekleidet,
um das Nachstürzen von Erde und Eindringen von Wasser zu verhindern. Das Erdmaterial wurde in Handwagen gefüllt, die in das
Mündungsloch des Schachtes entleert wurden. Auf diese Weise
konnten in 24 Stunden gegen 1600 cbm Material in den Tunnel ab-
gefahren werden, was mit Pferd und Wagen bei weitem nicht hätte
erreicht werden können.

Ein etwas anderer Vorgang bei der Ausführung ist in Abb. 39
dargestellt. Das neu zu erstellende Gebäude erhielt drei Stockwerke
unter der Straße. Wie im vorhergehenden Falle wurde ebenfalls

ein Seitentunnel erbaut, dagegen wurde rechtwinklig zum Hauptgleise in Höhe desselben eine Verbindung zwischen Gebäude und Seitentunnel hergestellt. Zu dem Ende wurde zuerst entlang der Vorderseite des Gebäudes unter dem Gehweg ein 7,5 m breiter Schlitz abgeteuft und das daraus sich ergebende Material mit einer Fallröhre in den Tunnel geschüttet, bis man auf die Schienenhöhe gelangt war und man alsdann das Gleis in das Gebäude hinein verlängern konnte. Das ausgehobene Material wurde hierauf direkt in die Wagen geleert.

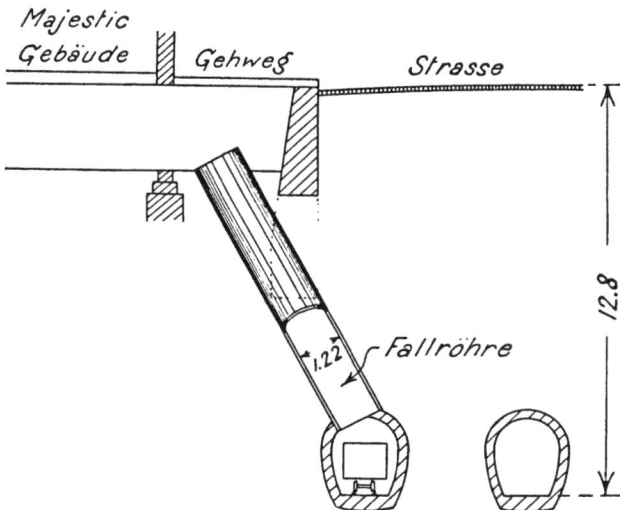

Abb. 38.
Einrichtung zur Bodenförderung bei der Gründung des Majestic Gebäudes in Chicago. Höhenschnitt.

Das Aushubmaterial wird durch die Tunnel nach dem Ufer des Michigansees befördert und bildet die Aufschüttung zur Herstellung eines Parks, der sich nahe dem Geschäftsviertel Chicagos entlang diesem hinzieht.

Eine sehr interessante Art der Förderung des Aushubs wurde beim Bau des 22₁stockigen La Salle Hotels in Chicago zur Anwendung gebracht (Abb. 40). Die Lage des Bauplatzes an einer der verkehrsreichsten Ecken des Geschäftsviertels gestattete für die Handhabung des Materials nur einen beschränkten Raum. Der Wunsch, das Bauwerk sobald als möglich zu vollenden, nötigte dazu, daß die Arbeiten an mehreren Stellen gleichzeitig in Angriff genommen wurden.

Es wurde deshalb eine maschinelle Förderung des Bodens herauf auf
die Straße mittels Becherwerk und Entleerung in die Fuhrwerke
angewendet. Der gelöste Boden wurde auf ein Transportband von
45 cm nutzbarer Breite geschüttet, welches sich weit hinein in den
Bau erstreckte, so daß das Material möglichst direkt auf das Band
geleert werden konnte. Das Transportband wurde von einem 3½ pfer-
digen Motor angetrieben, der in dessen vorderes Ende eingesetzt war;
es übergab das Material, das aus Ton bestand, an ein Becherwerk,

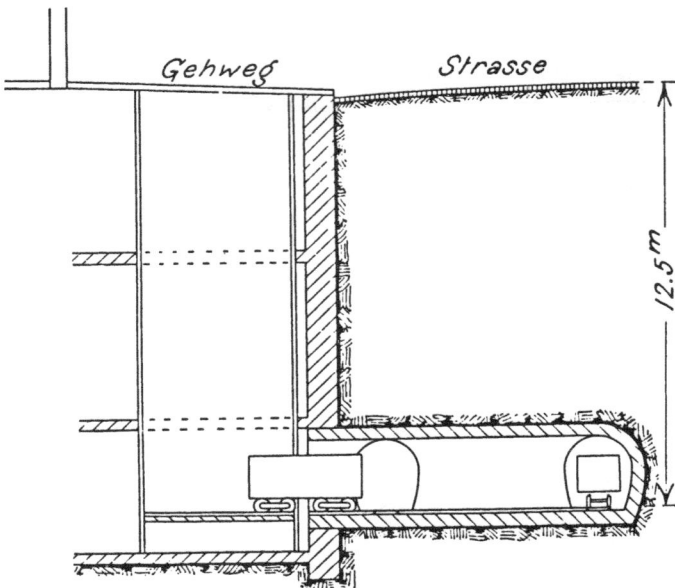

Abb. 39.
Einrichtung zur Bodenförderung bei einer Gebäudegründung,
wobei das Bahngleis in den Keller hineingeführt wurde.

das mit etwa 1,3 m Geschwindigkeit lief und eine Leistung von 63 cbm
pro Stunde vollbrachte. Dasselbe hatte die ungewöhnliche Länge
von 18 m, damit das Material in 3,6 m über der Straße gelegene
Rümpfe entleert werden konnte. Die Rümpfe entleerten in Kasten,
unter denen die Erdwagen anfuhren. Unter dem oberen Teil des
Becherwerks mußte der Personenverkehr fortgeleitet werden.

Im mittleren und oberen New York kommt der gewachsene
Fels allmählich bis zur Straßenoberfläche, so daß neben dem Aushub von leichtem, lockerem Boden noch Felsbeseitigungen oder über-

haupt nur solche vorgenommen werden müssen. Das sehr harte
Gestein wird durch große und tiefe Sprengladungen gelockert und
die Stücke dann mit Brecheisen und Stahlkeilen zerkleinert.

Das Bohren der Löcher zum Einsetzen der Sprengmittel geschieht
fast ausschließlich mit dreifüßigen, dampfgetriebenen Stoßbohr-
apparaten, wie sie insbesondere von der Ingersoll Rand Gesellschaft

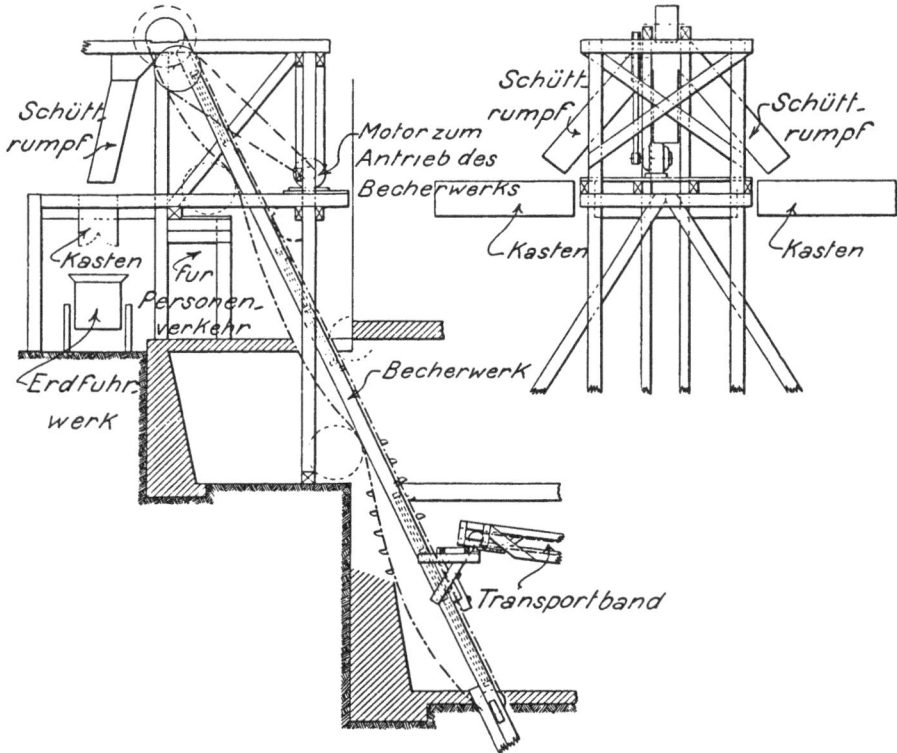

Abb. 40.
Bodenförderung mittels Transportband und Becherwerk beim La Salle Hotel
in Chicago.

in New York und von der Sullivan Maschinenbau Gesellschaft geliefert werden. Der Apparat ist in Abb. 41 dargestellt. Zylinder
und Kolben, an welch letzterem direkt der Bohrmeißel angebracht
ist, sitzen auf drei starken Beinen, welche teleskopartig länger und
kürzer gemacht werden können und zur Erhöhung ihrer Stabilität
unten gußeiserne Gewichte tragen. Zum Zurückziehen bzw. Vor-

schieben des Bohrmeißels dient ein Gewinde, das durch eine oben angebrachte Kurbel betätigt wird. Der Bohrmeißel trägt vorne eine meist kreuzförmige Schneide, er wird, wenn der Apparat in Tätigkeit ist, gleichzeitig gedreht. Die Meißel, welche zwischen 300 und 700 Stöße pro Minute machen, müssen natürlich aus dem besten Stahl gearbeitet sein.

Auf einer Baustelle sind oft 10—20 und noch mehr solcher Apparate in Tätigkeit, die meist von Negern bedient werden (Abb. 42). Der Dampf wird von einem oder mehreren Dampfkesseln geliefert und den Bohrmaschinen in Leitungen zugeführt, die bis auf die paar letzten Meter vor dem Apparat aus Gasröhren und vor diesem der Beweglichkeit halber aus Schläuchen mit schützender Drahtumwicklung bestehen.

An besonders exponierten Stellen, wo die Apparate nicht aufgestellt werden können, werden von Hand gehaltene und meist mit Druckluft getriebene Maschinenbohrer angewendet.

Abb. 41.
Dampfgetriebener Stoßbohrapparat.

Neuerdings sollen elektrische Bohrer mehr und mehr aufkommen, wobei der Elektromotor am Bohrgestell selbst befestigt ist. Dies hat viele Vorzüge, man benötigt keinen Platz zur Aufstellung der Kessel, man hat keinen Verlust in den Dampfleitungen, und die Drähte zur Stromzuleitung können viel leichter und weniger störend angebracht werden als die Dampfrohre.

Besondere Vorsichtsmaßregeln beim Sprengen gegenüber dem Publikum werden nur insofern getroffen, als die Sprengschüsse gut abgedeckt werden, zuerst mit einem durch Ketten zusammengehaltenen Bündel von Rundholzstämmen und dann mit einer schweren Matte aus Rundeisengeflecht, die ein Entweichen kleinerer Stücke verhindert. Diese großen und schweren Teile können durch die bereitstehenden Derricks leicht an Ort und Stelle gebracht und wieder entfernt werden. Der Straßenverkehr und Fußgängerverkehr wird natürlich nicht

Abb. 42.
Stoßbohrer beim Bau des Astor Hotels in New York.

unterbrochen, was bei der Größe desselben auch ganz undenkbar wäre.
Die vom Schuß gelockerten Felsstücke werden nun zerkleinert auf

Abb. 44.
Eiserner Kasten zur Aufnahme
von Felsstücken.

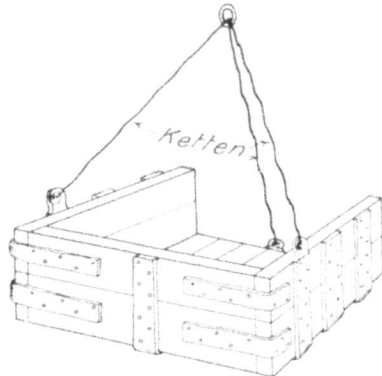

Abb. 43.
Hölzerner Kasten zur Aufnahme
von Felsstücken.

eine für ihre Handhabung passende Größe und in hölzerne oder
eiserne Kästen von der in den Abb. 43 und 44 gezeichneten Form ge-

laden, die gewöhnlich auf der vierten Seite offen gelassen sind. Die
Kasten werden vom Derrick erfaßt (Abb. 45), gehoben und geschwenkt,
bis sie über das Fuhrwerk kommen und in dasselbe entleert werden
können. Diese Derricks, welche der Amerikaner als Universal Bau-

Abb. 45.
Verladen des Felsaushubes beim Astor Hotel in New York.

maschine bei Hoch- und Tiefbauten benutzt, sollen später beim Eisenaufbau näher beschrieben werden.

5. Pfahlfundationen.

Mit Hilfe der Pfähle ist es möglich, die Gebäudelasten auf tiefere
Erdschichten zu übertragen, ohne den über diesen Schichten lagern-
den Boden ausheben zu müssen. Die Ausführung einer Pfahlgrün-

dung an Stelle einer anderen tiefgründigen Fundationsart bedeutet daher in den meisten Fällen eine Kostenersparnis, doch müssen, mancherlei Unannehmlichkeiten mit in den Kauf genommen werden die je nach den Verhältnissen verschieden schwer in die Wagschale fallen. Allen Pfahlarten gemeinsam ist der Umstand, daß durch das Einrammen der Pfähle Erschütterungen entstehen, welche den anliegenden, häufig nicht tief fundierten Gebäuden gefährlich werden können.

Die Lastübertragung geschieht entweder durch Reibung der Pfahlmantelfläche am komprimierten Erdreich oder durch die Aufsitzfläche des Pfahles auf dem tragfähigen Boden. Im letzteren Falle gleicht der Pfahl einer Säule.

Häufig scheitert aber auch die Anwendung der Pfähle an der Größe der zu übertragenden Einzellasten. Die neuesten ultrahohen Gebäude in New York haben ihre Existenz u. a. auch dem Umstand zu verdanken, daß es möglich war, in technisch und finanziell erreichbarer Tiefe gewachsenen Felsen anzutreffen, der eine derart hohe Beanspruchung zuließ, wie es für die hohen Säulenlasten nötig ist. So hat z. B. die schwerste Säule des Woolworth Gebäudes in New York eine Last von 4300 t auf den Erdboden zu übertragen.

Wollte man diese Last mit Pfählen in den Boden leiten, so wären, wenn man einem solchen selbst 50 t Tragfähigkeit zumuten wollte, 172 Pfähle nötig, die etwa eine Grundrißfläche von 140 qm beanspruchen würden, was natürlich nicht anginge; es muß in solchen Fällen die Tragfähigkeit der Felsfläche unter der Säule nicht nur im Bruchteile, sondern in der ganzen Fläche ausgenutzt werden.

Während man früher nur hölzerne Pfähle verwendete, die bei dem großen Holzreichtum Amerikas verhältnismäßig billig waren, wurden später Eisenröhrenpfähle und neuerdings Betonpfähle gebraucht.

An letzteren sind es hauptsächlich die Raymond- und Simplexpfähle, die drüben erfunden worden sind. Neuerdings finden auch die fertigen Eisenbetonpfähle Anwendung.

Die Methode der Herstellung von Betonpfeilern mit Grundstößelrammen nach System Dulac, die in Amerika nunmehr auch zu Gründungen benutzt wird, ist für höhere Gebäude, soviel bekannt, noch nicht verwendet worden, dürfte auch der großen Erschütterungen wegen, die hervorgerufen werden, kaum Aussicht auf Anwendung haben. Die Straußpfähle, die bei uns bereits eine weite Verbreitung gefunden haben, sind drüben bis jetzt nur dem Namen nach bekannt.

a) Hölzerne Pfähle.

Die hölzernen Pfähle wurden früher in New York und Chicago
nicht gerade selten gebraucht. So ist das 30 stockige Park Row
Gebäude in New York, das eine Grundfläche von 1400 qm bedeckt,
auf etwa 3900 hölzernen Fundamentpfählen gegründet, von denen
jeder im Durchschnitt mit etwa 15 t belastet worden ist. Die Pfähle
sind in Abständen von 45 und 60 cm von Mitte zu Mitte eingetrieben.
Diese Entfernungen sind zweifellos zu klein, und es ist zu befürchten.
daß, wie dies in Chicago der Fall war, ein Pfahl den andern bereits
geschlagenen wieder in die Höhe treibt. Nachdem die oberen Enden

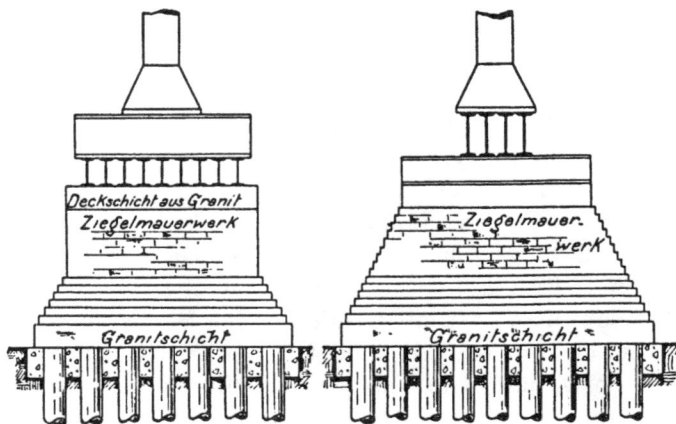

Abb. 46.
Säulenfundament im Park Row Gebäude in New York.

unter dem Wasserspiegel abgeschnitten worden waren, wurden die
Köpfe auf eine Tiefe von 50 cm mit einem Betonbett umgeben, das
aus einem Teil Zement, 2 Teilen Sand und 5 Teilen Schotter zusammengesetzt war. Hierauf wurde eine Lage von Granitsteinen gelegt und
darauf ein Pfeiler aus Ziegelmauerwerk aufgebaut, der oben wiederum
mit einer Schicht von Granitsteinen abgedeckt wurde. Auf die Deck-
schicht kam ein doppelter Rost von Eisenträgern zu liegen, auf denen
dann der Säulenfuß aufstand (Abb. 46).

Auch in diesem Falle brachten die Erschütterungen durch das
Pfähleschlagen Unannehmlichkeiten für die anstehenden Gebäude.
Die anliegenden Gebäudemauern mußten deshalb unterfangen und
mit neuen Fundamenten versehen werden, die unter den Aushub
für das neue Gebäude hinabreichten.

Bei anderen noch älteren hohen Gebäuden wurden die Pfähle
oben mit einem Schwellrost abgedeckt, auf dem das Mauerwerk aufgesetzt wurde.

Das 23 stockige West Street Gebäude in New York ist ebenfalls
auf Holzpfählen fundiert. Die Dimensionen der Pfeiler schwanken
zwischen 1,2 und 4 m im Quadrat und die Zahl der darunter geschlagenen Pfähle zwischen 4 und 25, je nach der Säulenlast. Einem
Pfahle wurden etwa 11 t zugemutet, sie
wurden bis auf den festen Felsen hinabgetrieben. Die Pfahlköpfe wurden in ein
Betonbett eingehüllt und darauf eine Kreuz-
und Querlage von Eisenträgern gelegt
(Abb. 47).

Sofern sich die Holzpfähle stets im
Wasser befinden, ist ihr Verhalten ein gutes.
Anders ist dies, wenn sie teilweise im Trok-
kenen oder abwechslungsweise im Nassen
und Trockenen sich befinden, weil sie dann
rasch der Fäulnis anheimfallen. Die Pfähle
müssen deshalb alle unter dem tiefsten
Grundwasserspiegel abgenommen werden.
Dieser Umstand bedingt häufig Mehrkosten,
wenn der Abstand zwischen Kellersohle und
Grundwasserspiegel ein erheblicher ist, weil
dann zwischen die Kellersohle und die Pfähle
ein tieferer Fundamentkörper eingeschaltet
und der Aushub dafür gemacht werden muß,
um die Pfähle abschneiden zu können.
(Abb. 48.)

Abb. 47.
Fundament beim West
Street Gebäude in New
York.

Die Verhältnisse der Grundwasserspiegel
in den Städten sind jedoch nicht stets die
gleichen. Die infolge der Erstellung der
hohen Gebäude stets zunehmende Bevölke-
rungszahl in den Geschäftsvierteln bedingt zahlreiche und große Ab-
wasserkanäle, der zunehmende Verkehr erfordert die Erbauung neuer,
tiefliegender Untergrundtunnels für den Personen- und Güterverkehr.
Nach diesen tiefliegenden Bauten wird sich das Grundwasser ziehen,
und damit wird eine Senkung seines Spiegels die Folge sein. Es liegt
also bei Holzpfahlfundamenten die Gefahr vor, daß dieselben zu faulen
beginnen. Da man nicht weiß, wie weit sich der Grundwasserspiegel

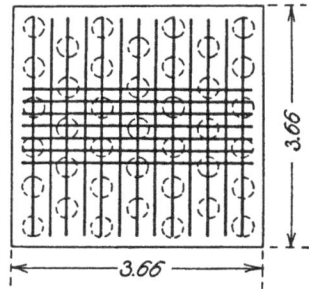

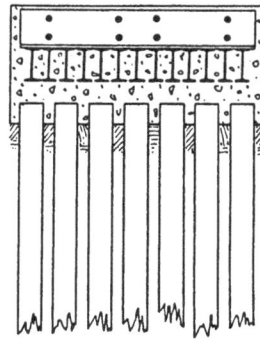

senken wird, so ist·unter diesen Verhältnissen eine Fundation mit
Holzpfählen eine riskierte Sache.

Die einem Pfahl zuzumutenden Lasten sind entweder durch
Bauvorschriften festgelegt oder sie müssen durch Versuche festge-
stellt werden. Im letzteren Falle ist der Pfahl entweder mit ruhender
Last zu belasten oder mit dem Hammer einzuschlagen, wobei mit
Hilfe von dessen Gewicht und seinem Eindringen unter Zuhilfenahme
von Formeln die zulässige Belastung bestimmt wird. Solcher Formeln
stehen wie bei uns eine Menge zur Verfügung, welche unter gleichen
Verhältnissen große Unterschiede ergeben.

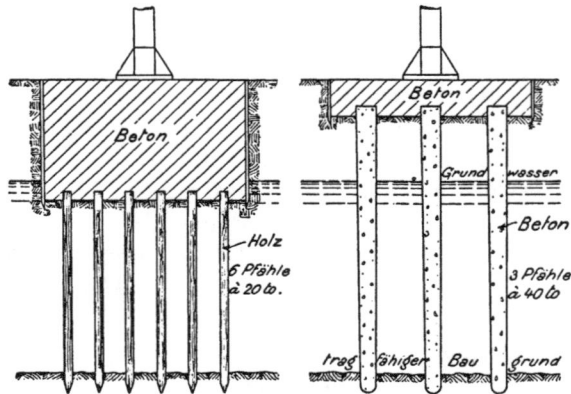

Abb. 48.
Gegenüberstellung einer Gründung mit Holz- und
Betonpfählen.

Das Eintreiben der Pfähle geschieht mit Dampframmen. Der
Rammbär mit Gewichten bis über 1000 kg bei Fallhöhen bis zu 7 m
wird durch Dampfmaschinen hochgezogen, die auf dem hinteren Teil
der Rammbühne aufgestellt sind (Abb. 49). Seltener habe ich für
das Einrammen von Pfählen direkt wirkende Dampframmen, kaum
je Zugrammen gesehen, bei denen der Bär durch Arbeiter hochgehoben wird, weil die Arbeitslöhne viel zu hohe sind.

Abb. 50 stellt das Abschneiden von Pfählen bei den Fundamenten eines Chicagoer Wolkenkratzers vor.

b) Eiserne Pfähle.

Die eisernen Pfähle werden fast immer als Säulen ausgeführt,
d. h. sie sollen weniger durch Reibung als durch Aufstehen auf einer
tragfähigen Bodenschicht tragen. Zu dem Ende wird eine eiserne

Röhre in den Boden eingetrieben, das Material im Innern der Röhre bis hinab auf die tragfähige Schicht entfernt und der Hohlraum mit Beton ausgefüllt.

Die Röhren, welche verwendet werden, haben meist einen äußeren Durchmesser von 32, seltener 38 cm, die Mantelstärke des Rohres

Abb. 49.
Einrammen von Holzpfählen für die Gründung eines
hohen Hauses in New Orleans.

beträgt 10 mm. Ihre Absenkung erfolgt in den meisten Fällen durch die kombinierte Wirkung eines Spülrohres und eines leichten, durch Dampf oder Luft bewegten Hammers. Der Hammer hängt an einem Derrick und ist auf diese Weise sehr leicht zu handhaben. Er macht pro Minute zwischen 150 und 200 Schläge. Um das Spülwasser zu sparen, wird es häufig wieder verwendet, indem man es nach dem

Verlassen des Pfahles in Gräben oder Rinnen einem Sumpfe zuleitet, aus dem es wieder abgesaugt wird, so daß es einen Kreislauf vollführt. Der Sumpf muß natürlich, da das Wasser viel Schlamm mit sich führt, fortgesetzt ausgeräumt werden.

Schwierigkeiten entstehen beim Absenken, wenn die Röhren auf die in dem hard pan anzutreffenden großen Geröllsteine aufzusitzen kommen. Wenn diese nahe genug an der Oberfläche angetroffen werden, so wird neben oder um die Röhre ein offener Schacht hinabgeteuft und der Stein entfernt. Liegt der Stein tiefer, so wird versucht, ihn mit schweren innerhalb der Röhre zu betätigenden Meißeln zu zerbrechen. Wenn diese Arbeit nicht die erhoffte Wirkung hat, so bleibt nichts anderes übrig, als die Pfählung zu verlassen und einen Ersatzpfahl an anderer Stelle zu schlagen.

Nachdem die Röhre mit oder ohne Zuhilfenahme eines Spülrohres bis auf die tragfähige Bodenschicht hinabgetrieben worden ist, wird das Material im Innern entfernt, sofern dies noch nicht durch die Spülung geschehen ist. Dies kann, wenn das Grundwasser in der Röhre steht, auch einfach dadurch bewerkstelligt werden, daß

Abb. 50.
Abschneiden von Holzpfählen bei einer Gründung in Chicago.

man Luft unter Druck in die Röhre leitet. Bei einer derartigen Ausführung wurde Luft von 7 Atm. Pressung durch eine 75 mm weite
Röhre eingeleitet, womit ein Gemisch
von Wasser, Schlamm und Steinen
aus dem Rohrinnern herausgeblasen
wurde. So groß war die dadurch
hervorgebrachte Kraft, daß Steine
bis zu 20 kg Gewicht aus dem Rohre
herausgeschleudert wurden. Die Lieferung der Druckluft geschieht durch
Kompressoren, die meist von der
schon erwähnten Ingersoll Rand Gesellschaft stammen.

Wenn die Röhre vollständig gereinigt ist, wird eine Schicht Beton
eingegeben und hierauf 2—5 Stück
senkrechte Armierungseisen eingestellt, welche unten durch eine ge-
lochte Platte in ihren richtigen Entfernungen gehalten werden. Dann
werden diese Eisen ebenfalls ihrerseits durch die Betonschicht hindurch
auf die tragfähige Bodenschicht hinab-
geschlagen. Hierauf wird die Röhre
vollends mit Beton angefüllt, dessen
Mischungsverhältnis gewöhnlich aus
einem Teil Portlandzement, 2 Teilen
Sand und 4 Teilen Kleinschlag besteht.

An ihrem Kopfe werden die
Pfähle durch ein Betonbett umhüllt
und in ein Ganzes zusammengefaßt.
Um eine gleichmäßig sichere Lastübertragung auf die Röhre zu gewährleisten, wird sie zweckmäßig mit einer
gußeisernen Kappe abgedeckt. Damit
der Beton in der Röhre satt an diese

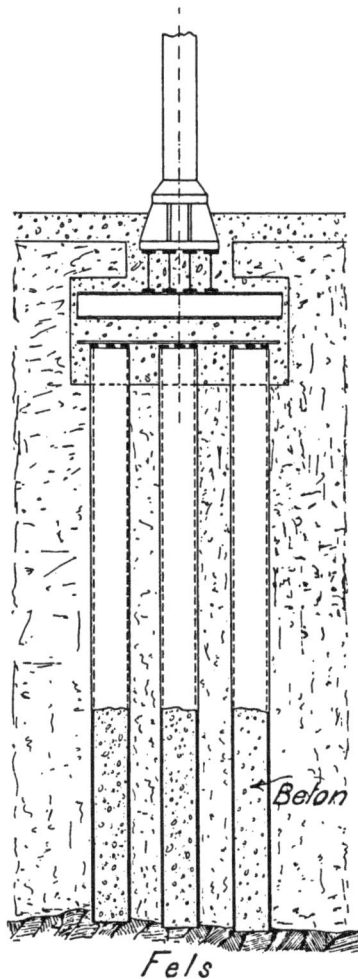

Abb. 51.
Säulenfundament des Knickerbocker
Hotels in New York.

Kappe anschließt und damit eine befriedigende Druckübertragung
auf diesen gesichert wird, ist in Kappenmitte ein Loch zum Ein-
gießen von Zement in die Röhre nach Aufsetzen der Kappe angebracht.

Bei der Gründung des 14 stockigen Knickerbocker Hotels in New York (Abb. 51) geschah das Ausbetonieren der nur noch mit Wasser gefüllten Röhre so, daß der Schlauch, der das Druckwasser zubrachte, mit einem Behälter verbunden wurde, der Zementbrühe enthielt; so wurde die Röhre durch das Spülrohr von unten herauf mit Zement angefüllt. Alsdann wurde das Spülrohr entfernt und gewaschener Kies in die Röhre eingegeben.

Um die Röhre zu schützen, schlägt der Hammer gewöhnlich auf eine Schlaghaube, die aus einem kurzen, aber sehr starken Rohrstück von gleichem Durchmesser besteht, welches die Röhre auf eine gewisse Länge umfaßt.

Da es unmöglich ist, die genaue Länge der Pfähle vorher zu bestimmen, so werden sie häufig mit einem Mehr an Länge eingetrieben und dann auf der genau richtigen Höhe abgeschnitten, was mit einem von Clark ersonnenen Röhrenschneider leicht und genau bewerkstelligt werden kann.

Abb. 52.
Stoß zweier
Rohrstücke.

Häufig werden die Röhren auch aus zwei oder mehreren Teilen zusammengesetzt und dann in der Weise gestoßen, wie dies Abb. 52 zeigt.

Das Schlagen der Pfähle wird sehr erleichtert, wenn man ein Pfahlbündel mit einem Gerüstturm umgibt, der auch als Führung während des Eintreibens wertvolle Dienste leistet.

Die Lasten, welche den eisernen Pfählen zugemutet werden, sind sehr hoch, 60—100 t je nach dem Untergrund, Durchmesser und Armatur, sie betragen also das 4—8 fache derjenigen Belastung, welche man einem gewöhnlichen Holzpfahl zumutet.

c) Betonpfähle im allgemeinen.

Die Vorzüge der Betonpfähle bestehen, wie bereits erwähnt, in deren Unangreifbarkeit gegenüber den zerstörenden Einwirkungen von Luft und Wasser und der Insekten. Ferner kann ihr Querschnitt erheblich größer genommen werden als die begrenzten Querschnittsdimensionen des Holzes, womit eine bedeutend höhere Tragkraft des Pfahles erzielt wird. Schließlich kann den Betonpfählen jeder beliebige Querschnitt gegeben werden, während man bei den hölzernen Pfählen auf den kreisrunden Pfahlquerschnitt angewiesen ist.

Je nachdem nun die Pfähle vorher seitlich angefertigt und fertig eingerammt oder aber erst im Boden hergestellt werden, unterscheidet man die Pfähle nach Hennebique und die Raymond-Pfähle und Simplex-Pfähle.

d) Hennebique-Pfähle.

Die Pfähle haben entweder dreieckigen, quadratischen oder poly-
gonalen Querschnitt mit abgefasten Ecken und einem Längsstab in
je einer Ecke. Zum Schutze des Pfahlkopfes dient eine eiserne Schlaghaube, der Spielraum zwischen Pfahlkopf und Haube wird mit einem
schlagverteilenden Mittel (Sand, Sägespäne, Holzwolle u. dgl.) ausgefüllt.

Da die Reibung des Pfahles am umgebenden Erdreich der Um-
fangsfläche proportional ist, so hat die Corrugated Concrete Pile
Gesellschaft einen Pfahl, den Gilbreth Pfahl, im Gebrauch, welcher
achteckigen Querschnitt hat, wobei jede Achteckseite noch ausge-
nutet ist, so daß der in Abb. 53 ersichtliche Querschnitt entsteht.
Diesem Pfahl wird erheblich mehr Last zugemutet als den gewöhnlichen Eisenbetonpfählen. Das Loch im Innern ist für die Zuleitung
des Wassers, falls man den Pfahl einspülen oder wenigstens sein Eindringen damit unterstützen will.

Die Hennebique-Pfähle wurden bis jetzt für die Fundationen
hoher Gebäude sehr selten angewendet, vielleicht hauptsächlich deshalb nicht, weil für die Rammung sehr schwere Bären nötig sind,
deren Schläge die umliegenden Gebäude, für deren sicheren Bestand
man ohnehin wegen der tieferen Fundation des
neuen Gebäudes besorgt sein muß, gefährden.

Weitere Nachteile bestehen darin, daß die
Pfähle nicht sofort zur Verfügung stehen, sondern erst angefertigt werden müssen und dann
eine Erhärtungszeit von etwa 5 Wochen benötigen,
bis sie gebrauchsfähig sind. Weiterhin können die
Pfähle in den meisten Fällen wegen Mangel an
Platz nicht auf der Baustelle angefertigt werden,
so daß noch Transportkosten entstehen. Die nötige

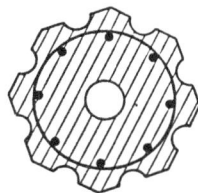

Abb. 53.
Querschnitt
des Gilbreth Pfahles.

Pfahllänge wird durch Versuchsrammungen fest-
gestellt. Da man jedoch nicht an allen Stellen derartige Rammungen
vornehmen kann, so ist die Gefahr groß, daß eine erkleckliche Anzahl
von Pfählen zu kurz oder zu lang ist und mit erheblichen Kosten
verlängert bzw. abgenommen werden muß. Diese Nachteile fallen bei
den Raymond- und Simplex-Pfählen weg.

e) Raymond-Pfähle.

Hiebei sowie beim folgenden Simplex-Pfahle wird eine Vortreiberöhre aus Stahl in den Boden gerammt und das dadurch geformte
Loch mit Beton ausgefüllt.

Während diese Vortreiberöhre beim Simplex-Pfahle geschlossen und von gleichem Durchmesser ist, besteht sie beim Raymond-Pfahl aus zwei Hälften, die einen kleinen Zwischenraum zwischen sich lassen und mittels einzelner Lappen gelenkig derart miteinander verbunden sind, daß die eine Hälfte gegen die andere verschoben werden kann, bis sich beide in der ·Mantellinie berühren. Die Röhre ist nach unten stark verjüngt. Sie hat in der gespreizten Stellung oben meist 0,45, unten 0,15 m Durchmesser. Die Feststellung beider Teile erfolgt durch einen oben einzusetzenden Keil (Abb. 54).

Um diese Form wird eine dünne, $\frac{1}{2}$—1 mm dicke Blechhülse dicht passend herumgelegt, welche das Nachfallen von Erde nach Zurückziehen der Röhre verhindern und dem Beton als Schalung dienen soll. Diese Hülse wird allmählich verrosten, und es steht zu befürchten, daß zwischen Pfahl und Erdreich ein wenn auch kleiner Zwischenraum entsteht, welcher die Reibungswirkung unmöglich macht.

Ist das Loch hergestellt und soll der Vortreiber zurückgezogen werden, so wird der Keil entfernt und durch einen leichten Schlag auf die eine Rohrhälfte beide gegeneinander verschoben, wodurch eine Querschnittsverminderung entsteht und die Rammröhre herausgezogen werden kann.

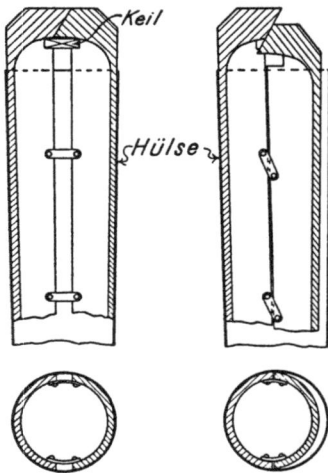

zum Schlagen   zum Herausziehen
Abb. 54.
Vortreiberohr des Raymondpfahles.

Noch eine ganze Reihe sinnreicher, anderer Formen dieses Vortreibers sind in Anwendung, auf die aber nicht näher eingegangen werden soll[1]).

Hervorragende Bauten, bei denen Raymond-Pfähle zur Gründung Anwendung fanden, sind das 12 stockige Statler Hotel in Buffalo N.Y., das 18 stockige Central Bank und Trust Gebäude in Memphis, Tenn., und das 42 stockige Smith Gebäude in Seattle an der pazifischen Küste. Letzteres ist überhaupt das höchste auf Pfähle gestellte Haus.

---

[1]) Näheres darüber findet sich in einem Sonderabdruck aus der Schweizerischen Bauzeitung: Über neuere Fundierungsmethoden mit Betonpfählen von Professor Hilgard in Zürich.

f) Simplex-Pfähle.

Diese sind Patent der Simplex Concrete Piling Gesellschaft in Philadelphia und auch in Deutschland in hervorragender Weise im Gebrauch. Zum Unterschied von den Raymond-Pfählen hat das Vortreiberohr, das aus einer vollen Stahlröhre von meist 40 cm Durchmesser und 18 mm Mantelstärke besteht, durchweg gleichen Durchmesser, weiterhin wird das Rohr nicht sofort, sondern allmählich mit dem Einbringen und Stampfen des Betons herausgezogen. Abb. 55 zeigt den Vorgang der Pfahlherstellung in seinen verschiedenen Phasen. Die Form ruht auf einer gußeisernen Spitze, welche mit einer ringsherum gehenden wagerechten Fläche versehen ist, und wird bis auf eine tragfähige Schicht hinabgetrieben. Ein schweres Gewicht wird alsdann in die Röhre hinabgelassen, um die Spitze sicher von der Röhre loszumachen. Während das Gewicht im Grunde der Röhre sich befindet, wird oben am Ende der Röhre an dem Seil eine Marke befestigt, deren Zweck später ersichtlich ist. Dann wird das Gewicht herausgezogen und Beton eingegeben mittels eines schmalen und langen Kübels, dessen Inhalt durch den aufklappbaren Boden entleert werden kann. Die Form wird sodann etwas zurückgezogen und das Gewicht zum Stampfen des Betons eingeführt. Hierauf wird wieder Beton

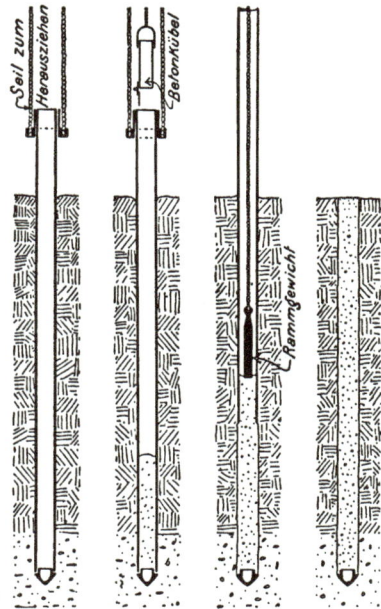

Abb. 55.
Verschiedene Phasen in der Herstellung des Simplexpfahles.

eingegeben und dieselbe Manipulation wiederholt. Unter Berücksichtigung des Umstandes, daß etwas mehr Beton nötig ist, als der Kubikinhalt der Röhre beträgt, kann mit Hilfe der oben erwähnten Marke leicht festgestellt werden, wie der Beton in der Röhre sich verhält und verhütet werden, daß die Röhre über den Beton hinausgezogen wird, so daß Erdmaterial nachrutschen und der Beton des Pfahles eingeschnürt oder ganz unterbrochen werden könnte.

Im vorteilhaften Gegensatz zum Raymond-Pfahl gerät der Beton in innige Berührung mit dem umgebenden Boden und gibt eine äußerst rauhe, reibende Oberfläche. Das Vorhandensein von Wasser im Boden verursacht keine Schwierigkeit, da die Röhre praktisch wasserdicht ist oder wasserdicht gemacht werden kann.

Ehe man gußeiserne Spitzen verwendete, hatte man solche aus Beton. Man mußte dabei jedoch eine große Zahl solcher Spitzen im voraus anfertigen, um sie genügend erhärten zu lassen, dazu benötigt man einen großen Lagerplatz mit Möglichkeiten zum Bewegen derselben. Auch waren die Betonspitzen unter den schweren Hammerschlägen der Zerstörung ausgesetzt, deshalb kam man auf gußeiserne Spitzen.

Eine weitere Verbesserung erzielte man dann, als es gelang, die Spitzen, welche im Boden verblieben und jedesmal einen Verlust bedeuteten, zu entbehren, indem man am unteren Rohrende mittels eines aufgeschobenen kurzen Gußstahlrohrstücks zwei Backen befestigte, welche sich in Scharnieren frei drehen konnten. Diese Backen sind Teile eines Zylinders. Wenn sie zusammengebracht werden, greifen sie mit ihren Zähnen ineinander und geben eine festschließende Verbindung und für das Eindringen gute Spitze. Beim Einschlagen sind die Backen geschlossen und werden durch den Druck der Erde in diesem Zustand gehalten. Beim Zurückziehen der Form öffnen sich die Backen durch ihr eigenes Gewicht und gestatten dem Beton den Austritt (Abb. 56).

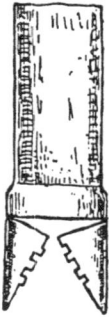

Abb. 56. Alligatorspitze der Simplex-Vortreiberöhre.

Die Apparate zum Schlagen und Ziehen der Röhren und Herstellung des Pfahles sind Gerüste mit Dampfhämmern oder freifallenden Bären ausgestattet. Die Gewichte schlagen gewöhnlich nicht direkt auf die Röhre, sondern auf einen hölzernen Block zur Abschwächung des Schlages. Zur Verstärkung ist oben ein Band aufgenietet, das gleichzeitig zur Befestigung einer Schelle dient, an der die beiden Drahtseile zum Herausziehen des Rohres angreifen. Diese Seile gehen über Rollen am oberen Ende des Gerüstes und von da hinab zu einem Paar von mehrfachen (z. B. 5 fachen) Flaschen, deren abgehendes Seil nach einer der Trommeln der Dampfmaschine führt. Auf diese Art wird die Kraft des Seiles beispielsweise auf das 10 fache gesteigert, und es ist nicht ungewöhnlich, daß die Ziehseile brechen.

In der Abb. 57 sind die Fundamente des La 'Salle Gebäudes in St. Louis dargestellt. Das schmale Haus ruht auf 10 Säulen, die entlang den Gebäudelangseiten aufgestellt sind. Jede Säulenlast wird

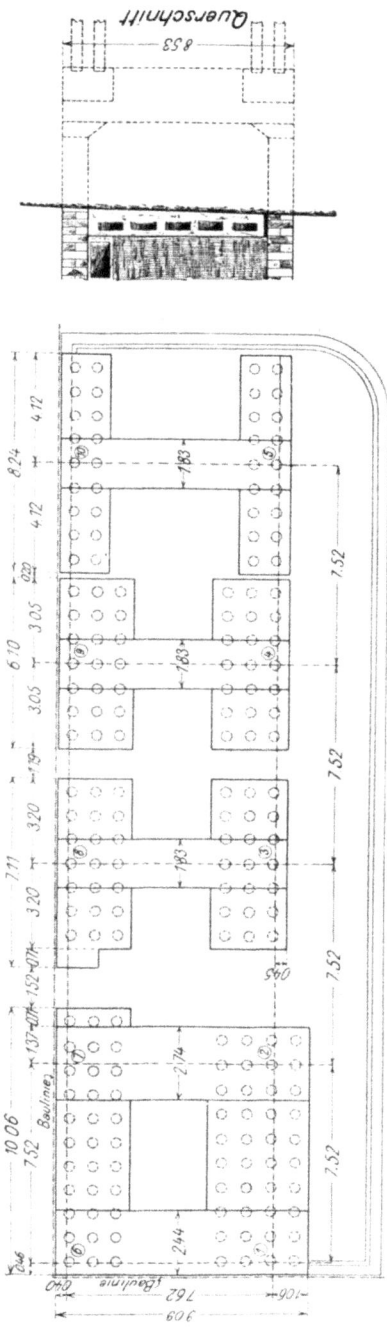

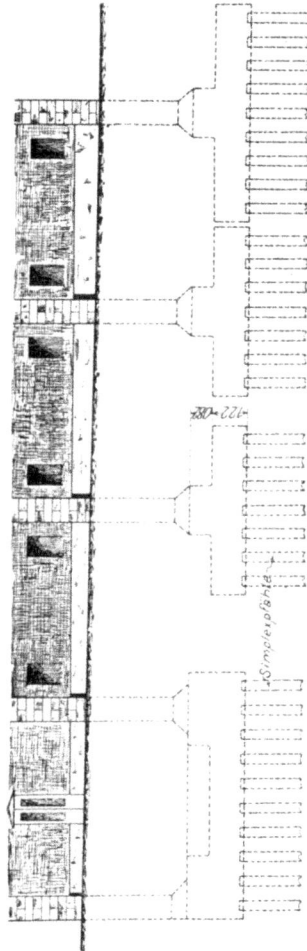

Längenschnitt
Abb. 57.
Fundamente des La Salle Gebäudes in St. Louis.

auf Eisenbetonplatten übertragen, welche ihrerseits wieder auf Simplex-Pfählen ruhen. Da die Säulenlast exzentrisch zur Fundamentplatte angreift, so sind je zwei gegenüberliegende Säulenfundamente durch einen Balken verbunden, welcher eine gleichmäßige Druckverteilung herbeiführen soll. Die Säulen ruhen je nach der Größe ihrer Belastung auf 18, 20 und 21 Simplex-Pfählen, welche in Reihen zu zweien, dreien und vieren angeordnet sind. Die Pfahlabstände von Mitte zu Mitte betragen 90 cm. Das ganze Gebäude steht auf 196 Stück solcher Pfähle.

Die Treibröhren, die, nebenbei gesagt, des vorzüglichen Stahles wegen aus Deutschland bezogen wurden, hatten einen inneren Durchmesser von 36 cm und eine Mantelstärke von 18 mm. Die Pfähle hatten Längen von 12,20 m. Die Treibröhren für einen Pfahl dieser Länge bestanden aus zwei Teilen, wenn der erste genügend weit eingetrieben war, wurde der andere aufgesetzt. Der Rammbär wog 1600 kg, seine Fallhöhe betrug etwa $3\frac{1}{2}$ m, pro Minute gab er 18 Schläge auf den Pfahl. Das Drahtseil zum Herausziehen der Röhre hatte 30 mm Durchmesser, das Seil, an dem der Bär hing, 18 mm Durchmesser. Die Zeit zum Einschlagen einer Röhre mit 9 m Länge in guten Boden betrug etwa 30 Minuten. Zur Füllung waren rund 14 Kübel Beton nötig, die in 12 Minuten eingebracht wurden. Die Mischung des Betons war ein Teil Zement, $2\frac{1}{2}$ Teile Sand, 5 Teile Kies oder Kleinschlag. An Zeit zum Verschieben der Ramme für den nächsten Pfahl rammbereit wurden etwa 15 Minuten benötigt.

Die Mannschaft zur Bedienung beim Rammen bestand aus: 1 Aufseher, 1 Maschinisten, 1 Heizer, 1 Mann an der Winde, 1 Mann an den Führungen, 2 Arbeitern, somit zusammen 1 Aufseher und 6 Mann. Beim Betonieren kamen noch 3 Betonarbeiter hinzu.

Das erste hervorragende Beispiel einer Gebäudegründung mit Simplex-Pfählen war dasjenige für das 13 stockige Produce Exchange Gebäude in New York, das auf 125 Stück 9 m langer, durch Fließsand auf den Konglomeratfelsen hinabgetriebener Pfähle ruht.

6. Flachfundamente.

Die Flachgründungen oder schwimmenden Gründungen finden da Anwendung, wo der zum Tragen ausersehene, nicht sehr feste Boden nicht weit unter der Kellersohle liegt. Man kann zweierlei Methoden unterscheiden:

a) Gründungen mit Körpern ohne Biegungsfestigkeit,

b) Gründungen mit biegungsfesten Fundamentkörpern.

α) Gründungen aus Trägerrosten,

β) Gründungen aus Eisenbetonplatten.

a) Gründungen mit Körpern ohne Biegungsfestigkeit.

Der Gründungskörper wird aus Beton oder Mauerwerk aus Bruch- oder Ziegelsteinen hergestellt. Beton ist wegen des Mangels an Stoßfugen und daher besseren Zusammenwirkens dem gewöhnlichen Mauerwerk vorzuziehen. Der Körper geht von der Fläche des Gußfußes aus und erreicht durch allmähliche Erbreiterung mittels stufenförmiger Absätze eine Fundamentfläche, welche groß genug ist, um den zulässigen Bodendruck nicht zu überschreiten. Dabei verhält sich die Höhe zur Breite der Absätze wie 1:1 oder 1:1½. In diesen Fällen treten keine nennenswerten Zugspannungen im Mauerwerk auf (Abb. 58).

Diese Gründungsweise, bei welcher es sich um unbewehrte Mauerwerkskörper handelt, ist heute fast ganz verlassen, weil sie nicht nur gegenüber den beiden folgenden Gründungsmethoden einen bedeutenden Mehraushub verlangt, sondern weil sie auch durch ihr Gewicht die Fundamentfläche mehr belastet. Man könnte an Aushub sparen, wenn man die hohen Fundamentkörper noch teilweise ins Untergeschoß legen würde, da jedoch diese Räume neuerdings sehr benötigt werden, so würde dies wirtschaftliche Nachteile mit sich bringen.

Für Wandsäulen ist die Ausführung eines derartigen Fundaments häufig unmöglich, wenn nahe anliegende Gebäude vorhanden sind und man nicht genügend auskragen kann, um die notwendige Fundamentfläche zu schaffen, ohne in die Fläche des anstoßenden Gebäudes hineinzukommen. Bei bewehrten Fundationen ist das durch Kom-

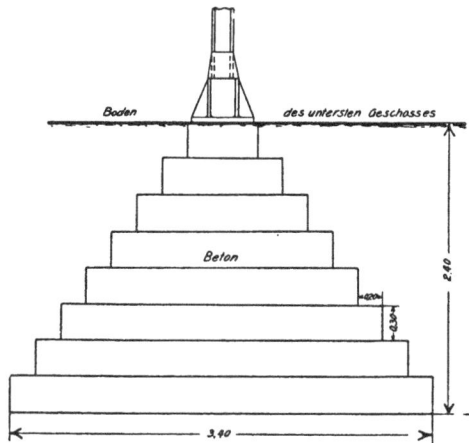

Abb. 58.
Gründungskörper aus Mauerwerk.

bination mit inneren Fundamenten oder durch Anwendung von Kragträgern zu erreichen.

b) Gründungen mit biegungsfesten Fundamentkörpern.

Mit diesen ist es möglich, ohne tief unter die Kellersohle hinabzugehen, mittels dünner Platten bereits große Flächenverbreiterungen herbeizuführen, wodurch die unter a) angeführten Mißstände gehoben sind. Weiterhin kann man in denjenigen Fällen, wo es nicht möglich ist, die Belastung zentrisch auf die Säule zu führen, trotzdem Fundamente genügender Fläche schaffen, welche eine annähernd gleichmäßige Bodenpressung gewährleisten. Fast in jedem Falle kommt es vor, daß die Wandsäulen an Eigentumsgrenzen herunterführen, welche es verhindern, das Fundament der Säulen in das Nachbargrundstück hineingehen zu lassen. In manchen Fällen geht man so vor, daß man die Säule des untersten Geschosses so weit von der Eigentumsgrenze abrückt, daß ein zentrisch belastetes Fundament von der rechnerisch festzulegenden Größe erstellt werden kann (Abb. 59). Meist jedoch verfährt man anders. Man kuppelt das Wandsäulenfundament mit einem oder mehreren Fundamenten von Innensäulen. Dies kann geschehen, indem man beide Säulen entweder auf eine gemeinsame Platte stellt (Abb. 60) oder die Verbindung durch sog. Gründungsträger bewerkstelligt (Abb. 61).

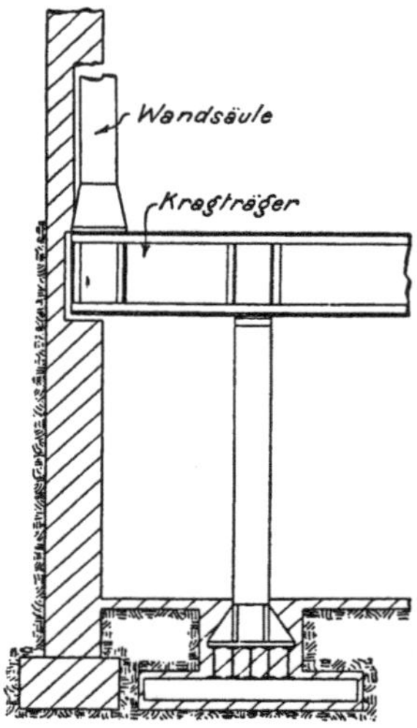

Abb. 59.

α) G r ü n d u n g s k ö r p e r   a u s   T r ä g e r r o s t e n.

Fundamente dieser Art bestehen aus einer oder mehreren gekreuzten Lagen von Eisenbahnschienen oder Walzträgern, die zum Schutz gegen Rost allseitig mit Beton umschlossen sind (Abb. 62). Neuerdings werden nur noch Eisenträger verwendet, weil dieselben höher sind und größere Biegungsmomente aufnehmen können. Die unterste Trägerlage, welche die ganze nötige Fundamentfläche bedeckt, wird gewöhnlich auf ein 20—30 cm starkes Betonbett aufgelegt. Die quer hierzu liegende Trägergruppe ist bestimmt, die Säulenlast auf die untere Lage zu verteilen. Diese Träger werden daher Verteilungsträger genannt. Die gußeisernen oder schmiede-

eisernen Säulenfüße sitzen direkt auf den Verteilungsträgern. Damit
der Beton zwischen die einzelnen Träger eingebracht werden kann,
sollte der Abstand der Flanschen nicht weniger als 4 cm betragen.

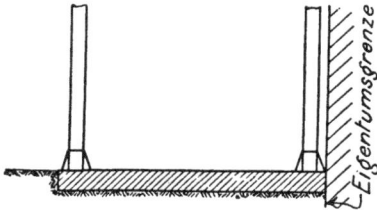

Abb. 60.
Säulen auf gemeinsamer Platte.

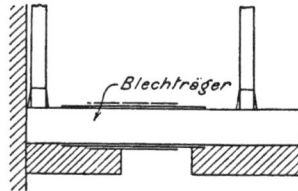

Abb. 61.
Kupplung zweier Fundamentplatten.

Die Kreuzlage kommt direkt auf die oberen Flanschen zu liegen, und
es ist deshalb deren Einstellung in genau gleiche Höhe sehr wichtig.
Um den Trägern eine sichere Lage zu geben, wird je eine Lage mit
einer oder zwei Reihen von Bolzen,
die durch den Steg hindurchgesteckt
sind, zusammengehalten und ihr
Abstand durch Gasröhren, welche
zwischen die Stege eingeschoben sind
oder durch gußeiserne Füllstücke
fixiert. Sind die Säulenlasten sehr
groß, so kann die obere Trägerlage
durch genietete Blechträger gebildet
sein. Häufig sind diese dann zu
dreien nebeneinander vereinigt und

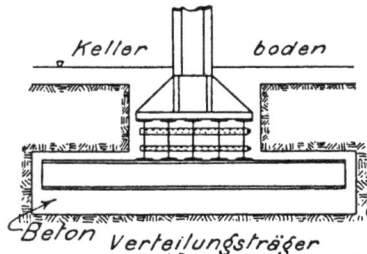

Abb. 62. Trägerrost.

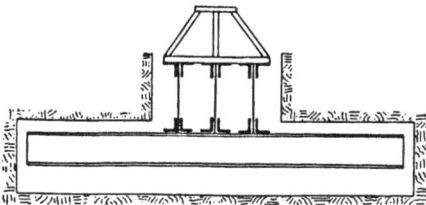

Abb. 63.

bilden schwere, 1—2 m hohe Konstruktionen (Abb. 63). In manchen Fällen werden die drei Träger auch durch eine Deckplatte
miteinander vereinigt.

Rappold, Bau der Wolkenkratzer. 5

Abb. 64.
Trägerroste beim Fifth Avenue Gebäude in New York.

Abb. 64 zeigt die Trägerroste beim Fifth Avenue Gebäude in New York, Abb. 65 zeigt einen Trägerrost in der Herstellung begriffen.

Nehmen die benötigten Fundamentflächen fast die ganze zur Verfügung stehende Gebäudefläche ein, so hat man häufig die ganze Grundrißfläche mit Trägern belegt, doch hat sich dies nicht als vorteilhaft erwiesen, man ist vielmehr auf getrennte oder gruppenweise zusammengefaßte Fundamente wieder zurückgekommen.

Ein bemerkenswertes Beispiel einer Gründung, bei der die ganze Gebäudegrundfläche mit Eisenträgern belegt wurde, ist diejenige des Spreckels Gebäudes in San Francisco. Dasselbe hat eine Länge von 23 m bei derselben Breite. Der Aushub wurde bis 7,6 m unter die Straße hergestellt und alsdann der dichte, nasse Sand mit einer 60 cm starken Betonschicht belegt. Hierauf wurde eine Lage von 38 cm hohen I-Trägern in 60 cm Abstand aufgebracht, die in zwei oder drei Längen verlegt und deren Stöße durch Flanschen- und Deckplattenstoß hergestellt waren, so daß sie kontinuierliche Träger bildeten. Hierauf wurde zwischen und um dieselben sorgfältig Beton eingefüllt und alsdann auf die genannte eine zweite Lage von Trägern derselben Höhe und Art quer dazu aufgebracht, so daß eine monolitische Platte von 1,36 m Dicke entstand, deren Fläche etwa 70 % größer war als die Grundfläche des Gebäudes. Die Bodenpressung wurde auf diese Weise auf 2,2 kg/qcm herabgedrückt.

Auf diese durchgehende Platte sind 28 Gruppen von Verteilungsträgern gelegt, von denen jede aus 6 Stück 50 cm hohen I-Trägern besteht, auf denen die Gußfüße der Säulen ruhen. In der Grundplatte jedes derartigen Fußes sind zwei Löcher, durch welche je ein 200×38 mm starkes Flacheisen von etwa 2,70 m Länge hindurchgeht, welches oben mit der Säule vernietet und unten mit den Rostträgern verankert ist.

Die Anordnung der Flachfundamente des 11 stockigen Phelan-Gebäudes in San Francisco ist in Abb. 66 dargestellt. Das Haus liegt an einer Stelle, wo zwei Straßen unter spitzem Winkel zusammenkommen, daher die dreieckige Form des Grundrisses.

Die geschätzte tote Last und Nutzlast beträgt zusammen etwa 50 000 t, welche auf den sandigen Boden verhältnismäßig nahe der

Abb. 65.
Herstellung eines Trägerrostes.

Erdoberfläche übertragen wird. Die mittlere auf eine Säule kommende Last beträgt rund 590 t, die maximalen Säulenlasten betragen etwa 670 t, welche durch Eisenroste auf Betonlagen, die 7—9 m unter der Bodenoberfläche erstellt wurden, auf die zulässige Bodenpressung reduziert wurden. Die meisten der Fundamente messen 4,6 m in jeder Richtung und bestehen aus zwei gekreuzten Lagen von I-Balken, von 0,46—0,61 m Höhe, die obere Lage dient zur Verteilung und übernimmt die Säulenlast durch den Fuß. Sowohl I-Träger als Säulenfuß sind in Beton eingehüllt, dessen Oberfläche unter dem Kellerboden liegt. Die Lasten sind so groß, daß eine Fundamentfläche nötig war, die zusammen mehr als die Hälfte der Grundfläche des Gebäudes in Anspruch nimmt.

In der ersten Berechnung wurde eine Maximalpressung von 3 kg/qcm von der vereinigten toten und Nutzlast zugrunde gelegt. Da jedoch insbesondere die Wandsäulen ein höheres Verhältnis der toten Last zur Nutzlast aufweisen als die Innensäulen und man deshalb den berechtigten Schluß zog, daß dadurch ungleichmäßige Setzungen resultieren möchten, so wurden die Fundamente für eine Pressung durch die tote Last von 1,9 kg/qcm berechnet, welches Maß der Minimalpressung der auf der Grundlage von 3 kg/qcm berechneten Fundamente entsprach.

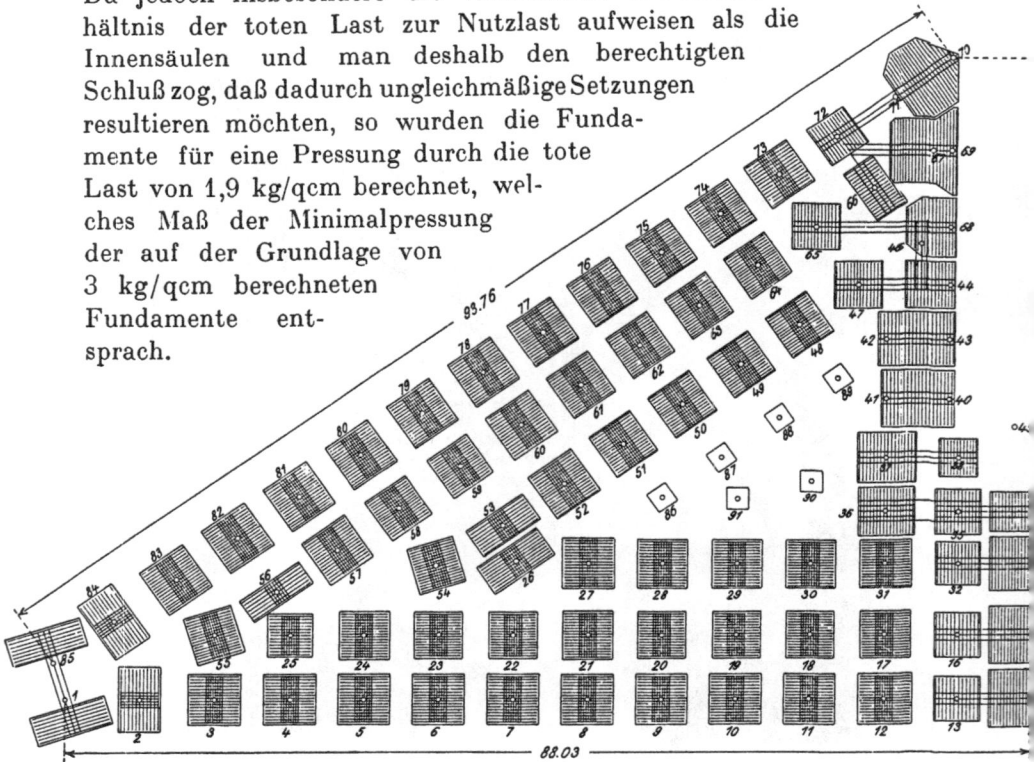

Abb. 66.
Grundriß der Fundamente des Phelan Gebäudes in San Francisco.

Die Abb. 67 u. 68 zeigen die Fundation für das 12 stockige Hobart Gebäude in San Francisco. Der Untergrund ist Sand. Die 16 Hauptsäulen ruhen zu je dreien auf zusammen 5 Paaren von parallel zur Gebäudefront laufenden, genieteten Blechträgern von 96 cm Höhe, welche allseitig in eine 1,36 m starke Schicht Beton eingebettet sind und den Säulendruck auf eine 2,28 m breite Fläche verteilen. Die Fundamentträger waren also als kontinuierlich über drei Stützen hinweglaufende Balken zu berechnen. Aus rein statischen

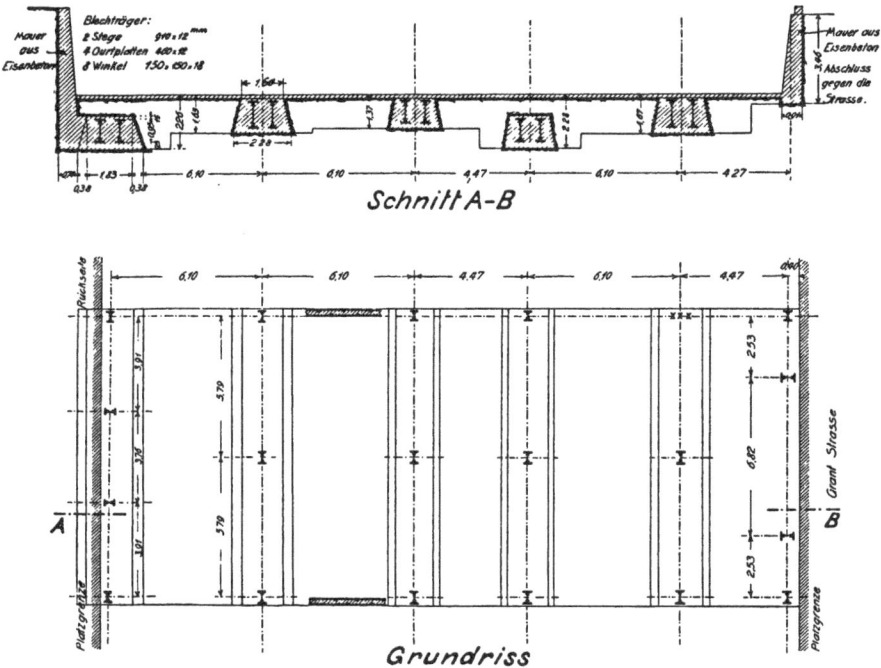

Abb. 67.
Fundation des Hobart Gebäudes in San Franzisco.

Gründen hätten dieselben nicht so stark gemacht zu werden brauchen; man legt jedoch in diesen dem Erdbeben ausgesetzten Städten viel Wert auf solide Gründung und macht insbesondere seit der Katastrophe des Jahres 1906 die Fundamente ausnehmend stark.

Der Vorteil der Trägerrostfundamente besteht in ihrer einfachen und daher raschen Ausführung, dagegen ist in ihnen viel unnötiges Eisen verschwendet.

Die Flachgründung mit Trägerrosten hat sich in Städten wie New York, Philadelphia, San Francisco für den Bau hervorragender Gebäude gut eingebürgert, ist insbesondere aber in Chicago zu vielfacher Anwendung gelangt, weshalb man der Gründungsart auch den Namen »Chicago Fundation« gegeben hat. Während aber in New York und anderen Städten die Gebäudesetzungen nur gering und verhältnismäßig gleichmäßig waren, haben viele der Chicagoer hohen Häuser bedeutend größere und teilweise gefährliche einseitige Set-

Abb. 68.
Fundation des Hobart Gebäudes in San Franzisco.

zungen des tiefen, plastischen Tonbodens gezeigt. Man hat deshalb diese Gründungsart in Chicago für bedeutende Gebäude fast verlassen und geht auf den tiefgelegenen festen Fels hinab auf eine Art und Weise, wie wir sie später kennen lernen werden.

β) Gründung mit Eisenbetonplatten.

Reine Eisenbetonfundamente kommen mehr und mehr in Aufschwung, weil sie gegenüber den Trägerrosten den Vorzug besitzen, daß die Eiseneinlagen so bemessen werden können, daß an jeder

Stelle nur das jeweils nötige Eisenquantum vorhanden ist. Dies bedeutet gegenüber den Trägerrosten eine Ersparnis, bei denen der Beton in statischer Beziehung überhaupt nicht und das Eisen nur an derjenigen Stelle voll ausgenutzt ist, wo die größten Momente entstehen, während darüber hinaus das Material verschwendet ist. Auch stellt ein Eisenbetonfundament mehr eine monolitische Masse dar als ein Trägerrost.

Die zur Armierung verwendeten Eisen sind fast stets Formeisen, runde Eisen sieht man selten. Auf den Grund hiefür und die vieler-

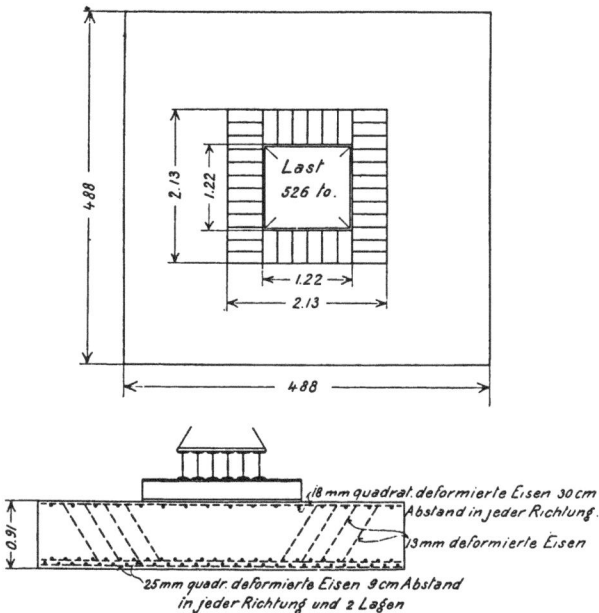

Abb. 69.
Eisenbetonfundament vom Syndicate Trust Gebäude
in St. Louis.

lei Arten von Eisen soll später bei Besprechung der Deckenkonstruktionen näher eingegangen werden.

Die Abb. 69 zeigt ein Eisenbetonfundament für eine Säule vom Syndicate Trust Gebäude in St. Louis, das eine Last von 526 t bei einer Seitenlänge von 4,88 m mit 2,2 kg/qcm gleichmäßig auf den Boden verteilt. Die Überleitung auf das Fundament erfolgt mit Hilfe eines Eisenrostes. Das Fundament hat eine Höhe von 91 cm. Die untere Eisenbewehrung besteht aus je zwei kreuzweisen Lagen

von quadratischen deformierten Eisen von 25 mm Querschnittsabmessung, die obere Lage sind deformierte Eisen von 18 mm Querschnitts-
dimension in jeder Richtung, die in erheblich größerem Abstand
verlegt sind. Bügel sind keine vorhanden, während dafür eine Anzahl
abgebogener Eisen eingelegt ist.

Die Abb. 70 gibt ein trapezförmiges Fundament vom Times
Gebäude in St. Louis, auf welches zwei Säulen aufgesetzt sind. Die
linke bzw. rechte Säule leiten 172 bzw. 254 t in den Boden ein. Man
hat eine obere Einlage aus deformierten Eisen von 25 mm Seiten-

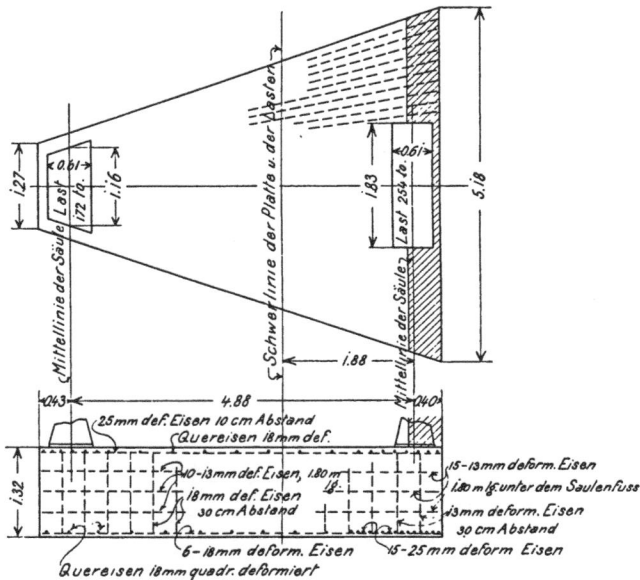

Abb. 70.
Eisenbetonfundament vom Times Gebäude in St. Louis.

länge, die in 10 cm Abstand, und eine untere Einlage aus Eisen von
18 mm Seitenlänge, die in 16 cm Abstand eingelegt sind. Außerdem
sind Quereisen vorhanden, die unter der schwerer belasteten Säule
stärker und näher zusammengelegt sind. Zur Aufnahme der Scherkräfte ist der ganze Betonkörper gitterartig mit Eisen durchzogen.

Ein Beispiel einer Kombination von Trägerrost und Eisenbetonkörper zeigt die Fundation eines 12 stockigen Geschäftsgebäudes
in Pittsburg. Das Gebäude ist sehr schmal, nur etwa 10 m breit
und hat deshalb im Querschnitt nur zwei Säulen. Abb. 71 stellt

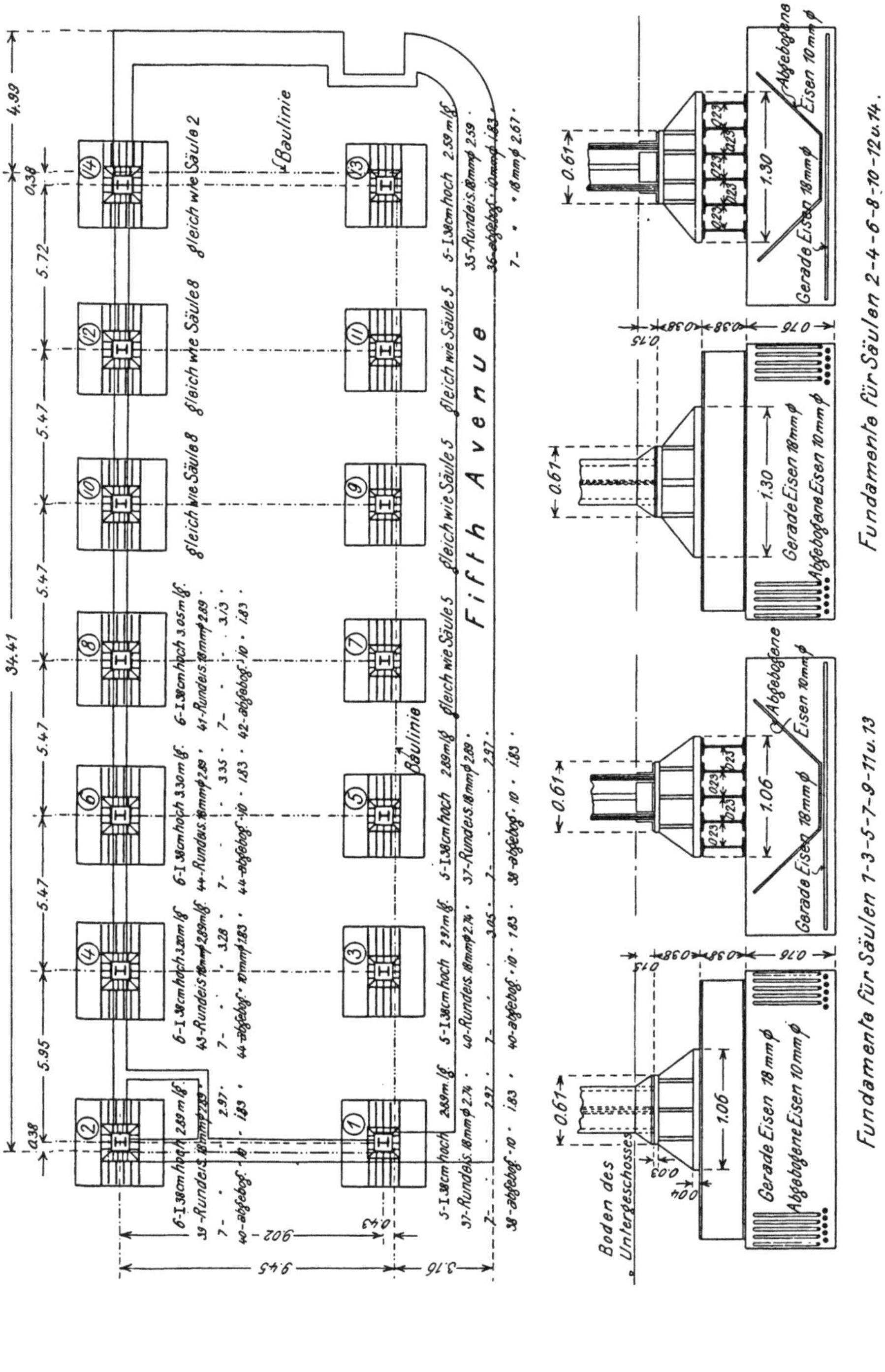

Fundamente für Säulen 2-4-6-8-10-12 u.14.

Fundamente für Säulen 1-3-5-7-9-11 u.13.

Abb. 71.

Eisenbetonfundamente für ein hohes Gebäude in Pittsburg.

den Grundriß und Einzelheiten, Abb. 72 den halben Querschnitt
dar. Die Lastübertragung geschieht mittels Gußfuß auf eine Anzahl
von I-Eisenträgern von 38 cm Höhe, die als Verteilungsträger ihrerseits die Last auf den 76 cm hohen, 2,90 m nach jeder Seite
messenden Eisenbetonkörper überleiten. Der letztere ist daher nur
nach der Richtung senkrecht zu den Trägern bewehrt. Die Bewehrung besteht aus zwei unteren, übereinander liegenden Lagen
von Rundeisen ohne Bügel. Die untere Lage ist gerade und aus Eisen
von 18 mm Durchmesser zusammengesetzt, die oberen Eisen von
10 mm Durchmesser sind abgebogen. Die Abstände der Eisen und
weitere Einzelheiten sind aus der Abbildung zu entnehmen.

Der Beton wird immer breiweich
eingebracht und nicht gestampft,
sondern nur für seine allseitige
gleichmäßige Verteilung Sorge getragen. Die Mischung ist gut, meist
1 : 2 : 4, an Betonmischmaschinen
sieht man am häufig-
sten die bekannten
Mischer von Ransome
und Smith, die zu ihrer
Aufstellung und für
ihren Betrieb einen
sehr kleinen Raum be-
anspruchen, was bei
den fast immer engen
Verhältnissen von al-
lergrößtem Vorteil ist.

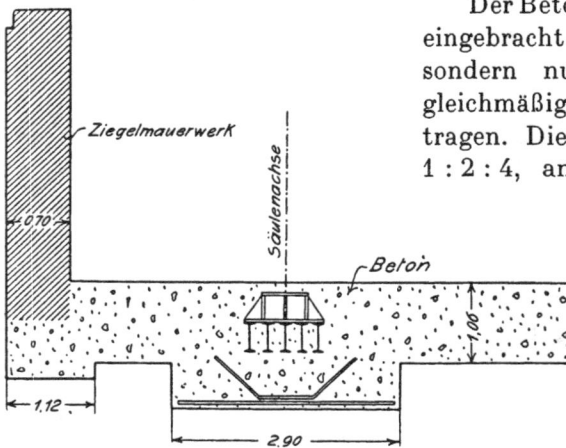

Abb. 72.
Halber Querschnitt zu Abb. 71.

Die Maschinen sind zudem von großer Leistungsfähigkeit und geben
ein gutes Gemenge, so daß dieselben auch bei uns mehr und mehr
Eingang finden.

Die bereits erwähnten Eisenbetonfundamente des La Salle
Gebäudes in St. Louis sind für ein Säulenpaar in Abb. 73 dargestellt. Die beiden Fundamentplatten unter je einer Säule haben bei
einer Höhe von 1,22 m eine Grundfläche von je 17,5 qm. Ihre Bewehrung besteht in der Richtung ihrer Beanspruchung bei 2,4 m
Breite aus 30 Stück deformierten Rundeisen von 28 mm Durchmesser,
die also in einer Entfernung von nicht ganz 9 cm von Mitte zu Mitte
verlegt sind. Die Quereisen sind 12 mm stark und in etwa 40 cm
Abstand verlegt. Außerdem sind Bügel vorhanden, welche je 3 Stück

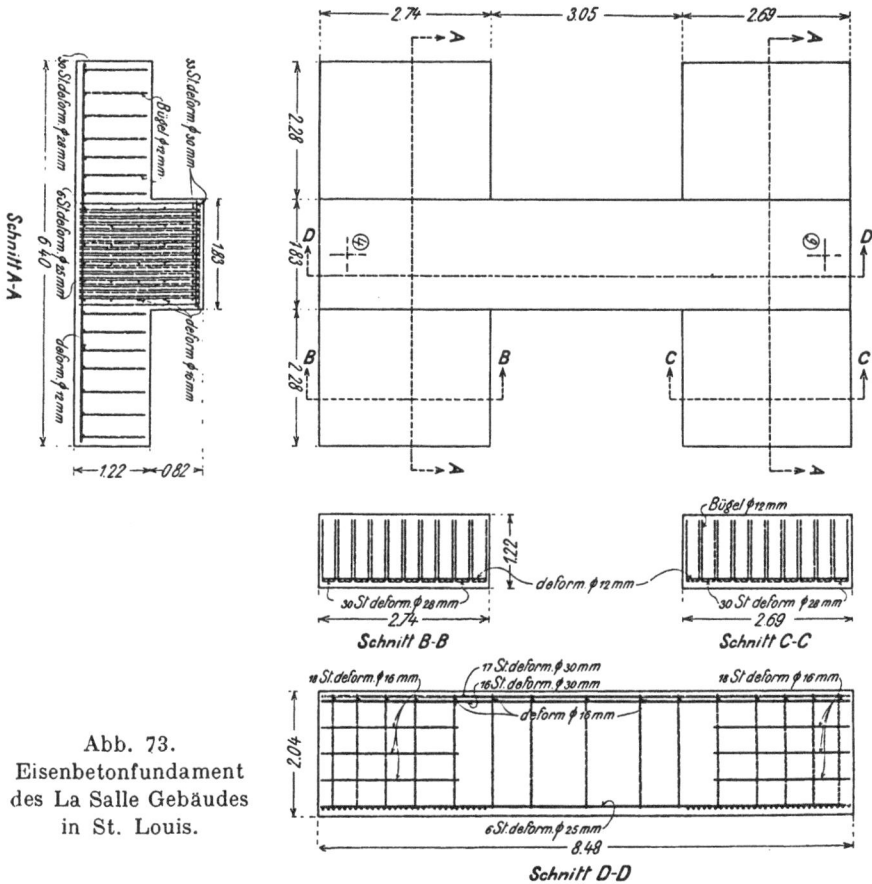

Abb. 73.
Eisenbetonfundament
des La Salle Gebäudes
in St. Louis.

Schnitt A-A

Schnitt B-B

Schnitt C-C

Schnitt D-D

der Hauptarmierungseisen umfassen. Der Verteilungsbalken ragt über die beiden Platten empor und hat im ganzen eine Höhe von 2,04 m. Seine obere Eiseneinlage besteht aus zwei Lagen von zusammen 33 Stück deformierten Eisen von 30 mm Durchmesser, unter denen ebenfalls Quereisen von 16 mm Durchmesser verlegt sind. Die untere Eisenbewehrung besteht aus 6 Stück deformierten Eisen von 25 mm Durchmesser. Zwischen den oberen und unteren Eiseneinlagen ist der Körper des Verteilungsträgers, soweit er über den Platten liegt, von drei Lagen deformierter Eisen von 16 mm Durchmesser durchzogen, außerdem sind reichlich Bügel eingelegt.

Die Bauausführung eines Eisenbetonfundaments für ein hohes Gebäude in Chicago ist in Abb. 74 dargestellt.

7. Gründung mit offenen Schächten.

Schon des öfteren wurde erwähnt, daß bei den Verhältnissen in den nordamerikanischen Städten die Fundamente der hohen Gebäude wenn möglich am besten auf den festen Felsen hinabgeführt werden sollten. Ist die Tiefe nicht zu groß, so ist dies mit pneumati-

Abb. 74.
Herstellung eines Eisenbetonfundaments in Chicago.

schen Caissons immer und verhältnismäßig leicht möglich, sie sind jedoch teuer. Offene Schächte sind erheblich billiger. Ihre Anwendung begegnet keinen Schwierigkeiten, wenn trockener Boden durchfahren werden muß. Wird dagegen Wasser angetroffen und besteht das Erdmaterial, wie in vielen Fällen, aus Fließsand, so liegt nicht

nur die Gefahr nahe, daß der Schacht gar nicht genügend tief abgeteuft werden kann, weil sich die Grube von unten her immer wieder
mit dem Fließsand anfüllt, sondern es ist für anliegende nicht tief
genug fundierte Gebäude die Gefahr vorhanden, daß ihren Fundamenten der Boden gewissermaßen weggezogen wird. Durch möglichst
dichte Umschließung des Schachtes kann man den Wasser- und Sand-
zudrang natürlich vermindern, doch bleibt die Sache stets gefährlich.

Anders liegen die Verhältnisse, wenn Boden durchfahren wird,
der nicht die Eigenschaft des Nachfließens hat, wie dies insbesondere
in Chicago der Fall ist, wo fetter Ton vorhanden ist.

Der Schacht wird in diesen Fällen auf die tragfähige Bodenschicht hinabgeteuft, nach Zubereitung der Sohle wird der Beton
lagenweise eingebracht und so ein tragfähiger Betonpfeiler hergestellt.
Die Umschließungen, in deren Schutz die Schächte ausgeführt werden,
werden meist im Boden belassen.

Umschließung der offenen Schächte.

Die Schächte werden im Querschnitt rechteckig, quadratisch oder
rund ausgeführt. Ihre Auskleidung geschieht mit hölzernen oder
eisernen Umschließungen.

a) Umschließungen aus Holz. Diese bestehen aus
Dielen von 5—7½ cm Stärke, welche durch Geviere aus 20/20 oder
25/25 cm starken Balken gehalten und geführt werden. Je nachdem
mehr oder weniger Wasserzudrang zu erwarten steht, sind die Dielen
mit Nut und Feder versehen oder aber glatt.

b) Umschließungen aus Eisen. Da die hölzernen
Wände wenig dicht und starkem Verschleiß unterworfen sind, bei
Vorkommen von Steinen am unteren Ende zersplittern, häufig auch
keine genügende Standfähigkeit haben, so sind eine große Zahl verschiedener Arten von eisernen Umschließungen aufgekommen, welche
sich durch große Dichtigkeit, geringes Gewicht, geringe Abnutzung
und andere Vorzüge den Rang abzulaufen suchen.

Spundwände von George W. Jackson in Chi-
cago. Diese Firma, welche sich durch eine Reihe großartiger Bau-
ausführungen einen guten Namen gemacht hat, bringt drei Arten
von Wänden in den Handel, welche den Vorteil haben, daß sie aus
den jederzeit zur Verfügung stehenden Normalprofilen zusammengesetzt sind. Typ I und II besteht, wie Abb. 75 u. 76 zeigt, abwechselnd aus einem I-Träger und zwei ⊏-Eisen, welche sich gegenseitig die Flanschen zukehren und durch starke Schrauben fest mit-

einander verbunden sind. Der Zusammenschluß wird dadurch erreicht, daß der Flansch des I-Trägers in den Raum zwischen der Schraube und das eine Flanschenpaar der C-Eisen eingeführt ist und der Raum zwischen den C-Eisen noch mit irgendeinem Material ausgefüllt werden kann. Typ I besteht aus 38 cm hohen C-Eisen von pro lfd. m 49 kg Gewicht und 38 cm hohen I-Balken von 63 kg Gewicht pro lfd. m, was ein Gewicht von 240 kg pro qm gibt, oder aus 30 cm hohen C-Eisen von 30 kg Gewicht pro lfd. m und 30 cm hohen I-Eisen von 47 kg Gewicht pro lfd. m mit einem Gewicht von 195 kg pro qm. Die Wände sind verhältnismäßig schwer, eignen sich daher insbesondere für stark beanspruchte Konstruktionen.

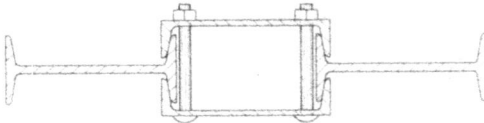

Abb. 75.
Spundwand von Jackson, Typ I.

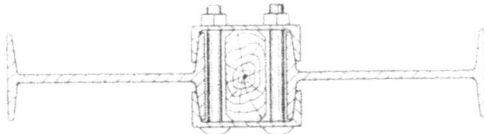

Abb. 76.
Spundwand von Jackson, Typ II.

Typ II ist von derselben Art, nur ist der Raum zwischen den C-Eisen mit einem Kern aus Holz ausgefüllt. Auch sind die Trägerdimensionen geringer. Die C-Eisen sind 13 cm hoch und wiegen

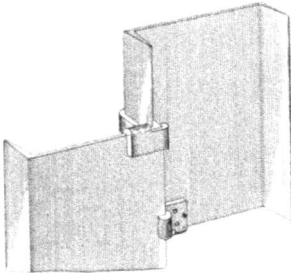

Abb. 77.

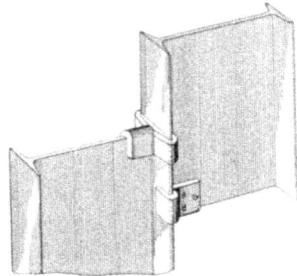

Abb. 78.
Spundwand von Jackson mit Hakenführung.
aus C-Trägern   aus I-Trägern

10 kg pro lfd. m, die I-Eisen sind 23 cm hoch und wiegen 31 kg pro lfd. m, die fertige Wand hat ein Gewicht von 160 kg pro qm.

Typ III ist in den Abb. 77 u. 78 dargestellt, er besteht aus aufeinanderfolgenden I- oder C-Eisen, welche Flansch gegen Flansch

eingetrieben werden und durch aufgenietete Klammern eine Führung erhalten.

Diese Wand ist natürlich die leichteste von den dreien. Mit
den meist verwendeten Profilen wiegt sie 145—165 kg pro qm.

S p u n d w a n d d e r L a c k a w a n n a S t e e l C o m p a n y.
Die Wand, welche diese Gesellschaft sich hat patentieren lassen,
besteht aus Spezialeisen von nur einer Form, so daß sie den Vorzug
der Einfachheit hat und weder Schrauben noch Nieten beim Schlagen
oder bei der Beförderung sich lockern oder abbrechen können (Abb. 79).
Das Profil besteht aus einem Steg mit eigenartigen Flanschen, welche
die entsprechenden Flanschen des Nebeneisens fassen. Die kürzeren
Flanschen sind hakenförmig und gehen mit der entsprechenden Flansche
des Nebeneisens zusammen. Die längeren Flanschen sind so geformt,
daß sie die kürzeren schützend umfassen. Beim Einschlagen verhindern die hakenförmigen Flanschen eine Verschiebung in der Längs-
richtung, die längeren Flanschen in seitlicher Richtung. Die Eisen
liegen gut aneinander an, auch sonst ist die Wand gut zu schlagen.

Zum Einrammen wird ein gewöhnlicher Dampfhammer benutzt;
der Kopf des Eisens ist mit einer eisernen Kappe abgedeckt, die
eine Holzfüllung zwischen dem Hammer und sich selbst eingeschaltet
erhält.

Die folgende Tafel gibt die im Handel befindlichen Größen der
Spezialeisen und die Gewichte der fertigen Wand:

Dicke des Stegs in mm	Gewicht der Wand in kg pro qm	Entfernung von Mitte Stoß zu Mitte Stoß in mm
12	195	325
10	171	325
6	98	180

Außer dieser Form hat die Firma späterhin zwei weitere Querschnitte in den Handel gebracht (Abb. 80 u. 81), welche eine erhöhte
Widerstandsfähigkeit gegenüber dem von außerhalb der Baugrube
wirkenden Drucke besitzen. Das höhere Widerstandsmoment läßt
eine schwächere Baugrubenaussteifung zu, womit nicht nur eine
Ersparnis erzielt, sondern auch der Vorteil erreicht wird, daß man
in der Baugrube ungehinderter arbeiten kann.

Bei der Form Abb. 80 wird die Erhöhung des Widerstands-
momentes durch einen gebogenen Steg, bei derjenigen in Abb. 81
durch Einschalten eines Mittelflansches erzielt.

Spundwand von Jones & Laughlin in Pitts-
burg. Dabei kommen zweierlei Eisen zur Anwendung. Das eine
ist ein normales I-Profil, das andere ein Spezialeisen, das als kleines
I-Profil bezeichnet werden kann, dessen Flanschen nach dem Stege
hin abgebogen sind (Abb. 82). Eckbildungen werden durch rechtwinklig im Steg abgebogene I-Eisen hergestellt. Die Flanschen der
I-Eisen greifen in den von Steg und umgebogenen Flanschen des
Spezialprofils gebildeten Raum ein. Die Wandeisen werden in fünf
Größen geliefert mit folgenden Abmessungen und Gewichten:

Nr.	Höhe des I-Eisens in mm	Höhe des Spezial-profils in mm	Gewicht pro qm Wand in kg
1	305	127	170
2	305	127	175
3	381	152	182
4	381	152	194
5	381	152	206

Die Spezialeisen, welche senkrecht zur Wand stehen, geben derselben eine hohe Tragfähigkeit.

Spundwand der Carnegie Steel Company. Diese
Gesellschaft hat zweierlei Formen von Wänden, die Friestedt Spundwand aus C-Eisen (Abb. 83) und die United States Spundwand
(Abb. 84). Die letztere ist besonders für leichtere Konstruktionen
passend, wo der Druck nicht sehr groß und der Boden nicht sehr
hart ist. Sie läßt sich leichter einschlagen und ausziehen als die
Friestedt Spundwand, weil sie glatter ist und die Eingriffe etwas
leichter sind.

Die Friestedt Wand besteht aus zwei Eisen, das eine ist lediglich ein normales C-Eisen, das andere ist ein C-Eisen, an das zwei
Z-Eisen festgenietet sind. Die Flanschen der benachbarten C-Eisen
greifen in den Raum zwischen Z-Eisen und zugehörigem C-Eisensteg
ein. Zuweilen sind auch beide Eisen in gleicher Weise mit Z-Eisen
versehen, so daß die in Abb. 85 dargestellte Form (Typ II) entsteht.
Die Friestedt Wand eignet sich wegen ihres großen Widerstandes in
der Querrichtung mehr für tiefe Schächte, wo sonst übermäßig starke

Abb. 79.
Spundwand der Lackawanna Steel Company.

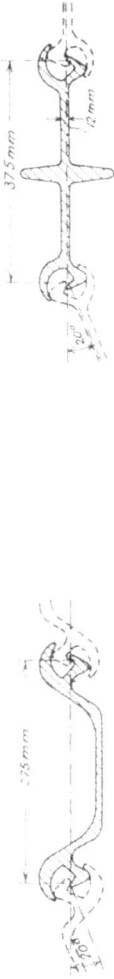

Abb. 80.
Wandeisen mit gebogenem Steg.

Abb. 81.
Wandeisen mit geradem Steg und Mittelflansch.

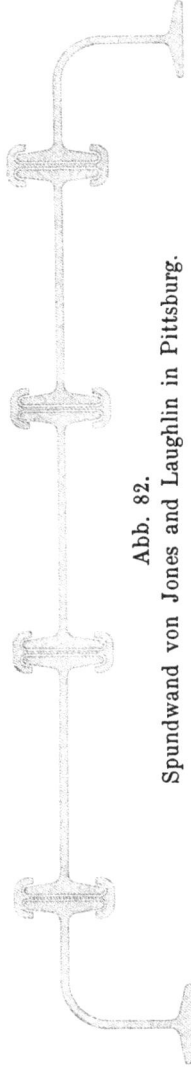

Abb. 82.
Spundwand von Jones and Laughlin in Pittsburg.

Abb. 83.
Friestedt Spundwand, Typ I.

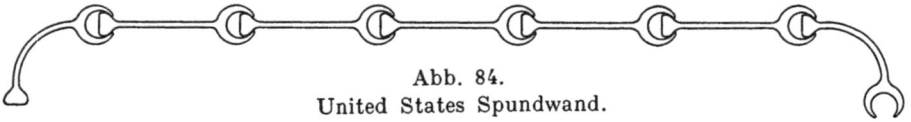

Abb. 84.
United States Spundwand.

Aussteifungen Platz greifen müßten. Die Wasserdichtigkeit der Friestedt Wand ist sehr groß, diejenige der United States Spundwand kann durch Einschlagen eines Holzstabes in den freien Raum gesteigert werden. Die Größen der im Handel zu habenden Eisen geben folgende Tabellen:

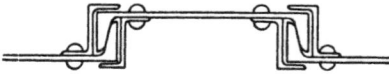

Abb. 58.
Fristedt Spundwand, Typ II.

United States Spundwand.

Nr.	Breite der Form-eisen von außen zu außen in cm	Stegdicke in mm	Gewicht pro qm fertiger Wand in kg
1	34	12	195
2	34	10	171
3	17	6	108

Friestedt Wand, Typ I.

Nr.	Breite der ⊏-Eisen in cm	Höhe der Z-Eisen in cm	Gewicht pro qm fertiger Wand in kg
1	30	9	161
2	30	9	185
3	38	10	185
4	38	10	215

Friestedt Wand, Typ II.

Nr.	Breite der ⊏-E sen in cm	Höhe der Z-Eisen in cm	Gewicht pro qm fertiger Wand in kg
1	30	9	121
2	30	9	141
3	38	10	150
4	38	10	180

Der Typ II ist nur aus dem Grunde leichter als der Typ I, weil leichtere ⊏-Eisen dabei verwendet sind.

Damit bei öfterem Gebrauch die Spundwandeisen an ihren Köpfen geschont werden, wird eine besondere gußeiserne Schlaghaube benutzt, welche in ihrem oberen Teil zur allenfallsigen Aufnahme eines hölzernen Polsters ausgehöhlt ist und in ihrer unteren Fläche entsprechende Vertiefungen für die Fassung des Kopfes hat.

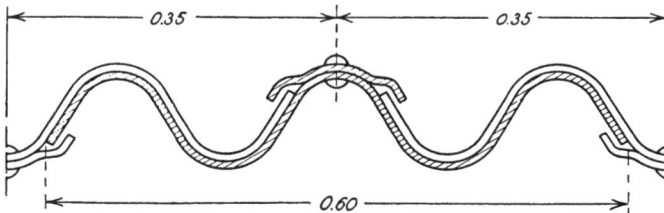

Abb. 86.
Spundwand der Wemlinger Steel Company.

S p u n d w a n d   d e r   W e m l i n g e r   S t e e l   C o m p a n y. Diese Wand besteht aus Wellblechstreifen von 60 cm Breite, welche sich in der in Abb. 86 gezeichneten Weise überdecken. Die Enden je zweier benachbarter Eisen werden durch einen am mittleren Eisen aufgenieteten, nach beiden Seiten auskragenden Lappen geführt. Diese Wand ist natürlich sehr leicht. Für harten Boden und starken Druck ist sie daher kaum geeignet.

Abb. 87.
Spundwand der Canton Bridge Company in Albany. N. Y.

S p u n d w a n d   d e r   C a n t o n   B r i d g e   C o m p a n y   i n   A l b a n y. Diese ist ebenfalls eine leichte Blechwand wie die vorige und besteht aus lauter gleichen Stücken (Abb. 87). Ein solches ist zusammengesetzt aus einer 50 cm breiten Platte und zwei gekurvten Platten, welche auf die äußeren Enden der ebenen Platte das eine Mal ganz außen, am andern Ende etwas hereingesetzt, aufgenietet sind. Zwei zusammengehörige gekurvte Eisen überdecken sich ein wenig, so daß sie durch einen Arbeiter erst zum Eingriff gebracht werden müssen. Dann aber wirkt die federnde Kraft des inneren Stabes, der sich dicht

6*

an den äußeren herandrückt und so einen recht guten Schluß bewirkt. Die Stärke der Platte beträgt 6 mm.

Die Eckstücke haben die in Abb. 88 dargestellte Form. Das Gewicht pro qm fertiger Wand beträgt etwa 75 kg.

S p u n d w a n d   d e r   V a n d e r - k l o o t   G e s e l l s c h a f t   i n C h i c a g o. Dieselbe besteht aus Walzeisen von nur einer einzigen Form, die symmetrisch zur Mitte ist (Abb. 89). Die eine Halbflansche ist wie bei einem I-Träger gebildet, während

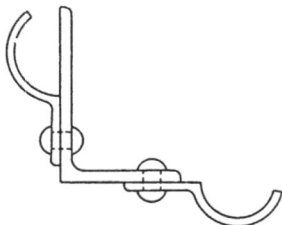

Abb. 88.
Eckbildung der Spundwand
der Canton Bridge Company.

die andere, etwas längere, hakenförmig ab- gebogen ist. Die aufeinanderfolgenden Eisen sind gegeneinander um 180° gedreht. Die Länge des Eisens beträgt 34 cm. Es wird in zwei Stegstärken von 9 und 12 mm gewalzt. Das Gewicht pro qm Spundwand beträgt 170 kg beim ersten und 194 kg beim stärkeren Eisen.

Abb. 89.
Spundwand der Vanderkloot Gesellschaft.

H e r s t e l l u n g   d e r   o f f e n e n   S c h ä c h t e.

Das Eintreiben der Holzbohlen geschieht von Hand oder mecha- nisch. Im ersteren Falle werden hölzerne Schlegel verwendet, wie sie Abb. 90 zeigt. Zum Schutz der Bohlenköpfe werden Schutz- platten aus Eisen auf- gesetzt (Abb. 91). Bei umfangreicheren Ar- beiten verwendet man Dampfhämmer, die ei- gens zum Schlagen von Spundwänden kon- struiert sind (Abb. 92).

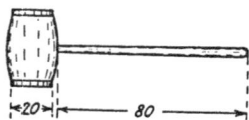

·Abb. 90.
Schlegel zum Eintreiben
der Holzbohlen.

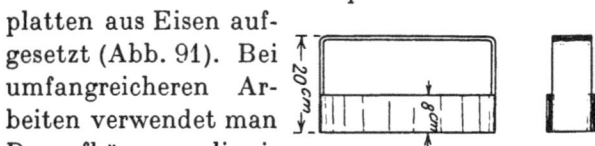

Abb. 91.
Schutzplatten für die
Bohlenköpfe.

Ein massives Fußstück ist mit einem Schlitz von 80—100 mm Breite versehen, welcher den Kopf des Pfahles umfaßt und so das Material desselben am seitlichen Ausweichen verhindert. Die Länge des ganzen Apparates beträgt etwa 1,70 m, das Hammergewicht 550 kg, die Hubhöhe des Hammers 17 — 20 cm, die Zahl der Schläge 200—300 pro Minute. Zur Erzeugung des Dampfes ist ein Dampfkessel von 7—12 Pferdestärken nötig. In selteneren Fällen werden die Hämmer auch mit Druckluft betrieben.

Abb. 92.
Dampfhammer beim Rammen hölzerner Spundwände.

Die beste Art, den Dampfhammer zu handhaben und von einer Stelle nach der andern zu bewegen ist die, ihn an dem Ausleger eines Derricks aufzuhängen, der so aufgestellt sein muß, daß er den ganzen Spundwandumfang bestreichen kann.

Ein Gummischlauch für Dampf oder Luft gibt die notwendige Beweglichkeit der Speiseleitung. Das Seil oder die Kette, an welchen der Dampfhammer hängt, ist locker zu halten, damit die Last des Hammers stets ganz auf dem Pfahl sitzt. Der Dampfhahn darf erst nur wenig geöffnet werden, weil man mit leichten Schlägen beginnt, erst allmählich öffnet man mehr, bis der Hammer schließlich mit voller Kraft schlägt. Sehr wichtig ist es, daß der Hammer stets gleichlaufend mit der Bohle steht, damit dieselbe nicht aussplittern kann und die Stöße stets zentral wirken.

Das Eintreiben der eisernen Spundwände irgendwelcher Art geschieht natürlich auf ganz ähnliche Weise.

Eine sehr sinnreiche Anordnung zum Einrammen von Spundwandeisen für zylindrische Schächte zeigt Abb. 93. In der Mitte des Schachtes ist ein hölzerner Mast aufgestellt, welcher oben von einigen strahlenförmig nach außen gehenden und daselbst verankerten Drahtseilen gehalten wird und so um 360° frei drehbar ist. Nahe am oberen Ende des Mastes ist ein Querstück mit zwei ungleich langen Armen angebracht, das mit dem Mast durch Kniestreben verbunden ist. Der längere Arm des Querstücks hat Löcher zur Herstellung der Verbindung mit einem vertikalen Führungsholz, in welchem der Dampf-

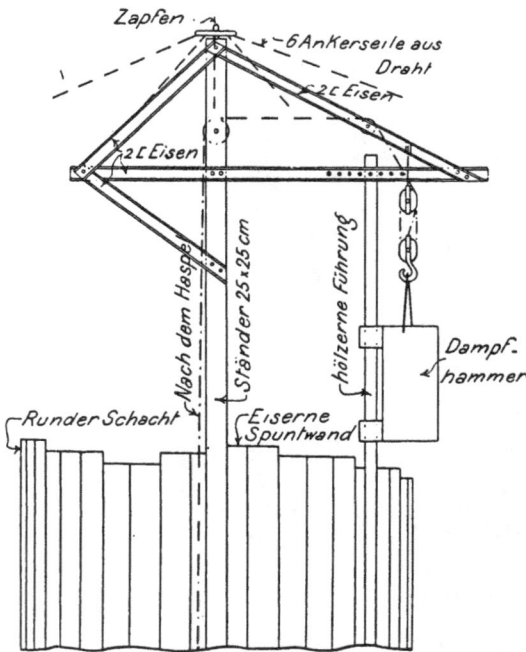

Abb. 93.
Herstellung von zylindrischen Schächten.

hammer vertikal geleitet wird. Der Hammer hängt an einem Seil, das an die Strebe des längeren horizontalen Armes festgemacht ist, er bewegt sich in der Ebene der Spundwandeisen. Das andere Seilende führt über zwei Rollen und wird den Ständer hinabgeleitet zu einem Haspel am Fuß desselben, der von Hand bedient wird, um den Hammer nach Bedarf zu heben oder zu senken.

Abb. 94 zeigt einen Teil der Gründung des Fifth Avenue Gebäudes in New York, der auf Betonpfeiler gestellt ist, die mit offenen Schächten unter Verwendung von Holzauskleidung auf den festen Felsen hinabgeführt wurden, während beim andern Teil desselben Gebäudes der Fels so hoch lag, daß die Säulen mit niedrigen Flachfundamenten direkt auf den Felsen aufgesetzt werden konnten. Die Wasserhaltung geschah durch ein weitverzweigtes Netz von Ejektoren. Auf der Baustelle standen 5 Dampfkessel, welche Dampf lieferten zum Betrieb der zahlreichen Derricks, für die Dampfhämmer und Ejektoren. Die Erde wurde in Kübel geladen, mit den Derricks hochgezogen und in bereitstehende Wagen gekippt.

Abb. 94.
Gründung mit offenen Schächten. Baustelle des Fifth Avenue Gebäudes
in New York.

Wird ein Schacht so tief, daß eine einzige Bohlenlänge nicht ausreicht, so wird am unteren Ende abgesetzt und eine neue Auskleidung von geringerem Querschnitt angesetzt (Abb. 95).

In besonderer Weise werden in Chicago, woselbst der Boden hiefür besonders geeignet ist, Betonpfeiler auf den festen Felsen hinabgeführt. Je nach der Standfähigkeit des zu durchfahrenden Erdmaterials wird ein runder Schacht zwischen 0,50 und 2 m Tiefe abgegraben und derselbe mit 5 bis 7 cm starken, mit Nut und Feder versehenen, stabförmigen schmalen Bohlen ausgelegt, die durch 2 Stück inseitig angebrachte Flacheisenringe gehalten werden. Diese bestehen je aus zwei Teilen, deren Enden umgebogen sind, so daß sie daselbst mit Schrauben verbunden werden können (Abb. 96). Hierauf wird der Aushub weiter hinabgeführt, so daß das Erdmaterial noch hält, und alsdann die Wände wiederum auf die gleiche Art und Weise ausgekleidet. Will die seitliche Erde nicht halten, so werden kürzere Stäbe verwendet. Der fette, plastische Ton in Chicago läßt kein oder fast kein Wasser durch, so daß gut zu arbeiten ist, auch kann dieser Boden leicht ausgestochen werden. Zuweilen wird der untere Teil des Schachtes noch nach der Seite hin unterminiert, um eine größere Auflagerfläche für den Betonpfeiler zu schaffen. Der Erdaushub wird mit Haue und Schaufel bewerkstelligt, das Material wird in Kübel geladen und diese durch Hand oder mit Maschinen aufgezogen und oben entleert.

Beim Black Hall Hotel in Chicago hatten die Schächte einen Durchmesser von 1,80 m. Die Auskleidungsstäbe waren 7 cm dick bei 15 cm Breite und 1,20 m Länge. Die Flacheisenringe waren 100 mm breit und 20 mm stark und an ihren umgebogenen Enden mit zwei Löchern zum Verschrauben mit dem Nebenstück versehen. Das Erdmaterial wurde mit einer Dampfmaschine hochgezogen, zu welchem Ende das Kübelseil, nachdem es eine obere, an einem Querholm befestigte Rolle passiert

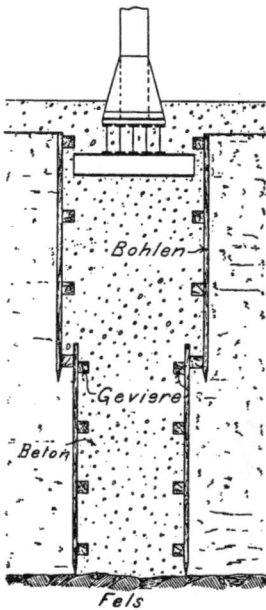

Abb. 95.
Offener Schacht mit Holzumschließung. Höhenschnitt.

hatte, über eine tiefgelegene, zwischen Drahtseilen gehaltene weitere Führungsrolle geleitet wurde, um zu der Windetrommel der Dampfmaschine zu führen.

Eines der hervorragendsten Gebäude, das mit der in Frage stehenden Gründungsmethode ausgeführt worden ist, ist das im Jahre 1906 erstellte Cook County Gebäude in Chicago. Dasselbe sitzt auf 126 Betonpfeilern auf dem Felsen, der im Mittel 35 m unter der Straße ansteht. Die Brunnen haben Durchmesser zwischen 1,2 und 3,3 m wechselnd, der Beton ihrer Ausfüllung war im Verhältnis 1 : 3 : 5 gemischt.

Damit, daß er einzelne Pfeiler maschinell bedient, ist es dem amerikanischen Unternehmer jedoch nicht getan. Er sann auf weiter-gehende Zusammenfassung des Betriebes und kam darauf, die Brunnen reihenweise zusammen-zunehmen und mit einer einzigen kräftigen Aufzugsmaschine zu be-dienen. Die feindurchdachte Lö-sung ist, wie viele andere, ein weiterer triumphierender Erfolg des amerikanischen Unternehmer-tums, welches die führenden Inge-nieure und die fähigsten Köpfe in seinen Diensten hat.

Die Anordnung ist in den Abb. 96 u. 97 dargestellt. Abb. 96 zeigt, wie die Öffnung eines Brun-nens mit einer Bühne abgedeckt ist, welche nur für das Passieren der Leute und des Erd- bzw. Be-tonkübels ein Loch frei läßt. Darüber ist ein dreifüßiger Bock aufgestellt. Zwei Beine dieses Bockes sind in etwa 1 m Höhe über dem Boden durch zwei horizontale Hölzer auf ·je einer Seite ver-bunden, welche den Zweck haben, eine Welle aufzunehmen, die auf einer Seite eine Rolle von 65 cm Durchmesser und auf der andern eine Trommel von 25 cm Durch-messer und 28 cm Länge trägt. Die Rollen am außenseitigen Ende der Welle sind alle in die gleiche Vertikalebene gebracht und werden alle mittels zweier oder dreier Um-wicklungen eines endlosen Stahl-seiles getrieben, welches an einem

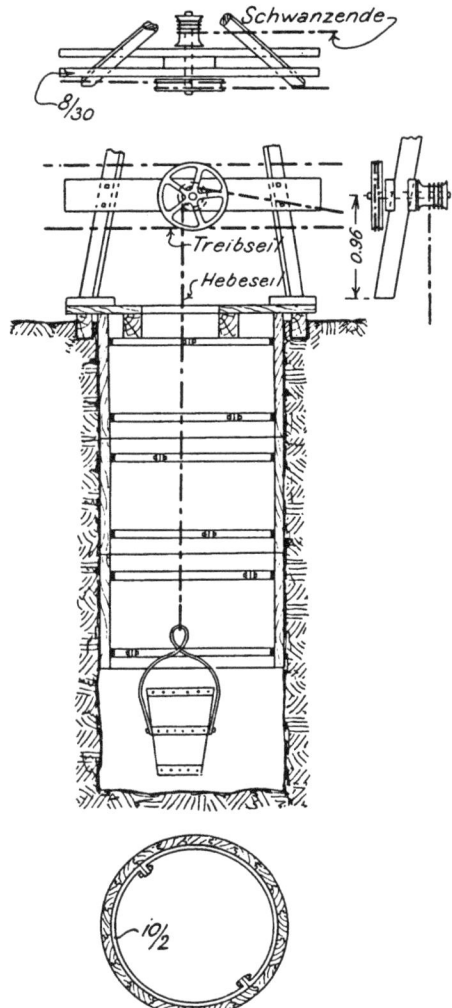

Abb. 96.
Offener Schacht, Auskleidung und Einrichtung bei der maschinellen reihenweisen Materialförderung,

Ende um eine lose Rolle, am andern Ende einigemal um die Trommel der Aufzugmaschine herumführt und von da ab zwei weitere Rollen

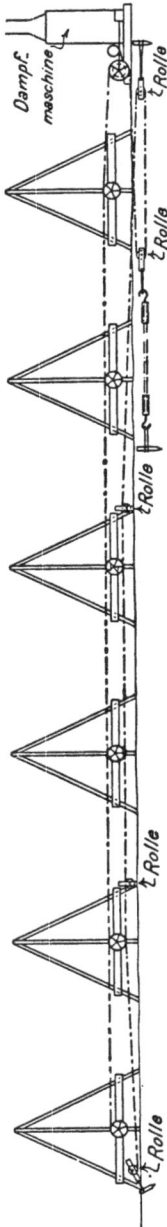

Abb. 97. Anordnung für reihenweisen maschinellen Förderungsbetrieb beim Aushub offener Schächte.

in gleicher horizontaler Ebene passiert, von denen die eine fest verankert und die andere mit einem Regulierungsseil verbunden ist (Abb. 97). Durch diese Anordnung werden alle Winden in einer Reihe kontinuierlich durch eine einzige Maschine getrieben, und es können mehrere Kübel zu jeder Zeit gleichzeitig durch die Leute auf der Plattform gehoben werden, welche zu dem Ende das Kübelseil zwei- oder dreimal um die Trommel herumwerfen und das freie Ende mit dem Hochkommen des Kübels abwickeln. Die letzteren werden bis auf die Plattform heraufgezogen, dort entleert und der Inhalt von den Leuten, welche das Seil bedienen, in Wagen geschaufelt, so daß hierdurch keine weiteren Kosten entstehen, weil jene sonst müßig stehen müßten in der Zeit, während welcher die Arbeiter im Brunnen graben.

8. Druckluftgründungen.

a) Allgemeines.

Die Gründungsweise unter Zuhilfenahme von komprimierter Luft kennen wir in Europa nur in Anwendung auf Bauwerke des Ingenieurwesens, also für die Gründung von Brückenpfeilern, Ufer- und Wehrmauern, Schleusen u. a. m. In den Vereinigten Staaten hat die Gründung mit Preßluft für die Fundation der hohen Häuser eine große Verbreitung gefunden, insbesondere werden heute die hohen Wolkenkratzer im unteren Stadtviertel von New York fast ausschließlich auf Pfeiler gesetzt, welche auf pneumatischem Wege hergestellt worden sind und bis auf den gewachsenen Felsen reichen. Der Grund, weshalb man so tief geht, liegt sowohl in der Absicht, die hohe Tragfähigkeit des Felsen auszunutzen, als auch insbesondere in dem Umstand, daß neue tiefliegende Tunnels (man plant ja Tunnels unter den be-

stehenden Tunnels) die Möglichkeit befürchten lassen, daß ein
Ausweichen des Fließsandes in sie stattfinden könnte. Die Herstellung derartiger Pfeiler mit offenen Schächten ist bei dem leichtflüs-
sigen Charakter des Fließsandes ausgeschlossen.

Es sind insbesondere zwei Unternehmerfirmen, die sich um die
Ausbildung der Druckluftgründungen in Nordamerika große Verdienste erworben haben, die »Foundation Company« und die »O'Rourke
Engineering Company«. Beide haben ihren Sitz in New York, und
ihrem unermüdlichen Schaffen ist es zu verdanken, daß die Druckluftgründung drüben auf einen hohen Stand der Vollkommenheit
gebracht worden ist.

Von der großen Verbreitung der pneumatischen Gründungsweise
kann man sich einen Begriff machen, wenn man bedenkt, daß die
Foundation Company nunmehr gegen 1000 Stück Caissons mit zusammen etwa 16 km Länge pneumatisch abgesenkt hat.

Für das im Bau befindliche 40 stockige Municipal Gebäude in
New York waren allein 2500 lfd. m pneumatisch zu gründende Pfeiler
nötig. Die große Erfahrung der Unternehmerfirmen äußert sich in
der verhältnismäßig geringen Zahl von Unglücksfällen und der er-
staunlichen Schnelligkeit, mit der diese Gründungen vor sich gehen.

b) Entwicklungsgang der Druckluftgründung.

Die pneumatische Fundation für Gebäude wurde zum ersten
Male im Jahre 1893 für das Manhattan Gebäude in New York angewendet, woselbst man genietete eiserne Caissons benutzte. Diese
erhielten eine Decke aus schweren eisernen Querträgern, die mit
Knieverstrebungen nach der Schneide hin abgestützt waren. Der
Aufbau wurde in Backsteinmauerwerk oder Bruchsteinmauerwerk
hergestellt.

Diese Konstruktionen waren kompliziert und teuer, weshalb man
Wände und Dach der Caissons statt aus Eisen aus Holz herzustellen begann, was erheblich billiger kam. Die Wände bestanden
aus übereinandergelegten, an den Ecken überblatteten kantigen Hölzern, die Decke aus gekreuzten Lagen ebensolcher Hölzer, die Innen-
seiten waren kalfatert. Statt Mauerwerk wurde Beton als Aufbau-
material über dem Caisson verwendet. Die äußere Schalung hiefür
bestand aus Blech oder Holzbohlen, die im Boden belassen wurden
und deshalb, wenn sie im Laufe der Zeit verrosteten oder verfaulten,
einen mehr oder weniger freien Raum um den Pfeiler herum ließen.
Wenn die Konstruktion bis auf den festen Felsen abgesenkt war,

wurde die Arbeitskammer und die Steigröhre mit Beton ausgefüllt. Der Pfeiler bestand dann aus zwei getrennten Betonkörpern, einem außerhalb von Steigröhre und Caisson und einem innerhalb dieser gelegenen Teil. Die Decke bildete eine nahezu durch die ganze Querschnittsfläche gehende Trennung, und es wäre denkbar, daß durch Verrosten oder Verfaulen derselben eine Senkung des oberen Teiles des Pfeilers eintreten könnte. Weiterhin waren die nutzlos im Boden belassenen Teile sehr kostspielig.

Man strebte also insbesondere die Entfernung des Daches an. Dies erreichte man dadurch, daß man die Decke lediglich als vorübergehende Schalung für eine Schicht Beton benutzte, welche nach ihrem Erhärten den weiteren aufzubauenden Beton trägt, so daß die Decke weggenommen werden kann.

Der fertige Pfeiler schließt außerdem die ziemlich kostspieligen Steigröhren ein. Man suchte sie zu ersparen, indem man lediglich ein Loch im Beton freiließ. Der Anschluß der Luftschleuse an dieses Loch war aber wegen der aufwärts gerichteten Luftpressung schwierig, man mußte sie mit langen Zugeisen bis in den unteren Beton hinab verankern.

Schließlich verwendete man eine abnehmbare Steigröhre, die immer und immer wieder brauchbar ist.

Den größten Fortschritt in der pneumatischen Gründung hat jedoch die Einführung der Moran Schleuse gebracht. Seither war es nötig, die Erd- und Betonkübel, wenn sie in den Caisson abgelassen werden sollten, vom Hebeseile loszumachen und innerhalb der Schleuse durch getrennte Apparate zu handhaben. Ebenso mußten beim Herausbringen die Kübel wieder am Seil festgemacht werden. Der Kübel konnte also nicht in ununterbrochener Verbindung mit dem bedienenden Derrick gehalten werden. Die Moran Schleuse hat dies möglich gemacht, indem bei ihr die obere Türe mit einer Stopfbüchse versehen ist, durch welche das Hebeseil geht. Dieses kann also frei durchpassieren und der Kübel kann fast so schnell und leicht gehandhabt werden, als in offenen Schächten.

c) Verschiedene Arten von Caissons.

H ö l z e r n e C a i s s o n s werden für rechteckige Pfeiler weitaus am meisten benutzt. Die Abb. 98 zeigt einen solchen wie er bei der Gründung für das 20 stockige Gebäude der Knickerbocker Trust Company in New York, Broadway, verwendet wurde. Die Wände sind aus lageweisen, quadratischen Hölzern von 22 cm Querschnittsabmessung hergestellt, die durch vertikale, vom Boden zur Decke durchgehende Schrauben zusammengehalten wurden. Die Schneide ist nur durch Abfasung der inneren Kante des untersten Holzes gebildet. Die Decke ist provisorisch zur Schalung für den aufzubauenden Beton angebracht. Sie besteht aus einer gewöhnlichen Bretterschalung, die von den Wänden nach der Mitte hin ansteigt und die von ebenso ansteigenden Hölzern getragen wird, die sich unten gegen ein rings am Caissoninnern herumgeführtes Holz, oben gegen einen rechteckigen Rahmen stützen. In ihrem untersten Teil war die Steigröhre mit Stäben eingeschalt, und erst dann wurden die eisernen Röhren aufgesetzt. Der Betonaufbau wurde mit Hilfe von einer oder zwei hölzernen Formen hergestellt, die Schalung für eine Wand bestand aus zusammenhängenden Tafeln, die mit den Derricks leicht versetzt werden konnten. Der Zusammenhalt der Form gegen die auseinanderdrückende Wirkung des Betons geschah mit Zugschrauben. Zum dichten Schluß der Schalung waren die Bohlen

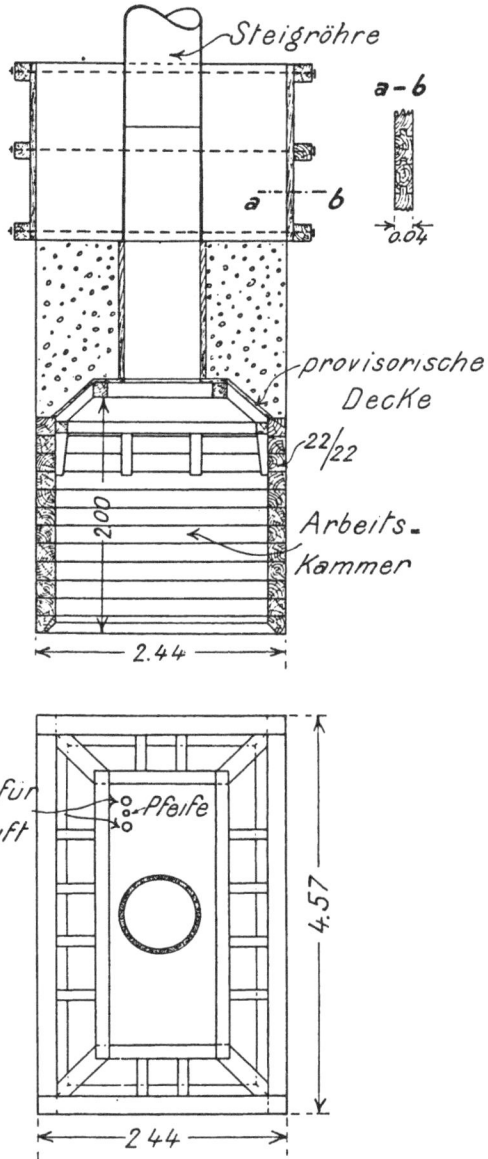

Abb. 98.
Hölzerner Caisson mit gesprengter Decke.

der Tafeln mit Nut und Feder versehen; dies ist um so mehr nötig, als ja der Beton sehr weich eingebracht wird. Mit dem Fort-

schreiten des Absenkens des Caissons wurden die unteren Formen
von dem erhärteten Beton weggenommen und oben als Schalung
für den neuen Beton aufgesetzt.

Abb. 99 zeigt einen Caisson mit provisorischer ebener Decke,
wobei die Zwischenhölzer der Wände 22 × 30 cm im Querschnitt
messen, während die obersten und untersten Hölzer stärkere Dimensionen haben. Die untere Lage trägt außerdem einen kräftigen Winkel
als Schneide. Die provisorische Decke
besteht aus einem Bohlendach, das auf
der oberen Lage der Wandhölzer und
auf provisorischen vertikalen inneren
Stützen aufliegt; dasselbe dient nur
dazu, eine 60 cm starke Lage von Beton
zu tragen, welche, wenn sie erhärtet
ist, als tragende Masse für den aufgehenden Beton zu dienen hat.

Die Betonschalung besteht aus 5 cm
starken, vertikalen Bohlen, die an horizontalen, etwa 1 m auseinandergesetzten
Winkeleisen festgeschraubt sind, so daß
für jede Seite vollständige Tafeln entstehen. Die Winkel stehen über die
Enden der Tafeln hinaus und sind mit
Knotenplatten versehen, die an ihre horizontalen Flanschen festgenietet und
mit Löchern zur Verbindung mit den
überragenden Enden der Winkel in der
rechtwinklig dazu gelegenen Tafel versehen sind. Die Überragungen sind lang
genug, um die Breiten der Tafeln

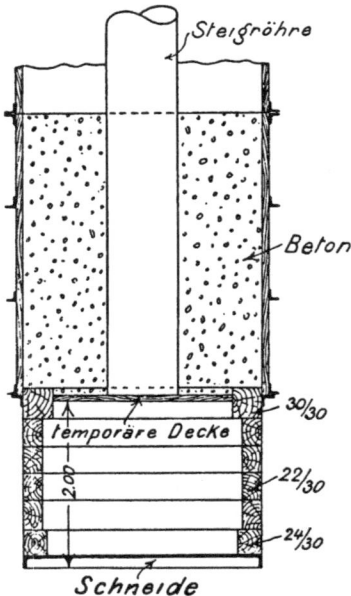

Abb. 99.
Hölzerner Caisson mit ebener
Decke.

nach Bedarf um 30—60 cm zu verändern.

Die gegenüberliegenden Seiten der Schalung sind durch 18 mm
dicke Bolzen zusammengehalten, welche durch 25 mm starke Röhren
hindurchgehen. Diese verbleiben im Beton und gestatten das Herausziehen der Schrauben, nachdem der Beton erhärtet ist und die Form
abgenommen werden kann. Die horizontalen Winkelschenkel am
oberen und unteren Ende der Form dienen als Flanschen zur Verbindung der aufeinanderfolgenden Teile der Formen.

Theoretisch ist die Anwendung von Holz nur als Schalung für
den aufgehenden Beton am billigsten, aber praktisch fand man, daß

es ratsam war, eine äußere Bohlenhülle zu belassen, damit der Caisson stetig abgesenkt werden kann und man unter Umständen nicht zu warten gezwungen ist, bis der Beton genügend hart ist, um der Reibung am Boden ausgesetzt werden zu können. Außerdem verursacht der Beton eine größere Reibung am Boden als gehobelte Bohlen, insbesondere dann, wenn die letzteren eingeseift worden sind.

Um die Reibung an den langen horizontalen Stößen der Wandbalken des Caissons zu vermeiden, wird zuweilen schon von der Schneide ab auch die Wand mit vertikalen, genuteten und gefederten Bohlen von 5 oder 7½ cm Stärke belegt (Abb. 100).

Die Wände von längeren Caissons müssen sowohl für den Transport als auch später, wenn der Erddruck von außen nach innen und der Druck der komprimierten Luft von innen nach außen wirkt, gegeneinander verspannt werden. Dies geschieht nach Art der Abb. 101, indem zwischen dieselben Verspannungsstreben und je beidseitig davon Zugschrauben eingezogen werden, deren Zahl sich nach der Länge des Caissons richtet.

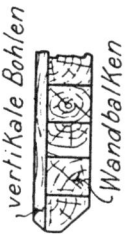

Abb. 100.

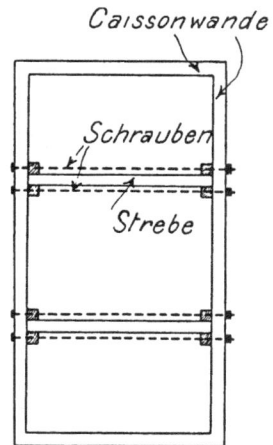

Abb. 101.
Verspannung
der Caissonwände.

Eiserne Caissons. Rechteckige eiserne Caissons werden nicht mehr verwendet, dagegen sind kreisrunde Caissons noch häufig|und gerne im Gebrauch. Abb. 102 stellt einen solchen dar, dessen Decke aus 6 mm starker, geflanschter Platte mit Verbindungen für den Anschluß der 91 cm weiten Steigröhre besteht. Die Wand ragt etwas über die Decke empor und ist am oberen Ende außenseitig mit einem Winkel versehen, auf welchem die Form für den aufgehenden Beton aufsitzt. Der Zylindermantel ist mit 6 Stück innenseitigen vertikalen Winkeleisen ausgesteift. Die Schneide ist durch einen inneren, am unteren Zylinderende aufgenieteten Winkel gebildet. Die Schalung für den aufgehenden Beton ist aus Abb. 103 ersichtlich. Die Hülle besteht aus 3 Teilen, die mittels außenseitig angebrachter Winkeleisen gestoßen sind. Die Formen haben eire Höhe von 1,52 m. Oben und unten ist ein außenseitiger Winkel aufgenietet zur Verbindung mit der nächsten Form bzw. mit dem Caisson.

Beim Municipal Gebäude wurden die runden Caissons mit kleinstem Durchmesser als eiserne ausgeführt, um in der kleinen Arbeitskammer möglichst viel Platz zu haben.

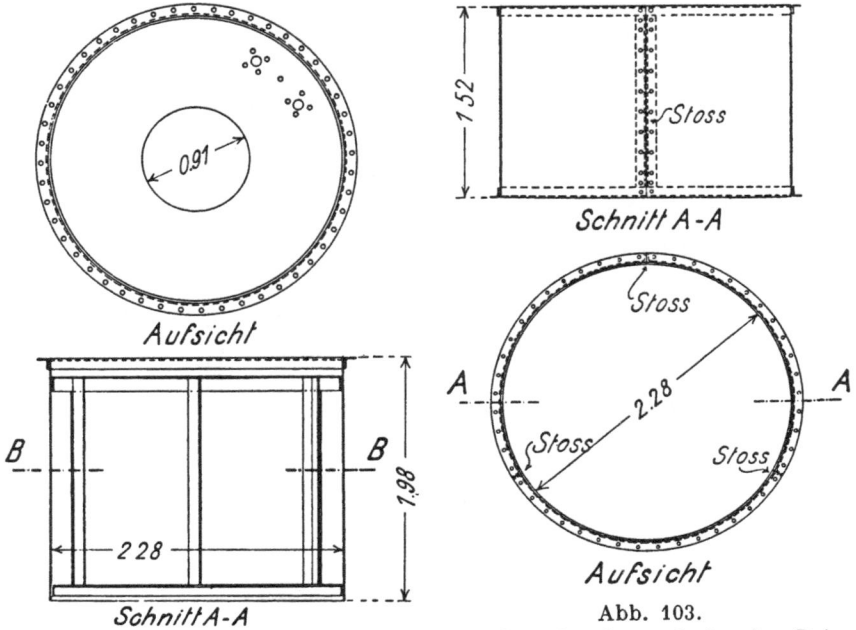

Abb. 102.
Kreisrunder eiserner Caisson.

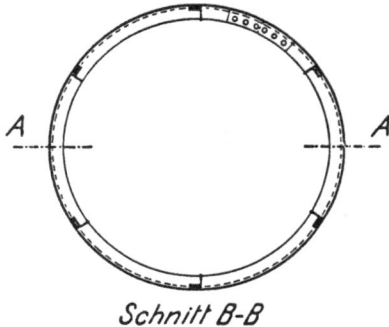

Abb. 103.
Schalung für den aufgehenden Beton
bei kreisrunden eisernen Caissons.

Betoneiserne Caissons. Caissons aus Betoneisen sind erst in der allerletzten Zeit hergestellt worden. Zum erstenmal im größeren Umfange bei der Gründung für das Municipal Gebäude in New York. Hierbei wurden kreisrunde und rechteckige Caissons angewendet. Von den ersteren waren es 22 Stück mit Durchmessern von 2,75 bis 4,30 m. Die 2,13 m hohe Arbeitskammer hat abgesetzte Wände, die Schneide besteht aus zwei in Z-Form zusammengenieteten ⊏- und ⌐-Eisen (Abb. 104). Die Wände sind mit vertikalen und horizontalen Quadrateisen bewehrt. Außer diesen runden sind 56 rechteckige Caissons ausgeführt worden mit Abmessungen von 2,44 × 2,44 m bis 7,99 × 9,45 m; die meisten dieser Caissons tragen 2 Säulen, aber einige nehmen 4 und einer sogar 6 Säulen auf.

Die treppenartige Schalung zur Herstellung der inneren Fläche der Arbeitskammer ist in Abb. 105 für den kreisrunden, in Abb. 106 für den rechteckigen Caisson dargestellt, wobei der Querschnitt in Abb. 101 auch für den rechteckigen Caisson gilt. Sie wird von Bretterrahmen getragen, die im ersteren Falle radial, im letzteren senkrecht zur Schalung aufgestellt sind.

Abb. 104.
Schneide eines Eisenbetoncaissons.

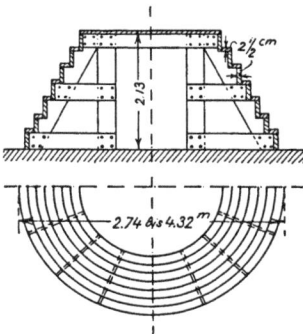

d) Steigröhre.

Die Steigröhren können aus leichten Blechzylindern bestehen, deren Enden mit nach außen gehenden Flanschen versehen sind. Diese Blechschablonen verbleiben natürlich im Beton.

Eine kreisförmige Steigröhre aus Gußeisen, welche aus 2 Teilen besteht, ist in Abb. 107 dargestellt. Ein solches Stück hat eine Länge

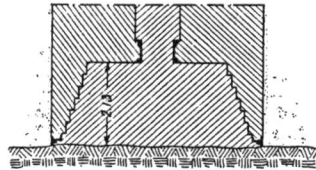

Grundriß f. d. runden Caisson   Grundriß f. d. rechteckigen Caisson
links oben· Höhenschnitt für beide Caissons.
Abb. 105 u. 106.
Schalung für die Schneiden der Eisenbetoncaissons.

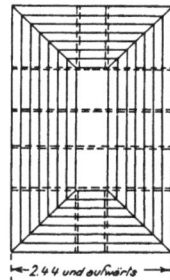

von 3,50 m und ist der Länge und der Quere nach zur Versteifung mit Rippen versehen. In den Seitenrippen sind Löcher angebracht zum Verbolzen mit der zugehörigen anderen Hälfte. Ebenso sind die oberen und unteren Querrippen mit Löchern zum Anschluß der Nachbarteile versehen. Diese Form kann nur schwer wiedergewonnen werden, in den meisten Fällen wird es nicht gelingen, sie herauszubringen. Bei der großen Menge der auszuführenden Caissons bedeutet das einen volkswirtschaftlichen Verlust. Man verwendet deshalb neuerdings fast ausschließlich Metallröhren, welche leicht vom Beton entfernt und immer wieder für andere Caissons benutzt werden können, so daß man mit einer verhältnismäßig geringen Zahl auskommt. Die Röhre besteht, wie Abb. 108 zeigt, im Querschnitt aus 3 Teilen, von denen der 3. Teil, das sog. Schlußstück, verhältnismäßig schmal ist. Jeder Teil hat innenseitige, vertikale Flanschen zum Verschrauben

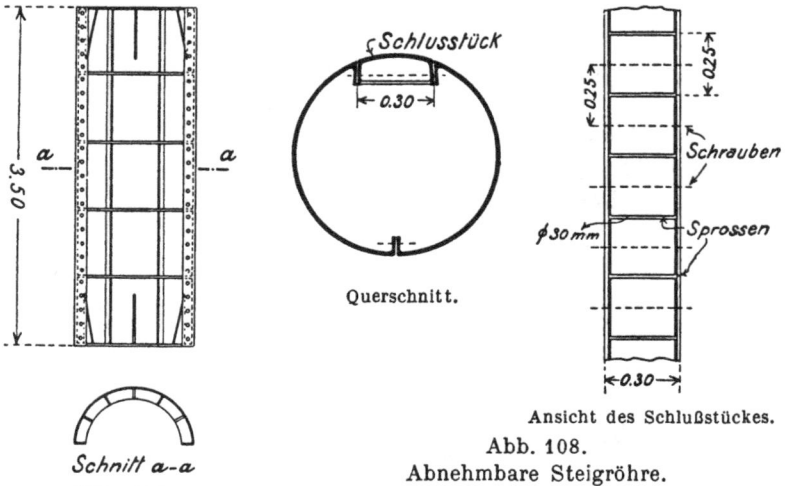

Querschnitt.

Ansicht des Schlußstückes.
Abb. 108.
Abnehmbare Steigröhre.

Schnitt a-a
Abb. 107.
Steigröhrenstück aus Gußeisen.

mit den anliegenden Teilen. Die Mantelstärke der Röhre beträgt etwa 6 mm. Vor dem Einbringen des die Röhre umgebenden Betons wird diese auf der Außenseite mit Öl angestrichen und das schmale Stück noch dazu mit einem Streifen geölten Papiers überzogen, damit das Losmachen vom Beton leichter vonstatten geht. Die Entfernung der Röhre vor dem Ausbetonieren derselben geschieht so, daß man die die Stücke verbindenden Schrauben entfernt, das Schlußstück, dessen Flanschen nach außen anlaufen, herauszieht und dann die beiden anderen Stücke zusammenklappt und hochbringt. Die Verpackung zwischen den Stößen aus Hanfstricken ist der einzige Teil, welcher einer Erneuerung bedarf. Das mehrgenannte Schlußstück besitzt in etwa 25 cm Entfernung Sprossen zwischen den Flanschen, die als Leiter zum Ein- und Aussteigen aus dem Caisson dienen.

Die Querschnittsform der Steigröhren ist kreisrund, hufeisenförmig oder eiförmig (Abb. 109). Letzterer Querschnitt vermeidet insbesondere den unnötigen Raum um die Steigleiter herum und läßt doch genügend Platz für das Passieren der Materialkübel.

e) Luftschleuse.

Die Luftschleuse ist auf dem obersten Ende der Steigröhre auf-gesetzt und vermittelt die Verbindung des Caissoninnern mit der Außenwelt. Bis zur Erfindung der Moran Schleuse war diese Verbindung eine lang-·same und kostspielige. Die Moran Schleuse hat dem abgeholfen. Sie ist in Abb. 110—112 in drei verschiedenen Stellungen gezeichnet. Die beiden Verschlüsse sind Klappen, deren Drehachse durch das Caissoninnere geht und welche außen zu beiden Seiten Hebel be-

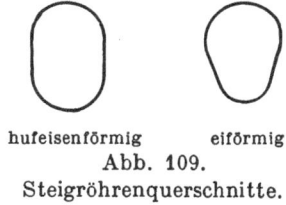

hufeisenförmig   eiförmig
Abb. 109.
Steigröhrenquerschnitte.

sitzen, mittels deren dieselben bewegt werden. Die Drehachsen der beiden Verschlüsse sind gegeneinander versetzt, so daß die letzteren nicht senkrecht übereinander liegen. In Abb. 110 sind

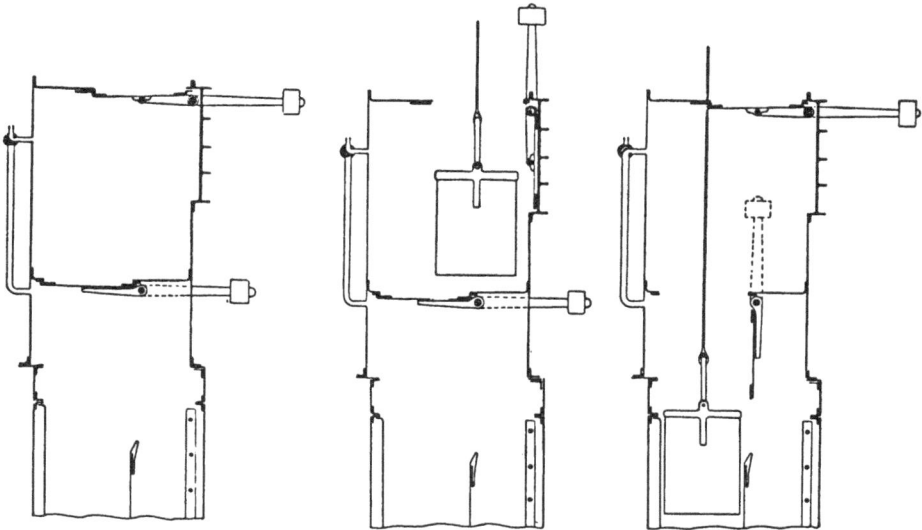

Abb. 110.   Abb. 111.   Abb. 112.

Abb. 110—112. Moran Schleuse bei verschiedenen Stellungen der Verschlußdeckel.

beide Klappen in geschlossenem Zustande gezeichnet. Um einen dichten Anschluß derselben an den Sitz zu erreichen, sind sie an ihrem Rande ringsherum mit einem Gummiband belegt. Abb. 111

7*

zeigt die obere Klappe geöffnet, in senkrechter Stellung, sie legt sich in eine Vertiefung an der Schleusenwand herein, so daß der lichte Innenraum nicht in Anspruch genommen wird. Der Kübel befindet

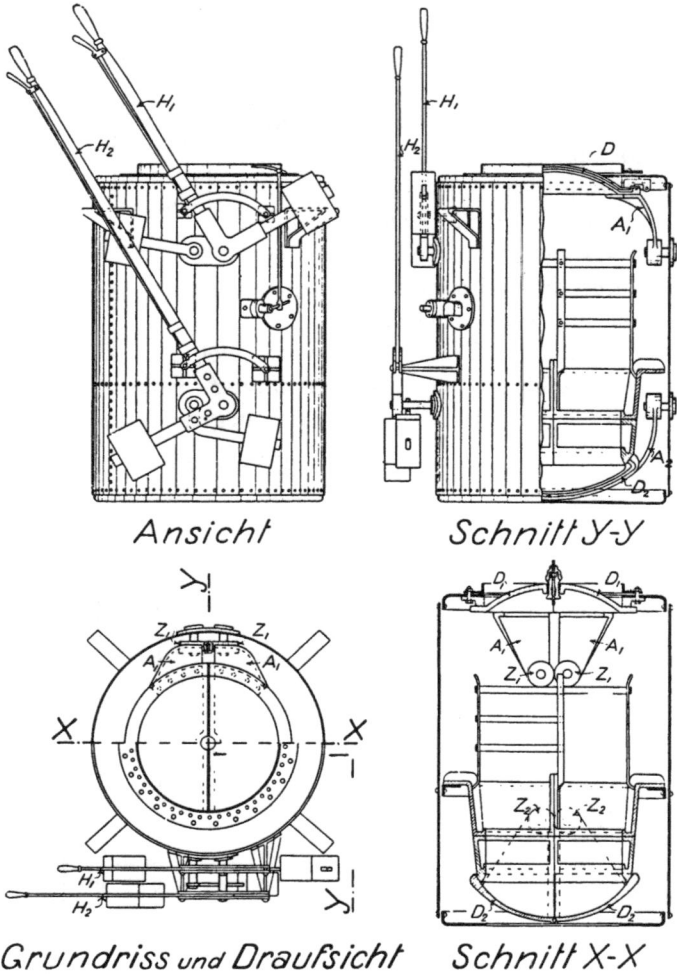

Ansicht   Schnitt Y-Y

Grundriss und Draufsicht   Schnitt X-X

Abb. 113.
Luftschleuse mit zweiteiligen Verschlüssen.

sich in der Luftschleuse. Abb. 112 zeigt das nächste Stadium in der Handhabung, der Kübel wurde über die Mitte der unteren Klappe gebracht und die obere Klappe geschlossen, wobei das Kübelseil in ein kleines Loch des Klappensitzes hereingeführt wurde, in das eine

Stopfbüchse am Drahtseil paßt. Nun wird die untere Klappe geöffnet, und es kann der Kübel abgelassen werden, wobei er zwischen eisernen Bändern geführt wird. An der Seite, den lichten Raum nicht beeinträchtigend, ist eine Sprossenleiter zum Auf- und Absteigen der Caissonarbeiter angebracht.

Neuerdings wird meist eine etwas andere Einrichtung benutzt, bei der die Bewegung der Deckel leichter und schneller bewerkstelligt werden kann (Abb. 113).

Hiebei bestehen der obere und untere Verschluß aus 2 teiligen Deckeln D_1 bzw. D_2. Die Deckelhälften sind mittels der Arme A_1 und A_2 in nebeneinanderliegenden Achsen drehbar gelagert, welche in die Schleusenwand eingebaut sind. Auf je eine der oberen und unteren Achsen ist außenseitig ein langer Hebel aufgekeilt, der nach der abgelegenen Seite ein Gegengewicht trägt, um die Bewegung zu erleichtern. Aus demselben Grunde sind an den beiden anderen Achsen Gegengewichte befestigt, die entsprechend der entgegengesetzten Deckelbewegung nach der andern Seite wirken.

Die Naben Z_1 und Z_2 der Arme A sind nun zu einem Teil mit Zähnen versehen, so daß bei der Hebelbewegung und der dadurch hervorgerufenen Drehung der einen Deckelhälfte die andere Deckelhälfte eine zwangläufige Bewegung nach der entgegengesetzten Seite ausführt. Die Deckel legen sich bei geöffnetem Verschluß seitlich an die Schleusenwände heran.

Zur leichten Überwindung der Widerstände sind die Hebel ziemlich lang, derjenige für den unteren Verschluß ist nahezu so weit wie der für den oberen heraufgeführt, um beide von derselben Bühne aus bedienen zu können, welche am oberen Schleusenende auf Konsolen aufgelegt wird.

Die Hebel werden zwischen Paaren von segmentförmig gekrümmten Flacheisen geführt, ihre Endstellungen sind durch Handfallen festgelegt, in ähnlicher Weise wie dies bei den Weichenhebeln in den Stellwerken der Bahnhöfe geschieht.

Die Deckelhälften sind in ihrer Mitte je mit einem halbkreisförmigen Loch zum Passieren des Kübelseils versehen. Damit nicht zu viel Luft entweicht, ist auf letzteres eine Stopfbüchse aufgesetzt, die vor Schließung des oberen Deckels in die richtige Höhenlage eingestellt wird, also am Kabelende nahe dem Förderkübel verbleibt, wenn derselbe aus der Schleuse gebracht wird.

Die Dichtigkeit am Stoße der oberen Verschlußhälften wird insofern beeinträchtigt, als der Luftdruck die beiden Hälften zu

entfernen sucht, beim unteren Verschlusse hingegen werden die beiden
Hälften gegeneinander gedrückt und damit die Dichtigkeit erhöht.
Zum Ein- und Ausschleusen dient ein Dreiweghahn.

Die Abb. 114 und 115 geben Ansichten des oberen Teils der
vorstehend besprochenen Schleuse, wobei das eine Mal die Stopfbüchse im halb geöffneten Verschluß, das andere Mal die geöffnete
Schleuse mit der einen zurückgelegten Deckelhälfte sichtbar ist.

Abb. 114.
Luftschleuse mit halb geöffnetem oberem Verschluß und Stopfbüchse.

f) Bauausführung der Druckluftgründungen.

Die Baueinrichtungen für eine Druckluftgründung sind sehr um-
fangreich, und die rationelle Aufstellung der zahlreichen Hilfsmaschinen
erfordert viel Überlegung und Geschicklichkeit, weil nur wenig Raum
hiefür zur Verfügung steht. Die anliegenden Straßen sind vom Per-
sonen- und Fuhrwerksverkehr derartig in Anspruch genommen, daß
sie für die etwaige Aufstellung von Apparaten nicht in Betracht kommen, und der Bauplatz selbst ist so dicht von den Caissons bedeckt,
daß häufig besondere mehrgeschossige Bühnen als Stapelplätze her-
gerichtet werden müssen.

Zum Betriebe sind nötig: Derrickkranen, welche die Caissons versetzen und nachher die Erde herausheben bzw. den Beton zuführen, Kompressoren zur Lieferung der Druckluft für die Caissons, Luftbehälter, Luftkühler, dann Pumpen, Rammen, Betonmischmaschinen u. a. m.

Abb. 115.
Luftschleuse mit geöffnetem oberem Verschluß.

Zur Lieferung der Kraft zu den Gründungsarbeiten für das Municipal Gebäude in New York waren beispielsweise nicht weniger als 13 Dampfkessel mit einer Gesamtleistung von 1800 Pferdestärken aufgestellt. Außerdem waren an wichtigeren Maschinen und Apparaten vorhanden: 7 große Luftkompressoren, 26 Ausleger an Derrickkranen, 11 Dampfpumpen, 16 Luftschleusen, 6 Betonmischmaschinen nebst vielen andern Zubehörteilen.

Nachdem die Baustelle bis auf Kellertiefe abgehoben ist, ist auch schon die Einrichtung für den Druckluftbetrieb so vorbereitet, daß sie in wenigen Tagen vollendet ist.

Zum Bewegen allen Materials werden Derricks aufgestellt, einer, zwei oder mehrere, je nach der Größe des Objekts und nach der Schnelligkeit, mit welcher der Bau ausgeführt werden will.

Neuerdings werden für halbwegs größere Arbeiten viermastige Derricks verwendet, welche eine große Leistungsfähigkeit besitzen und vier einfache Derricks ersetzen. Es sind auf Rollen laufende

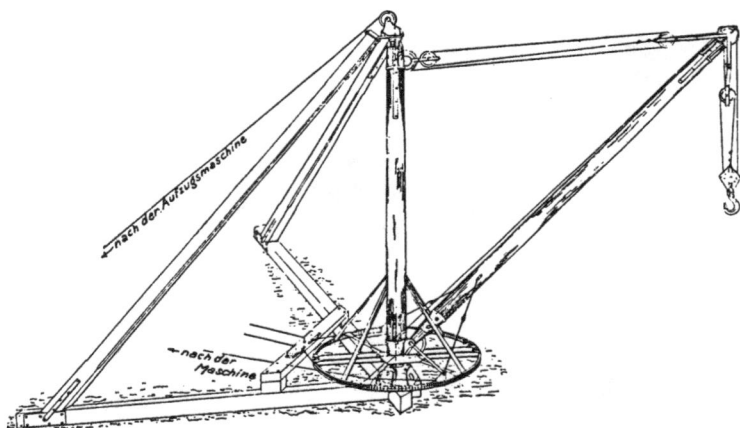

Abb. 116.
Bockstrebenderrick mit maschineller Drehung.

fahrbare Gerüste mit einer Bühne, auf welcher je an den Ecken Ausleger angeordnet sind. Diese Ausleger sind fähig, 10—20 t Last zu tragen, sie werden aus Holz oder Eisen hergestellt. Zum schnellen Auf- und Abschlagen sind die einzelnen Glieder mit Bolzen verbunden. Die Maschinen zum Betriebe der Ausleger sind auf der Plattform untergebracht und daher sehr kompendiös konstruiert. Der geringste Raum wird beansprucht, wenn man Dampfkessel entbehren und an die städtischen Dampfleitungen anschließen kann oder aber, wenn die Maschinen elektrisch betrieben werden und man hiezu die städtischen Stromzuleitungen benutzt. Damit erreicht man zugleich, daß man den Kohlenstaub und Rauch los ist und dem Publikum eine Belästigung erspart. Die vier Maste des Fahrderricks sind je oben herüber untereinander verbunden und mit Zugdiagonalen versteift,

so daß besondere Verankerungen nach hinten entbehrlich sind. Bei
großen Arbeiten werden zwei oder mehr solcher Hebezeuge aufgestellt.
Außer diesen sind dann noch (bei Bauten mit kleiner Grundfläche
überhaupt bloß) sog. Bockstrebenderricks aufgestellt, deren Maste mit
zwei festen Streben nach hinten verankert sind (Abb. 116). Mast,
Streben und Ausleger können aus Holz oder aus Eisengitterträgern
hergestellt sein. Die Dampfmaschine zur Betätigung des Kranes
steht hinter dem Mast zwischen den beiden Streben, der Mast ist
oben und unten zur Schwenkung des Auslegers in Zapfen drehbar
gelagert, die Drehung erfolgt von Hand, indem unten ein Hebel eingesteckt und an dessen ausragendem Ende gedrückt wird, oder aber
maschinell. Im letzteren Falle ist an dem unteren Ende von Mast
und Ausleger ein liegender Kreis aus C-Eisen festgemacht, auf dessen
Steg ein Drahtseil nach der Dampfmaschine läuft. Durch Anziehen
einmal der einen, das andere Mal der andern Seilseite kann der Kran
nach verschiedenen Richtungen geschwenkt werden.

Nachdem die Einrichtungen zum Druckluftbetrieb aufgestellt
sind, werden die Arbeitskammern versetzt, die, soweit es sich nicht
um Eisenbetoncaissons handelt, in fast allen Fällen auf den Werk-
plätzen der Unternehmer fertiggestellt und auf zwei- oder vierspän-
nigen Wagen angefahren kommen. Die Caissons werden durch einen
Derrick mittels vier an den Ecken angreifender Ketten gefaßt und
an Ort und Stelle gesetzt, nachdem natürlich der Boden zuvor gleichmäßig geebnet worden ist (Abb. 117). Derartige Caissons wiegen,
wenn sie für die Aufnahme von einer oder zwei Säulen bemessen sind,
8—13 t und können von einem Derrick noch getragen werden. Schwerere Caissons für 3, 4, 5 oder gar 6 Säulen werden meist in 2 Teilen
angefertigt und sind so für den Transport zur Baustelle und für das
Versetzen handlicher. Beide Teile werden dann, nachdem sie an ihren
endgültigen Platz gesetzt sind, miteinander in feste Verbindung gebracht.

Ist der Grundwasserspiegel noch nicht auf Schneidehöhe, so
wird zunächst, ohne daß die Decke des Caissons zugeschalt ist, unter
der Schneide ausgegraben und der Caisson bis auf den Grundwasserspiegel abgelassen. Nunmehr wird die Caissondecke hergestellt, Steigröhre und Luftschleuse aufgesetzt und Druckluft eingelassen in einer
Röhre, neben der häufig noch eine Reserveröhre vorhanden ist. Daneben ist meist noch eine kleine Gasröhre mit einer Pfeife vorhanden,
welche zur Verbindung der im Innern der Arbeitskammer tätigen
Mannschaft mit den Schleusenwärtern dient. Zur glatten Verständi-

Abb. 117.
Versetzen eines Caissons beim Singer Gebäude in New York durch den
Ausleger eines viermastigen Derricks.

gung sind bestimmte Zeichen ausgemacht. Es bedeuten beispielsweise einmal pfeifen »hebe den Kübel«, zweimal »halte den Kübel
wo er ist«, dreimal »ablassen«, viermal »die Mannschaft will heraus«
usw. Ist eine solche Pfeife nicht vorhanden, so wird die Verständigung
durch Klopfen mit einem Hammer an die Luftschleuse hergestellt.

Die Beleuchtung der Arbeitskammern geschieht mit elektrischen Glühbirnen.

Das nötige Gewicht zum Hinabdrücken der Caissons, also zur Überwindung des nach oben wirkenden Luftdrucks in der Kammer und der Reibung der Seitenwände an dem umgebenden Boden, wird erhalten durch Aufbetonieren über der Decke. Ist die dadurch erzielte Belastung immer noch nicht groß genug, so wird eine künstliche Last aus Eisenbarren aufgebracht. Noch häufiger werden größere gleichartige Gußstücke hiezu verwendet, die eine höhere Aufschichtung übereinander ermöglichen und von den Derricks leicht bewegt werden können. Zu dem Zweck sind in dem Gußstück in der Art, wie es Abb. 118 zeigt, schräge Löcher

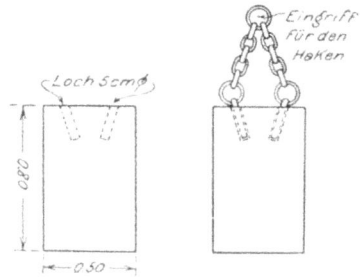

Abb. 118.
Gußstück für die künstliche
Belastung von Caissons.

an einer Kopfseite ausgespart, in welche entsprechende quadratische Daumenstücke eingreifen, die an zwei Kettenstücken befestigt sind.

Die Abb. 119 zeigt im Lichtbilde die sehr schwere Belastung eines Caissons. Auf einem Caisson des Woolworth Gebäudes mußten 800 t, auf einem solchen des Municipal Gebäudes sogar nahezu 1000 t künstliche Last neben dem Gewicht des Betonpfeilers mit gegen 1500 t aufgebracht werden, woraus sich die Maximalreibung an den Umfangsflächen zu 2950 kg pro qm ergab.

Häufig baut man, um die aufzubringende künstliche Belastung möglichst zu vermindern, den aufgehenden Beton bis zu dessen ganzer

Abb. 119.
Künstliche Belastung eines Caissons.

Höhe auf, ehe man mit dem Absenken beginnt, wobei dann die Stabilität der Caissons durch Abstützen oder sonstige Maßregeln sicher-

gestellt werden muß. Die Abb. 120 u. 121 zeigen in schematischer Weise
den Vorgang einer Caissonabsenkung. Abb. 120 zeigt den Caisson im
Stadium der Abwärtsbewegung. Künstliche Belastung ist, da Reibung
und Luftdruck noch nicht groß sind, noch keine aufgebracht. In Abb. 121
hat der Caisson den Felsen erreicht, wozu künstliche Belastung aufgebracht werden mußte. Abb. 122 gibt einen im Niedergehen be-
griffenen Pfeiler im Lichtbilde.

Die Caissonarbeiter graben unter den Schneiden gleichmäßig rund
herum aus und schaufeln das Material in Kübel von runder Form mit

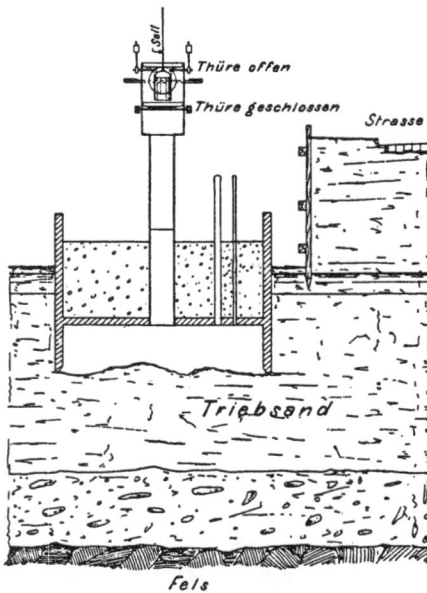
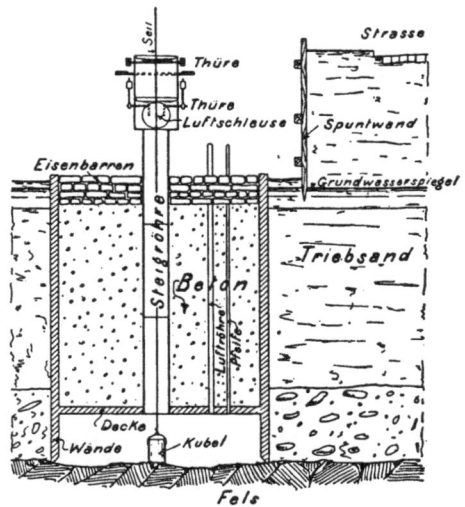

Abb. 120.   Abb. 121.
Abb. 120 u. 121. Schematische Darstellung der Absenkung eines Caissons.

etwa 70—80 cm Durchmesser, 90—150 cm Höhe und $1/3$—1 cbm Fassungsraum. Der gefüllte Kübel wird dann in der bereits früher beschrie-
benen Weise in der Steigröhre hochgezogen, ins Freie gebracht und
der Inhalt in bereitstehende Erdfuhrwerke oder in den meisten Fällen
in einen aus Brettern zusammengefügten, etwas über Straßenhöhe
errichteten Behälter geschüttet, welcher einen Ausgleich ermöglicht,
so daß, wenn gerade kein Fuhrwerk da ist, die Kübel trotzdem geleert und die Fuhrwerke selbst rasch beladen werden können. Häufig
sind dann diese Behälter noch in sinnreicher Weise so angeordnet,

daß die Erde von ihnen nicht in die Fuhrwerke geschaufelt zu werden braucht, sondern daß Klappen oder Türen der Behälterwand zu öffnen sind, um das Material durch sein eigenes Gewicht in den Wagenkasten fallen lassen zu können.

Die Schnelligkeit, mit der die Kübel ein- und ausbefördert werden, ist dank der vorzüglichen Vorrichtungen an der Luftschleuse sehr

Abb. 122.
Mit Druckluft zu gründender Pfeiler während der Ausführung.

groß. Ein Kübel kann bei aufmerksamer Bedienung pro Stunde wohl 20 mal in den Caisson hinein- und wieder herausgebracht werden, so daß nicht viel mehr Zeit hiezu beansprucht wird, als ob die Luftschleuse gar nicht vorhanden wäre und man im offenen Schachte arbeiten würde.

Nachdem der Caisson bis auf den festen Felsen abgesenkt und
der zum Tragen ausersehene Grund von einem Ingenieur geprüft
worden ist, wird mit denselben Kübeln, mit denen die Erde aus dem
Caisson herausgebracht wurde, zuerst die Arbeitskammer und dann
die Steigröhre mit Beton, meist im Mischungsverhältnis 1 : 2 : 4, ausgefüllt, nachdem die Caissondecke und, wenn nötig, die Steigröhre
vorher weggenommen worden ist. Der Beton wird breiartig eingebracht, was besser als trocken ist, da man nicht immer bei der Arbeit
zusehen kann und weil deshalb das Stampfen nicht mit Sicherheit
zuverlässig ausgeführt werden würde. Der nasse Beton füllt von
selbst alle Ecken aus und schließt sich insbesondere am besten an
den aufgehenden Beton über der Decke an.

Bei kleineren Luftdrücken sind 8 stündige Schichten eingeführt.
Die Entlohnung der Arbeiter beträgt bis zu Pressungen von 1,5 kg/qcm
3½ Dollar pro Tag. Wenn die Pressung zunimmt, nimmt auch der
Lohn zu und die Arbeitsstunden nehmen ab, bis bei 3,2 kg/qcm über
der atmosphärischen Pressung die Leute nur 1½ Stunden täglich
arbeiten, ja beim Municipal Gebäude wurde bei noch etwas größerer
Pressung die Arbeitszeit auf 40 Minuten beschränkt, mehr können
die Arbeiter nicht ertragen, und selbst dabei ist die Gefahr, daß die
Leute von Caissonkrankheiten befallen werden, groß. Die tiefste Absenkung eines Caissons für Gebäudegründung wurde für einen der
Pfeiler für das Municipal Gebäude in New York nötig, der auf eine
Tiefe von 33½ m unter den Wasserspiegel und 43,6 m unter die
Straßenoberfläche hinabgeführt werden mußte. Der Caisson bestand
aus Eisenbeton mit einem Durchmesser von 3,26 m. Er war 19 Tage
lang unter Pressung und wurde durch den Fließsand auf den Konglomeratfels abgesenkt, durch welchen der Aushub 1,80 m tiefer auf den gewachsenen Fels hinabgeführt wurde, was mit einem Druck von 3,4 kg/qcm,
der sich in der Arbeitskammer auf 3,25 kg/qcm verminderte, bewerkstelligt werden konnte. Diese Pressung wurde bis zur Fertigstellung
der Ausbetonierung der Arbeitskammer aufrechterhalten, dann wurde
die zusammenlegbare Steigröhre entfernt und das Innere des Pfeilers
mit Beton bis auf eine Höhe von 34,8 m über dem Felsen angefüllt.
Diese Pressung reicht wahrscheinlich ganz nahe an das heran, was
ein Mensch überhaupt ertragen kann, und ist die höchste, die je von
einem Unternehmer angewendet worden ist. Trotzdem wurde der
Caisson ohne irgendwelche schwerere Unglücksfälle für die Arbeiter
abgesenkt, man schützte sie durch Vorsichtsmaßregeln, auf deren
strikte Beobachtung strengstens geachtet wurde. Eine Kranken-

schleuse war vorgesehen, sie wurde aber nur für einige leichte Fälle benutzt, ebenso war ein Arzt in ständiger Warte. Unter der oben genannten Maximalpressung betrug die Arbeitszeit eines Mannes nur 40 Minuten für jede der 2 Schichten mit einer 6 stündigen Pause dazwischen. Eine etwa ebenso lange Zeit wurde für den Ein- und Austritt aus der Schleuse verwendet. Der Schleusenwärter war beauftragt, die Druckverminderung so langsam als möglich vor sich gehen zu lassen, und er machte das so, daß er die Luft nur durch die Stopfbüchse entweichen ließ. Schließlich betrug die Pressung noch 0,2—0,3 kg/qcm, so daß das Deckelgewicht erreicht wurde und die Leute nach Verlauf von 30 Minuten ins Freie treten konnten. Sie wurden dann mit Kaffee versorgt und verblieben noch einige Zeit im Schleusenarbeiterhaus, nachdem sie den Caisson verlassen hatten.

Aber nicht nur im tiefen Absenken sondern auch sonst werden kühne und gewagte Arbeiten in Druckluftgründungen ausgeführt. Eben wurde bei dem Caisson des Municipal Gebäudes erwähnt, daß derselbe nur bis zum Konglomeratfels hinabgeführt wurde und daß er dann gewissermaßen frei in der Luft hängend verblieb, während unter ihm weiter ausgehoben wurde. Diesen Vorgang trifft man aus Ersparnisgründen häufig, weil der hard pan standfähig ist und man keine Gefahr läuft, daß das Material hereinrutschen könnte, auch ist er verhältnismäßig dicht gelagert, so daß der Verlust an Druckluft nicht zu groß ist.

In manchen Fällen wird nicht nur senkrecht unter der Schneide abgegraben, sondern man gräbt, um eine breitere Tragfläche für den Pfeiler zu erhalten, schräg nach außen und stützt, wenn nötig, das Material mit seitlich unter der Schneide einzutreibenden Brettern oder Bohlen ab.

Eine sehr kühne Leistung wurde bei der Caissonfundation für das 48 stockige Singer Gebäude in New York vollbracht (Abb. 123). Es war zuerst beabsichtigt, die Caissons nur auf den hard pan oder etwas in diesen hinein aufzusetzen, d. h. etwa 6 m über dem festen Felsen aufhören zu lassen. Als man sich eines andern besann und sich entschloß, bis auf den gewachsenen Felsen hinabzugehen, war einer der Caissons, der 2,15 m in den Konglomeratfels hineingeführt worden war, bereits mit Beton angefüllt. Wie war es nun möglich, den Pfeiler bis auf den gewachsenen Felsen auszudehnen? Der Amerikaner weiß immer Rat. Man ging so vor, daß man vom nächstgelegenen Caisson aus mittels eines Tunnels mit jenem eine Verbindung herstellte und

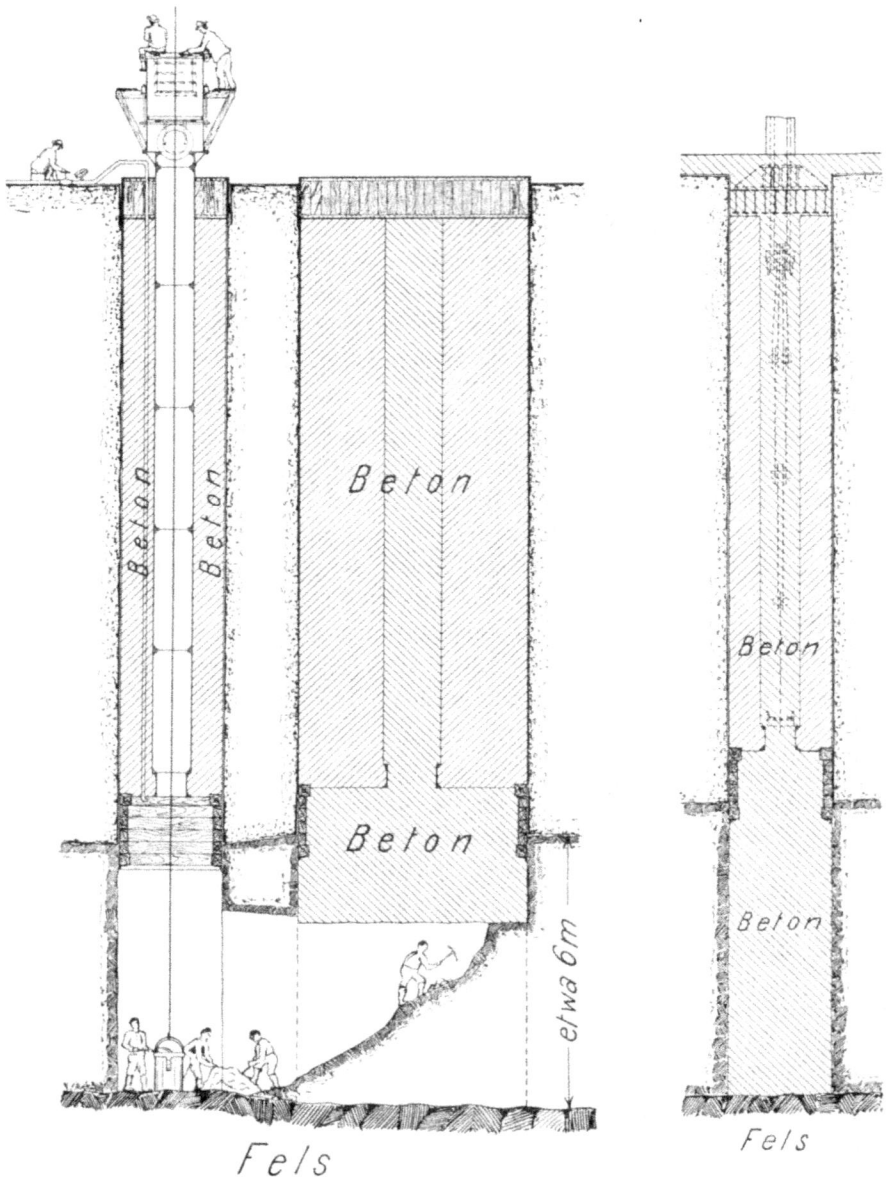

Abb. 123.
Unterfangen eines mit Druckluft gegründeten Betonpfeilers von einem
Nachbarcaisson aus.

den Raum unter dem hän-
genden Pfeiler mit Beton
anfüllte, den Pfeiler also
unterfing.

Dies konnte natürlich
nicht so gemacht werden,
daß man den ganzen Pfeiler
auf einmal untergrub und
frei hängen ließ. Man stellte
vielmehr zuerst oben eine
kleine Tunnelverbindung
von 1,50 m Höhe und
1,20 m Breite her bis zum
abgelegenen Pfeilerende,
dann trieb man einen
Schlitz von gleicher Breite
hinab bis auf den festen
Felsen, füllte denselben
mit Beton auf und führte
erst, nachdem dieser er-
härtet war, den Neben-
schlitz aus, der ebenfalls
mit Beton angefüllt wurde.

Eine Druckluftgrün-
dung in Verbindung mit
Schildvortrieb wurde beim
Bau des Bahnhofs der
Chicago und Northwestern
Eisenbahn in Chicago aus-
geführt. Es waren 87 Pfei-
lerfundamente nötig, der
Boden an jener Stelle be-
stand aus 3—4½ m auf-
gefülltem Terrain, darunter
folgte eine etwa 18 m starke
Schicht schweren blauen
Tons, hierauf 3—6 m hard
pan. Darunter kam eine
Lage wasserführenden Ma-
terials von 6—9 m Tiefe,

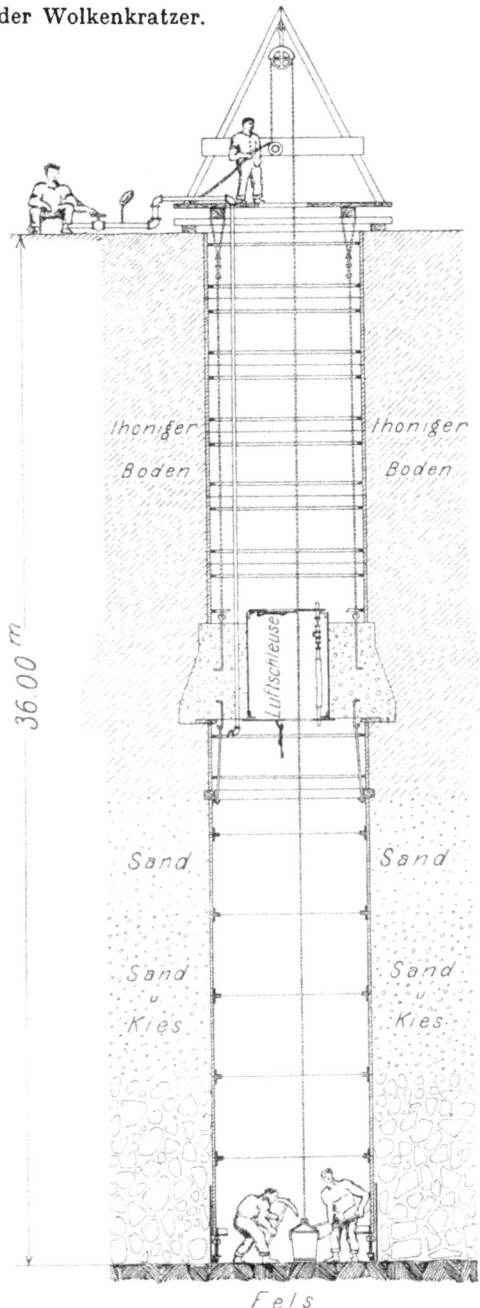

Abb. 124.
Abteufen von Schächten mit Druckluft
und Schildvortrieb.

bestehend aus Sand, Kies und großen Steinen und schließlich der Felsboden in etwa 36 m unter der Straßenoberfläche.

Beim Beginn der Arbeiten wurde die gewöhnliche Methode in Chicago mit offenen Schächten angewendet. Die Fundamente wurden bis zum Grunde des Tons in offenen Schächten abgeteuft, ohne daß große Schwierigkeiten eingetreten wären. Als man sich jedoch der wasserführenden Schicht näherte, kam das Wasser so stark herein, daß man trotz angestrengten Pumpens und außergewöhnlicher Auskleidung der Wände nicht mehr Herr wurde und man daher eine andere Methode suchen mußte.

Diese bestand in einer Übertragung des horizontalen Schildvortriebes bei Tunnels auf das Absenken vertikaler Schächte (Abb. 124). Sie wurde bei allen Fundamenten mit großem Erfolg zur Anwendung gebracht. Die 24 obersten Meter des Schachtes wurden mit der gewöhnlichen offenen Methode hergestellt. Dann wurde ein Schild an dem Boden der Auskleidung festgemacht, darüber eine Luftschleuse eingebaut und der übrige Boden unter Luftdruck ausgehoben, indem der Schild, sich gegen die Auskleidung stemmend, hinabgepreßt und die Auskleidung mit dem Fortschritt des Hinabpressens verlängert wurde.

Als man den Felsen, 12 m tiefer, erreicht hatte, wurde das Loch sorgfältig mit Beton bis zur Oberfläche angefüllt, so daß man einen soliden Betonpfeiler erhielt.

Die Luftschleuse wurde so eingebaut, daß etwa 3 m über dem Grunde des offenen Aushubs eine Länge der Holzauskleidung entfernt und das Material rückwärts bis auf etwa 60 cm Tiefe ausgehoben wurde. Dieser Raum wurde ausbetoniert, indem vorher in die Mitte eine eiserne Luftschleuse von 1,38 m Durchmesser und 1,68 m Höhe eingesetzt worden war. Ringsherum wurden sowohl oben als unten in den Beton Augenstäbe von 25 mm Durchmesser einbetoniert, welche dazu dienten, die Luftschleuse zur Sicherheit mit Drahtseilen nach oben und mit Rundeisen nach unten zu verhängen.

Der Schild bestand aus einem Blechzylinder von 10 mm Stärke, 1,80 m innerem Durchmesser und 1,04 m Höhe. Er war in seinem Umfang aus 4 Teilen zusammengesetzt, die einzeln in den Schacht hinabgelassen und dort zusammengeschraubt wurden. Die Schneide war durch Aufnieten eines Winkeleisens hergestellt, gegen welches die Schrauben zum Hinabpressen drücken.

Die Auskleidung unterhalb der Luftschleuse bestand aus 6 cm starken, genuteten und gefederten Bohlen von 90 cm Länge. Die

Druckluft wurde der Schleuse durch eine 60 mm weite Leitung zugeführt.

Als die Schneide den Felsboden erreicht hatte, wurden die Schrauben am Winkel entfernt und derselbe herausgenommen. Das Schild-
blech mußte im Boden belassen werden. Die Winkeleisen der Auskleidung wurden, als die Betonierung bis zu ihnen herauf gediehen
war, herausgenommen, die Auskleidung selbst verblieb im Boden.

Im folgenden soll die Caissonfundation des 22 stockigen Geschäftsgebäudes der Knickerbocker Trust Company in New York besprochen
werden, eines Gebäudes von verhältnismäßig kleiner, rechteckiger
Grundfläche. Die Abb. 125 zeigt die Caissons samt den Betriebsanlagen im Grundriß und 2 Schnitten. Das Gebäude ist auf 3 Seiten
von Straßen umgeben, mit der vierten stößt es an ein bestehendes
Haus; die eine der Straßen, gegen welche das Gebäude mit seiner
Schmalseite sieht, ist der Broadway, eine der geschäftigsten Straßen
der Welt, die beiden andern sind schmale und ebenfalls sehr lebhafte
Straßen. Der Broadway liegt etwa 3 m höher als die New Street,
beide werden mit der in entsprechendem Gefälle liegenden Straße,
genannt Exchange Place, verbunden.

Der unter dem Keller befindliche Boden besteht aus feinem
Triebsand mit einer darunter folgenden Lage von hard pan von 1—3 m
Stärke. Der Felsen wurde in einer Tiefe von 15 m unter dem Broadway
und 19,5 m unter der New Street angetroffen.

Das Eisenskelett ruht auf 34 Säulen, welche auf 27 pneumatisch
gegründeten Pfeilern aufsitzen, die auf den gewachsenen Felsen hinabgeführt worden sind.

Für den Baubetrieb und die Handhabung aller Materialien diente
ein viermastiger, fahrbarer Derrick aus Holz, dessen Gleise etwa in
Bauplatzmitte parallel zur Gebäudelangseite verlegt waren. Die
Gleise waren so lang, daß sämtliche Stellen des Bauplatzes mit den
Auslegern erreicht werden konnten. Außer diesem war noch ein
Bockstrebenderrick auf einer Bühne in der Ecke zwischen dem anliegenden Gebäude und der New Street aufgestellt, der hauptsächlich
zum Abladen der angefahrenen Baumaterialien diente. Ehe diese
beiden Derricks errichtet waren, stand ein solcher hoch oben auf
dem flachen Dache des anliegenden Hauses, welcher beim Abtragen
des alten Gebäudes behilflich war und dann auch zum Zusammen-
setzen der beiden neuen Derricks verwendet wurde.

Der viermastige Derrick war ein rechteckiger Turm von 9 m Höhe
und 6½ × 8 m im Grundriß, dessen 13,7 m lange Ausleger 13½ t

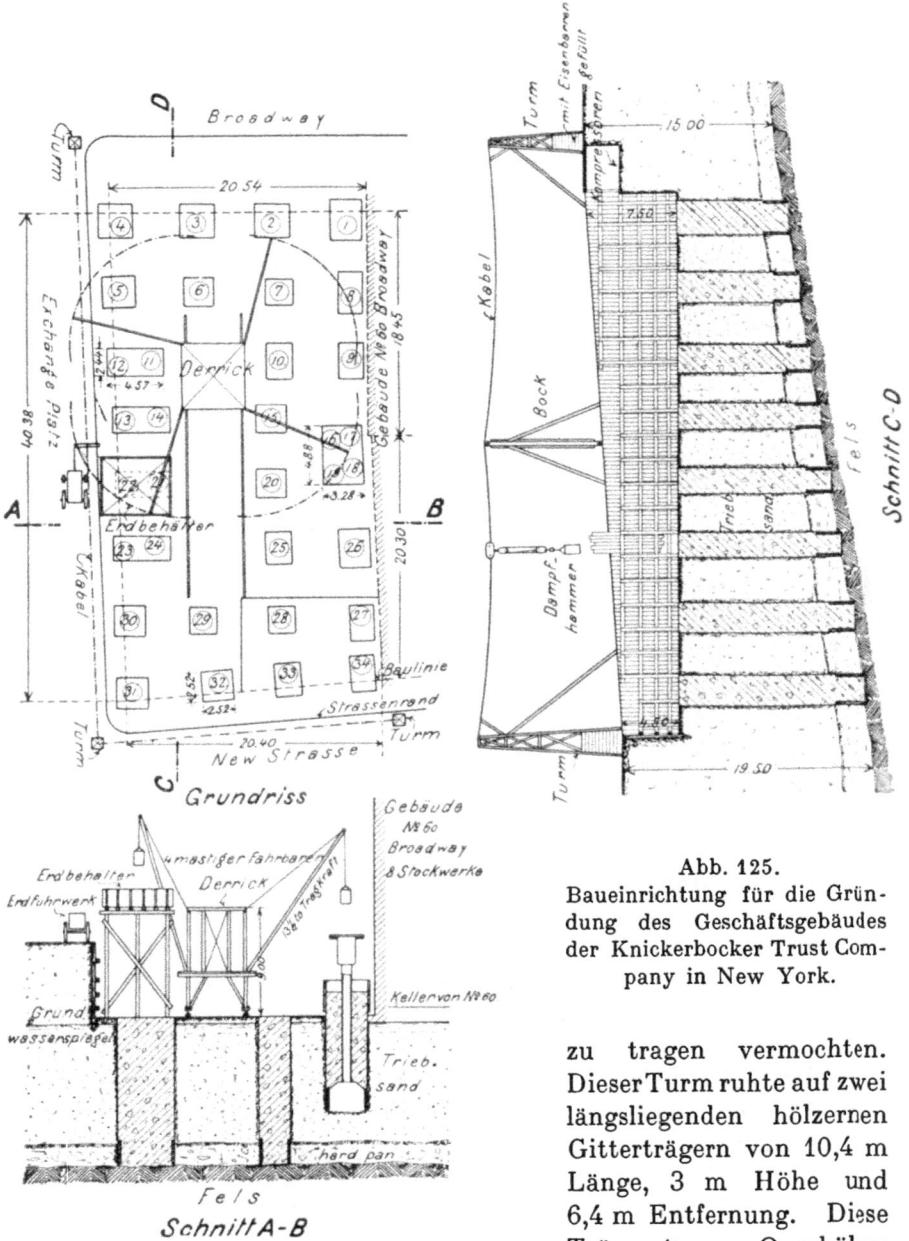

Abb. 125.
Baueinrichtung für die Gründung des Geschäftsgebäudes
der Knickerbocker Trust Company in New York.

zu tragen vermochten.
Dieser Turm ruhte auf zwei
längsliegenden hölzernen
Gitterträgern von 10,4 m
Länge, 3 m Höhe und
6,4 m Entfernung. Diese
Träger trugen Querhölzer
auf ihren oberen Gurten, die mit Bohlen überdeckt waren, um eine
Bühne zur Aufstellung der Maschinen zu bekommen. Der Raum

zwischen der Bühne und den Gitterträgern war frei gelassen für den Durchgang von Arbeitern und Wagen. Die unteren Gurten der Träger ruhten auf Rädern, die gestatteten, den Derrick von einem gegen das andere Ende des Platzes hin frei zu bewegen. Der Antrieb der Maschinen geschah durch Elektromotoren.

Die Umschließung der offen auszuhebenden Baugrube wurde mit hölzernen Spundwänden bewerkstelligt. Um deren Eintreiben zu erleichtern, wurde entlang des Exchange Place und der New Street ein Kabel von 18 mm Durchmesser gespannt zwischen hölzernen, an den Ecken des Bauplatzes aufgestellten Türmen. Auf dem Kabel lief eine Laufkatze, an welcher ein Dampfhammer hing, der die mit Nut und Feder versehenen Spunddielen einrammte.

Die Kabeltürme waren leichte, hölzerne Pyramiden, je aus 4 Eckpfosten von 15 × 15 cm Querschnitt hergestellt, die in jeder Fläche mit horizontalen und diagonalen Hölzern verstrebt waren und auf hölzernen Schwellen standen. Die Enden der Kabel waren an verankerten Gußstücken, die auf dem oberen Ende der Türme saßen, befestigt. Die Außenflächen der Türme wurden auf eine Höhe von 2,50 m über dem Boden mit Brettern benagelt und der umschlossene Raum mit Gußeisenstücken ausgefüllt, die genügend Beschwerung abgaben, damit die Türme beim Maximalzug des Kabels standfähig blieben. Die Türme wurden noch besonders gestützt durch Streben, welche von dem oberen Ende unter einer Neigung von 45⁰ auf den Boden herabführten. Der Turm am Broadway war etwa 7,6 m hoch und maß 1,5 m an der Basis nach jeder Seite. Der Turm an New Street war, da diese tiefer gelegen ist, etwa 12,2 m hoch und hatte 2,40 m Seitenlänge an der Basis. Zwischen den beiden Türmen der Längsseite war, um die Spannweite des Kabels nicht zu groß werden zu lassen, in der Mitte ein Holzbock eingeschaltet, der nach beiden Seiten gegen Umfallen auf den Boden mit Holzstreben abgestützt war.

Da die anstoßende Umfassungsmauer des Gebäudes Nr. 60 Broadway, das 8 Stockwerke enthielt und gut erhalten war, etwa 7,6 m unter die Straßenoberfläche des Broadway hinabfundiert war und auf Betonfundamenten stand, die von Pfählen getragen wurden, so hielt man es nicht für nötig, die Mauern zu unterfangen, sondern man sah es für genügend an, sie mit geneigten Streben abzustützen.

Die Caissons sind ganz aus Holz hergestellt, ihre Konstruktionsart ist in Abb. 98 dargestellt. Die Mehrzahl derselben trägt eine Säule, 4 Caissons sind zur Aufnahme von 2 und einer zur Aufnahme von 4 Säulen dimensioniert. Der letztere bedeckt eine Grundfläche von 16 qm. Soweit das über dem Caisson aufgebrachte Betongewicht zum Niedergehen desselben nicht genügend groß war, wurden rechteckige gußeiserne Blöcke von 900 und 1350 kg Gewicht zur Beschwerung aufgebracht, die von den Derricks leicht gehandhabt werden konnten.

Die Caissons wurden in einer Minimalzeit von 28 Stunden durch drei 12 männige Schichten von Caissonarbeitern abgesenkt.

Die Luftkompressoren konnten in geschickter Weise in dem Raume unter dem Gehweg des Broadway aufgestellt werden, der daselbst noch übrige Raum wurde zur Aufstapelung von Sand und Kleinschlag benutzt, welche in Rutschen, die durch den Gehweg des Broadway hindurchgingen, abgelassen wurden und in Behälter fielen, die mit Schiebetüren versehen waren. Von diesen wurden die Materialien in Schubkarren abgelassen, die sie nach der am andern Bauplatzende gelegenen Ransome-Mischmaschine beförderten. Der Zement wurde in einer Rutche von dem 10 000 Faß haltenden Vorratsraum im ersten Stockwerk des anliegenden Gebäudes direkt der Mischmaschine zugeführt.

Die Betonmischmaschine entleerte in einen zylindrischen, etwa $\frac{1}{2}$ cbm haltenden Kübel mit aufklappbarem Boden, der auf den Boden aufgestellt war oder am Hebeseil eines Derricks hing.

Das Material, das von den Caissons ausgehoben wurde, wurde in denselben Kübeln gefördert und in einen etwa 50 cbm haltenden Erdbehälter entleert, der auf 3 verstrebten Jochen am Exchange Place aufgestellt war. Dieser Behälter hatte genügend Fassungsfähigkeit, um das Material einige Zeit lang aufzunehmen, wenn der Fuhrwerksbetrieb unterbrochen war. Die Erde wurde über die Seitenwand mit der Schaufel in die Fuhrwerke geworfen.

Nahezu aller Dampf, der gebraucht wurde, wurde von der New York Steam Company gekauft, die Beleuchtung geschah elektrisch durch Strom von der Edison Gesellschaft. Die mittlere am Bau beschäftigte Mannschaftszahl betrug 130 bei der Tag- und 100 Mann bei der Nachtschicht. Während der Ausführung der Arbeit war das Gebäude Nr. 60 Broadway nur vom Unternehmer bezogen, der sein Bureau im 2. Stock einrichtete, den 1. Stock zu Vorratsräumen und Räumen für die Caissonarbeiter benutzte und das Erdgeschoß zu Schmiede-, Zimmermanns- und anderen Werkstätten benutzte.

Ein anderes größeres Beispiel sei in der Fundation für das Trinity Annex und Boreel Gebäude in New York vorgeführt.

Die Betriebsanlagen sind in Abb. 126 dargestellt. Das Gebäude ist auf drei Seiten von Straßen umgeben. Sobald es nun der Aus-

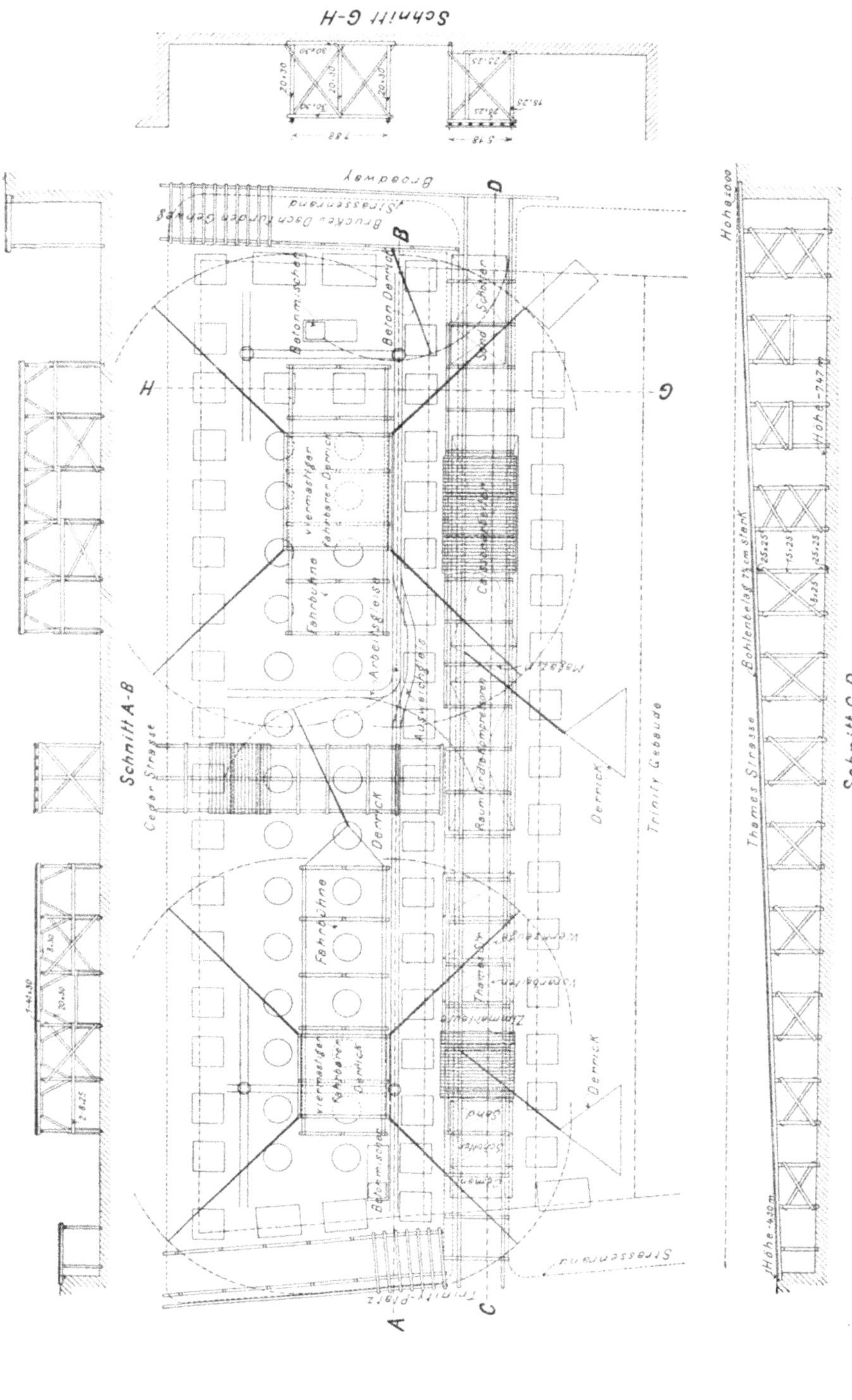

Abb. 126.
Baueinrichtung für die Gründung des Trinity Annex and Boreel Gebäudes in New York.

hub möglich machte, wurde zwischen Broadway und Trinity Place eine
Verbindung durch eine 5,18 m breite, mit 7,5 cm starken Bohlen belegte
Bühne hergestellt, die zum Aufladen von Erde aus den Caissons in die
Fuhrwerke und zur Zufuhr der Arbeitskammern und sonstiger beim Bau
benötigter Materialien diente.   Die Bühne lag zwischen zwei Caisson-
reihen, so daß diese ohne Beeinträchtigung abgesenkt werden konnten.

Der Raum unter dersclben war mit Schuppen und Hütten belegt, die als Magazine, Werkstätten, Bureaus usw. dienten.

Die Bühne fiel vom Broadway herab zum Trinity Place
um etwa 4,3 m.   Nahe ihrer Mitte war eine Querbühne nach der
Cedarstraße erstellt.   Diese war zwar über einer Querreihe von zylindrischen Caissons gebaut, die Gerüstjoche wurden jedoch so gelegt, daß sie die Caissons frei ließen und man die Pfeiler herstellen
konnte, indem man höchstens einige Belagdielen zu entfernen brauchte.

Zu beiden Seiten der Querbühne und gleichlaufend mit der Längs-
bühne wurden zwei 28 m lange Gerüste aufgestellt, die je ein 6,7 m
spuriges Fahrgleis für zwei fahrbare viermastige Derricks aufzunehmen
hatten, mit denen die Baumaterialien und der Caissonbetrieb gehandhabt wurden.

Diese Gerüste wurden über der Mittellinie einer Caissonreihe
erbaut, wobei die Joche wiederum die Caissons frei ließen.

Die fahrbaren Derricks hatten hölzerne Ausleger von etwa 12 m
Länge und 7,5 t Tragfähigkeit.   Neben diesen waren zur Ergänzung
noch 4 Bockstrebenderricks mit Auslegern von 9—18 m Länge aufgestellt, und zwar so, daß sie alle diejenigen Stellen des Bauplatzes
bestreichen konnten, wo die Fahrderricks nicht hinreichen konnten.
Im ganzen waren also 12 Ausleger vorhanden.

Die Zahl der Caissons betrug 115, von denen 87 Stück rechteckige Caissons von 2,40 × 2,70 m nach jeder Seite Grundfläche
und 28 Stück zylindrische Caissons von 2,3 m Durchmesser waren.
Die rechteckigen Caissons bestanden aus Holz nach Art der Abb. 99,
während die zylindrischen Caissons aus eisernen Platten und Winkeln, der Abb. 102 entsprechend, zusammengesetzt waren.

Die Tiefe, auf welche die Caissons abgesenkt wurden, betrug
21—25,5 m unter der Straßenoberfläche des Broadway, das durch-
fahrene Material bestand von oben nach unten aus 11 m Triebsand,
7,5 m blauem Ton und Sand und 1,80 m Konglomeratfels.

Außer dem Gewicht des aufgehenden Betons war für die Caissonabsenkung noch künstliche Belastung von 45—90 t in der Form von
1800 kg schweren Eisenstücken nötig.

Die Arbeit der Caissonabsenkung wurde mit 11 Kolonnen von je 5 Mann vollführt, die in 7 stündigen Schichten arbeiteten und die ganze Arbeit innerhalb der kurzen Zeit von 60 Tagen bewältigten. 35 Caissonarbeiter waren stets gleichzeitig an der Arbeit, 14 Caissons standen gleichzeitig unter Luftdruck.

Die Senkungsgeschwindigkeit betrug im Triebsand 60 cm pro Stunde, im Konglomeratfels reduzierte sich dieselbe auf 30 cm pro 4 Stunden.

Die Preßluft wurde von 3 Luftkompressoren mit einer Leistung von 85 cbm Luft pro Minute geliefert, der eine der Kompressoren war als Reserve da. Von den Kompressoren ging die Luft zu einem zylindrischen, mit Wasser umgebenen Kühler und von da in drei die ganze Länge des Bauplatzes entlang laufenden Längsleitungen von 10 cm lichter Weite, welche an zahlreichen Stellen Abzweigungen nach den verschiedenen Caissons besaßen.

Die Betonmaterialien wurden am Broadway und Trinity Place angefahren. Steine und Sand wurden mittels Holzrutschen auf Haufen auf die Sohle des Aushubs herabgelassen und die Zementsäcke wurden in wassersicheren Magazinen aufgestapelt. Zwei rotierende Mischtrommeln mit 1 cbm Leistungsfähigkeit wurden an entgegengesetzten Enden des Platzes aufgestellt. Am Broadway wurde die Maschine durch einen Bockstrebenderrick bedient, der auch die Betonkübel auf die Wagen des Dienstgleises beförderte. Am Trinity Place wurden die Materialien mit Schubkarren nach dem tiefer liegenden Rumpf der Mischmaschine geliefert. Die letztere war hoch genug aufgestellt um direkt in eiserne Kübel auf flachen Wagen entleeren zu können.

In beiden Fällen wurde der Beton nach allen Teilen des Bauplatzes durch ein 60 cm spuriges Arbeitsgleis nahe der Mitte des Bauplatzes befördert, das zwischen zwei Längsreihen von Pfeilern gelegt und in der Mitte mit einem Ausweichgleis versehen war, wie das im Plan gezeichnet ist. Weichen wurden an verschiedenen Punkten angebracht, um Zweiggleise nach der Cedarstraße hin legen zu können. Nahe den beiden Enden des Hauptgleises waren Drehscheiben eingelegt, so daß die Wagen quer fahren konnten nach einem Parallelgleis, welches nahe der Cedarstraßenseite des Bauplatzes lag. Von den Flachwagen aus, von denen 8 Stück vorhanden waren, wurde der Beton von den Auslegern der Derricks den Caissons in ½ cbm haltenden zylindrischen Eisenkübeln zugebracht.

Die Ausführung der Gründungsarbeit geschah im Tag- und Nachtbetrieb durch eine Gesamtarbeiterzahl von 850 Mann, die in 3 Hauptgruppen geteilt waren, die Arbeiter für die maschinellen, für die Luftdruck- und für die allgemeinen Arbeiten, die durch Vorarbeiter beaufsichtigt waren, welche dem leitenden Ingenieur direkt berichteten. Der nötige Dampf wurde dem Quantum nach von der New York Steam Company gekauft, die Elektrizität wurde durch die Edison Gesellschaft für etwa 15 Bogenlampen und eine große Zahl von Glühlampen geliefert.

Die Kosten der pneumatischen Fundation sind sehr hoch und machen, trotz der großen Gebäudehöhe, einen ganz erheblichen Teil der Gesamtbaukosten aus. So ist beispielsweise das im Bau befindliche Municipal Gebäude in New York im gesamten auf 11 Millionen Dollar geschätzt, wovon 1½ Millionen Dollar auf die pneumatische Fundation entfallen, also rund 14% der Gesamtbaukosten.

g) Kontinuierliche Caissons.

α) Allgemeines.

Wir haben schon zu wiederholten Malen gesehen, daß die Kellerböden in New York in fast allen Fällen bedeutender Wolkenkratzer beträchtlich tief liegen, so daß bis zu 4 Stockwerken unterhalb der Straßenoberfläche gewonnen werden, die zum Aufstellen der zum Betrieb des Gebäudes nötigen Maschinen und Apparate, für Magazine, Aufbewahrungsräume für Banken und für verschiedene Arten von Geschäftsbetrieben Verwendung finden.

Die Umfassungswände der Keller werden daher äußerst starke Mauern, weil sie dem äußeren Drucke des Fließsandes und des Wassers, der bis zu 15 m beträgt, widerstehen müssen. Diese Mauern dicht zu bekommen, bietet naturgemäß eine äußerst schwierige und nicht immer sicher gelingende Aufgabe.

Es muß daher als ein hervorragender Fortschritt bezeichnet werden, als man darauf kam, die Fundamentpfeiler selbst zur wasserdichten Umschließung des ganzen Kellerraumes heranzuziehen.

Ihrem Zwecke entsprechend sind diese von rechteckiger Form, mit einer langen Seite gleichlaufend mit der Baulinie und einer schmalen Seite senkrecht dazu. Die Länge der letzteren wird gewöhnlich so angenommen, daß im Caisson auch der Quere nach noch gut gearbeitet werden kann, wofür 1,80 m genügen. Das Maß der längeren Seite wird so bestimmt, daß der Caisson noch gut gehandhabt werden kann, und daß er nicht zu schwer wird, meist schwankt dieses Maß zwischen 5 und 8 m.

Die Caissons werden Mann neben Mann mit einem Zwischenraum
von 15—30 cm bis auf den Felsen abgesenkt und der erstere nachher
besonders gedichtet. Auf diese Weise wird also rund um das Gebäude
herum eine bis auf den Felsboden hinabreichende, wasserdichte
Umschließung hergestellt, wobei man gleichzeitig den Vorteil erreicht,
daß der aufwärts gerichtete Wasserdruck auf den Kellerboden wegfällt.
Die inneren Pfeiler können dann vom Wasser unbehindert in offenen
Schächten ohne Wasserhaltung verhältnismäßig billig ausgeführt
werden.

β) Dichtung des Raumes zwischen den Caissons.

Die Dichtung des Raumes zwischen den Caissons wurde bereits
auf eine große Zahl von verschiedenen Arten bewerkstelligt. Das
erste Gebäude, wo kontinuierliche Caissons zur
Verwendung kamen, war das Commercial Cable
Gebäude in New York, wie überhaupt die
kontinuierlichen Caissons bis jetzt wohl ausschließlich in New York zur Anwendung gelangt sind. Bei diesem Gebäude wurde die
Dichtung dadurch bewirkt, daß man in den
Zwischenraum Röhren bis auf den Felsen mittels Wasserspülung niederführte, dieselben mit
Ton anfüllte und diesen Ton mit in die Röhre

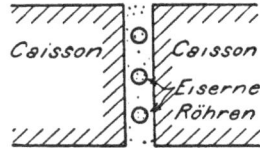

Abb. 127.
Dichtung des Raumes
zwischen kontinuierlichen
Caissons mit Tonsäulen.

eingesetztem Rammkolben unter allmählichem Zurückziehen der Röhre
so stark einpreßte, daß sich derselbe seitlich bis an den Caisson
herandrückte und das Sandmaterial verdrängte (Abb. 127). Diese

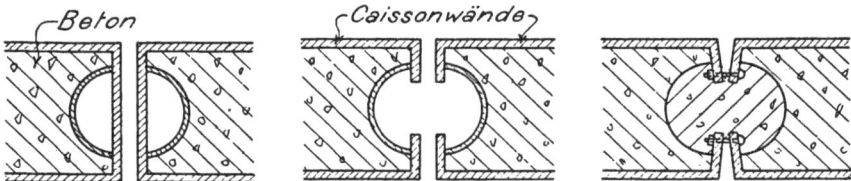

1. Stadium.   2. Stadium.   3. und 4. Stadium.
Abb. 128.
Dichtung des Zwischenraumes zweier Caissons durch Zusammenziehen
der Holzwände.

Tonsäulen hielten dann Sand und Wasser ab und ließen es zu, daß
man im Innern eine Wand aus Ziegeln aufführen konnte.

Mit dieser Methode konnte man jedoch eine befriedigende Dichtung nicht erhalten, und man verfuhr bei dem nächsten Bau in anderer

Weise. Von vornherein schon senkte man die Caissons so dicht als möglich nebeneinander ab. Nach Art, wie Abb. 128 zeigt, sparte man an den schmalen Caissonenden senkrechte, halbkreisförmige Schächte aus, die man nicht mit Beton füllte. Nachdem die Caissons abgesenkt und betoniert waren, nahm man die mittleren Bohlen heraus (zweites Stadium). Ein Mann, der nun die Röhre bestieg, bohrte in die einander zugekehrten Bohlen an deren innerer Seite in gewissen Abständen Löcher, durch welche dann Schrauben hindurchgesteckt wurden. Diese wurden fest angezogen, so daß die Bohlen einander näher rückten (drittes Stadium). Allenfalls noch übrigbleibende kleine Zwischenräume wurden mit Werg u. dgl. gedichtet. Nach Entfernung der halbkreisförmigen Schalung wurde die Röhre, welche im Querschnitt

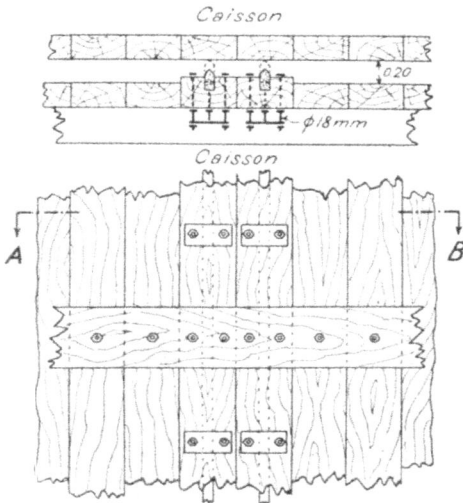

Abb. 129.
Dichtung des Zwischenraums zweier Caissons durch Vorpressen vertikaler Leisten gegen den Nachbarcaisson.

wie ein Niet aussieht, ausbetoniert und damit eine wasserdichte Verbindung zwischen beiden Caissons herbeigeführt (viertes Stadium).

Eine wieder andere Methode ist in der Skizze Abb. 129 versinnbildlicht. Die beiden Nebencaissons sind mit einem lichten Abstande von 20 cm abgesenkt. Der eine ist in der Mitte seiner schmalen Seite an Stelle der normalen Dielen mit zwei stärkeren Hölzern versehen, in welche je eine vertikal stehende, 5 cm starke, vorne mit einer Schneide versehene Bohle eingelassen ist. Die Bohlen sind nach rückwärts mit Schraubenbolzen versehen, die über die innere Fläche der Caissonwand hinausragen und gegen horizontale Eisenquerstücke anstehen, die an den beiden Enden mit der Caissonwand verschraubt sind. Nachdem die Caissons ab-

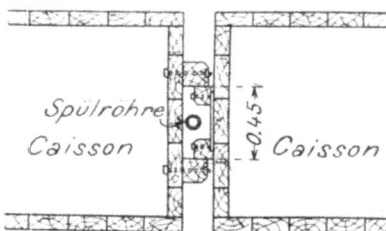

Abb. 130.

gesenkt waren, wurden die Schrauben an all den Eisenstücken in Umdrehung versetzt, wodurch die scharfen Schneiden der Vertikalrippen durch den Fließsand hindurch gegen die Wand des Nachbarcaissons gedrückt wurden und daselbst einen guten Schluß herstellten, um den Sand vom Innern abzuhalten.

Eine wieder andere Dichtungsmethode ist in Abb. 130 dargestellt. Der eine der zwei nebeneinander liegenden Caissons hat an der äußeren Seite seiner schmalen Wand zwei vertikale Hölzer fest mit der letzteren verschraubt. Nachdem beide Caissons abgesenkt worden sind, wird ein Paar paralleler, schon vorher auf Eisenplatten aufgeschraubter Hölzer von etwas geringeren Querschnittsabmessungen, deren äußerer Abstand gleich der lichten Entfernung der an der Wand befestigten Hölzer ist, in den Raum zwischen diesen Hölzern und der benachbarten Caissonwand durch Spülung und Belastung niedergeführt. Der Sand in dem auf diese Weise gebildeten abgeschlossenen Raum wird, soweit er das nicht schon ist, vollends herausgespült und die Höhlung mit Zementbrühe ausgefüllt, die in das Spülrohr eingelassen wird.

Eine von vornherein absolut sichere Dichtung kann mit all den vorbeschriebenen Verfahren nicht erreicht werden. Die sicherste Methode ist die, daß man auch den Zwischenraum zwischen den Caissons auf pneumatischem Wege dichtet (Abb. 131—134). Dies war sicherlich auch schon von Anfang an ins Auge gefaßt worden, man glaubte jedoch, auf billigere Art und Weise auskommen zu können. Die Mauercaissons werden dabei mit einem lichten Zwischenraum von etwa 30 cm abgesenkt. In der Mitte jeder Schmalseite sind trapezförmige Aussparungen mit Schalhölzern hergestellt, so daß man von der Arbeitskammer bis zum oberen Pfeilerende ein vertikales, durchgehendes Loch hat (Abb. 133). Sobald nun 2 Nebencaissons niedergeführt sind, wird der 30 cm breite Raum auf etwa 1—1,5 m Tiefe ausgehoben, und zwar so, daß die Bohlen A weggenommen und, nachdem sie auf richtige Länge gebracht worden sind, quer in die Lage B (Abb. 133) an vertikale Leisten festgenagelt werden. Nachdem man so einen achteckigen, 1—1,5 m tiefen Schacht ausgegraben hat, werden die Schaldielen der Trapezaussparungen vollends entfernt, in den Brunnen eine etwa 70 cm lange und 70 cm im Durchmesser haltende Eisenröhre eingestellt und diese ringsherum mit Beton eingefüllt (Abb. 134). Auf diese Röhre wird eine Luftschleuse aufgesetzt, womit die Voraussetzungen zur Arbeit unter Wasser gegeben sind.

Der achteckige Schacht wird nun weiter hinabgeführt durch
Ausheben, wobei immer die Bohlen A abgeschnitten und in die Lage B
festgenagelt werden, um den Sand am Eindringen zu verhindern.

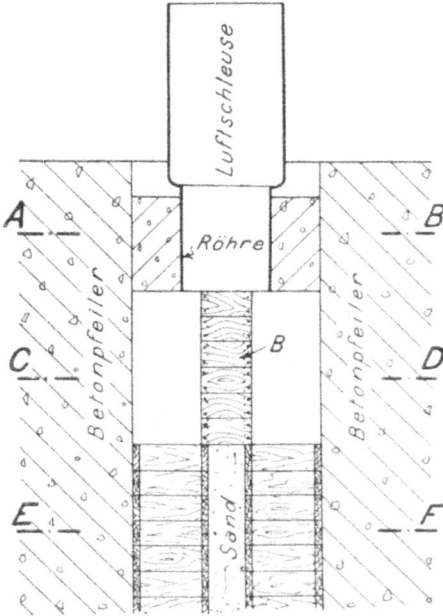

Schnitt E—F.
Abb. 132.

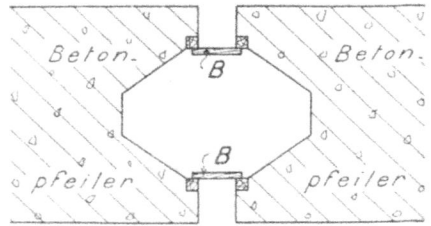

Höhenschnitt.
Abb. 131.

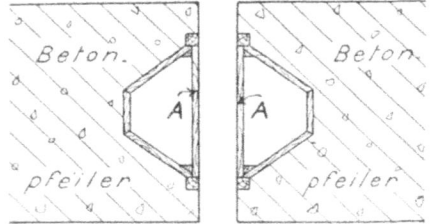

Schnitt C—D.
Abb. 133.

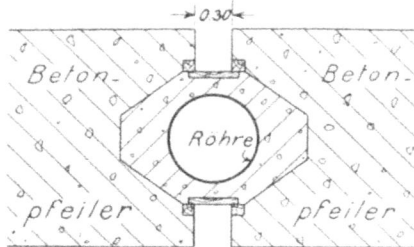

Schnitt A—B.
Abb. 134.
Abb. 131—134. Dichtung des Zwischenraums zwischen zwei Caissons
auf pneumatischem Wege.

Schließlich kommt man auf die Oberfläche der eigentlichen Arbeitskammer, von da ab wird der Schlitz bis hinab zu den Schneiden vollends mit einer langen, besonders eingerichteten Schaufel ausgehoben.
Alsdann wird der Brunnen ausbetoniert.

Ein Beispiel für eine kontinuierliche Caissongründung soll in den Abb. 135 u. 136 und im Lichtbilde Abb. 137 gegeben werden, und zwar die Gründung für das Geschäftsgebäude der Farmer's Loan and Trust Gesellschaft in New York. Das 16 stockige Haus steht

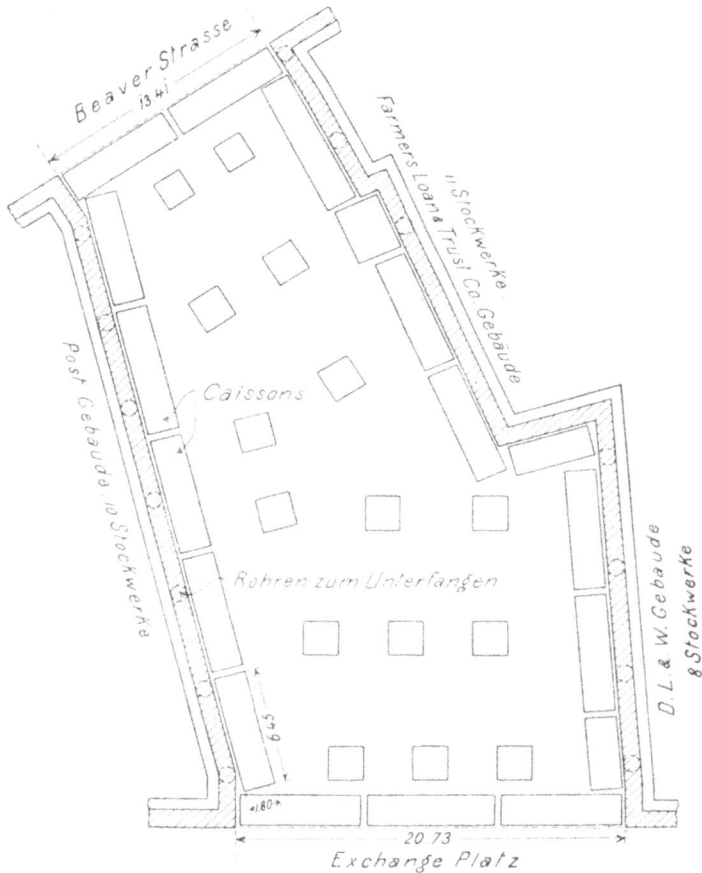

Abb. 135.
Lage der kontinuierlichen Caissons beim Farmer's Loan and Trust Company
Gebäude in New York.

auf einem unregelmäßigen Platze, der auf den zwei Langseiten von verhältnismäßig neuen und schweren Gebäuden begrenzt ist und mit den beiden Schmalseiten an zwei Straßen stößt. Die Abmessungen des Hauses im Grundriß sind in der Zeichnung angegeben. Der Untergrund besteht aus feinem Sand und Fließsand, der sich bis auf eine

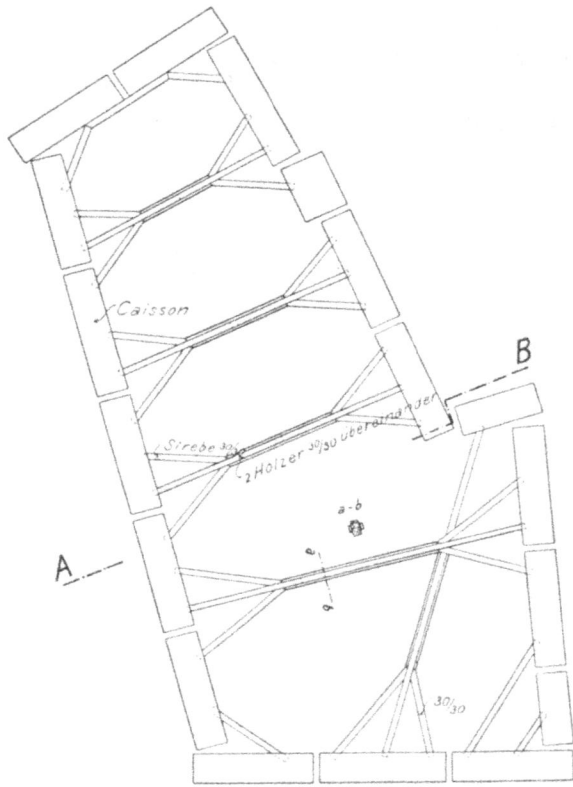

Grundriß der Caissonverstrebung.

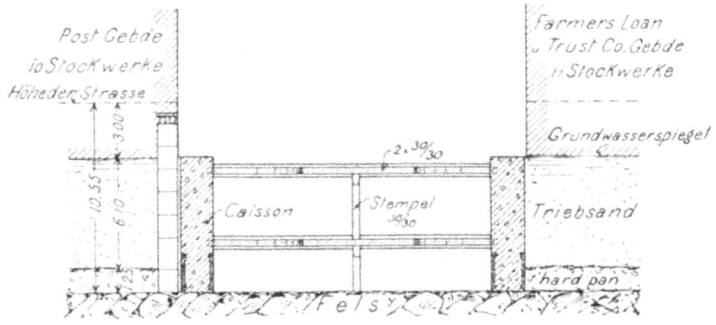

Schnitt *A—B.*

Abb. 136.

Provisorische Verstrebung der kontinuierlichen Caissons beim Farmer's
Loan und Trust Company Gebäude in New York.

Tiefe von etwa 9 m unter Straßenoberfläche erstreckt, darunter folgt eine etwa 1½ m starke Schicht aus hard pan, unter der der Felsen ansteht. Der Grundwasserspiegel befand sich etwa 3 m unter der Straßenoberfläche. Da die Fundamente der anliegenden Bauten sich kaum bis zu dieser Tiefe erstreckten, so mußten, da die Keller des neuen Gebäudes tiefer zu liegen kamen, die Umfassungsmauern unterfangen werden, die dabei befolgte Methode werden wir später kennen lernen.

Abb. 137.
Kontinuierliche Caissons beim Farmer's Loan and Trust Company Gebäude
in New York.

Der Kellerboden des neuen Gebäudes sollte etwa 9 m unter Straßenoberfläche gelegt werden, deshalb führte man rings um den Keller eine zusammenhängende Betonmauer, aus 18 nebeneinander abgesenkten Caissons bestehend, aus. Die Mauer erhielt eine Stärke von 1,80 m und wurde in den Felsen eingelassen, sie trug 18 Stück Wandsäulen. Die Länge der Caissons betrug bei den meisten derselben 6,45 m. Sie bestanden aus 4 Holzwänden von 1,80 m Höhe mit einem provisorischen Dach aus Holz, auf welchem der ganze Betonpfeiler aufgebaut wurde, ehe man mit dem Absenken begann. Das Gewicht

einer solchen Arbeitskammer betrug 10 t, sie wurden fertig auf vier-
spännigen Wagen angefahren und mit dem Derrick versetzt.

Der lichte Zwischenraum zwischen den Caissons betrug 30 cm.
Man ließ an den schmalen Enden dreiseitige vertikale Aussparungen
von 90 cm Breite und 30 cm Tiefe. Sobald 2 Caissons abgesenkt
waren, wurde ihr Zwischenraum mit 2,5 m langen Spunddielen abgeschlossen, die quer am inneren und äußeren Caissonende geschlagen
wurden, der Raum zwischen ihnen wurde sodann auf 90 cm Tiefe
ausgehoben, ein 90 cm langes Steigröhrenstück eingesetzt und einbetoniert. Nachdem der Beton erhärtet war, wurde eine Luftschleuse
auf die Röhre aufmontiert, die Druckluft eingelassen und das Material zwischen den Caissons bis zur Schneide ausgehoben, worauf
der Schacht ausbetoniert werden konnte.

Hierauf wurde mit dem allgemeinen Aushub innerhalb des von
den Mauercaissons umschlossenen Raumes begonnen, was leicht
ohne wesentliche Wasserhaltung geschehen konnte.

Etwa 5000 cbm Sand und Ton mußten mit Pickel und Schaufel
ausgehoben werden, das Material wurde in 1 cbm haltende Kübel
geschaufelt und mit Derricks in Erdfuhrwerke geschüttet, die auf
der Straße vorgefahren waren.

Entsprechend dem großen äußeren Drucke durch das Wasser
und den Fließsand mußten die Mauercaissons nach der schmalen
Gebäudeseite mit zwei übereinander liegenden starken Strebesystemen
gegeneinander abgestützt werden (Abb. 136). Jede Strebe bestand
aus zwei aufeinander liegenden quadratischen Hölzern von 30 cm
Seitenlänge, von welchen etwa in den Drittelspunkten 2 Kniestreben
ausgingen, so daß jeder Caisson in 3 Punkten gefaßt wurde. Zur
Vermeidung des Einschlagens der Streben waren dieselben in einem
oder 2 Punkten mit senkrechten Pfosten unterstützt.

Nachdem die Mittelpfeiler eingebaut waren, trat an die Stelle
der provisorischen Verstrebung die Eisenkonstruktion.

---

9. Das Unterfangen angrenzender Gebäude.

Da die Wolkenkratzer nur in den dichtestbebauten Stadtteilen
erstellt zu werden pflegen, so sind sie fast immer von anliegenden
Gebäuden umgeben. Die Fundamente dieser Häuser sind aber meist
nur wenige Meter unter den Erdboden bis zum Grundwasserspiegel
hinabgeführt, während die Keller und Fundamente des neuen hohen

Gebäudes, wie wir schon mehrere Male gesehen haben, weit tiefer
hinabgehen. Trotz großer Sorgfalt, die man daher beim Fundieren
des neuen Gebäudes aufwenden wird, ist selbst bei Gründung mit
Luftdruck eine Bewegung des leichtfließenden Sandes in dem Boden
unter den Fundamenten nicht ausgeschlossen, weshalb diese vor Ausführung der neuen Fundation fast immer unterfangen werden müssen.

Die Methoden, welche hiebei angewendet werden, sind mannigfaltig, die Kühnheit, mit der die amerikanischen Ingenieure diese

Abb. 138.
Abfangen der Umfassungsmauern eines anliegenden Gebäudes mittels geneigter
Streben.

Arbeit vollführen, ist erstaunlich und zwingt selbst den mit unge-
wöhnlichen Ingenieurarbeiten vertrauten Fachmann zur höchsten
Bewunderung.

Bei jeder Unterfangungsarbeit stehen natürlich hohe Werte auf
dem Spiele und, da das Risiko fast immer auf dem Unternehmer
der Gründungsarbeiten des Neubaues lastet, so ist klar, daß die Arbeiten
sehr solide ausgeführt werden.

Wenn das Gebäude nicht hoch und schwer ist, so genügt es,
zur Entlastung der Fundamente einige geneigte Holzstreben gegen

9*

die Umfassungswände zu stellen und auf Schwellen auf dem Boden aufstehen zu lassen (Abb. 138), welche eine Druckverteilung auf größere
Fläche herbeiführen. In Abb. 139 sind die Streben auf Hebeschrauben
gestellt, die so lange gedreht werden,
bis das volle Gewicht des zugehörigen
Mauerteils auf die Streben kommt.
Das Detail einer derartigen Hebeschraube ist in Abb. 140 gezeichnet.

Wenn das Gebäude schwerer ist,
so besteht eine der ältesten Methoden
darin, daß man in passenden Abständen Löcher durch die Mauer
bricht, durch dieselben Balken oder
Träger steckt und diese Träger an ihren
Enden weit genug von der Mauer
hinweg auf Kreuz- und Querlagen
von Holzschwellen (Holz-
rost) setzt, so daß da-
zwischen eventuell ein
neues Fundament herge-
stellt werden kann, auf
das dann später die Mauer
abgelassen wird (Abb.
141). Sind die Lasten
sehr groß und der Boden
schlecht, so können an
Stelle der Schwellen-
roste Rammpfähle zur
Anwendung kommen müssen.

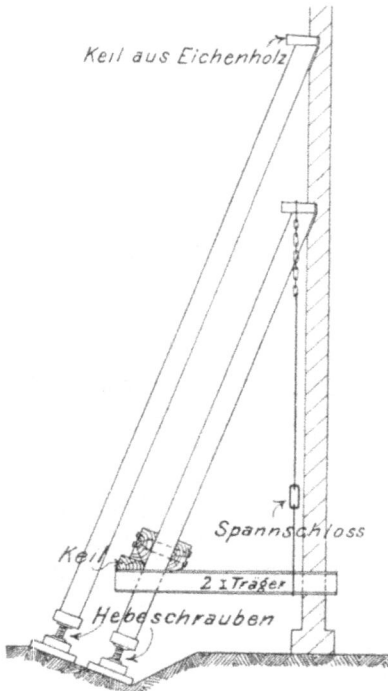

Abb. 139.
Doppelte Streben und Unterfangungsträger.

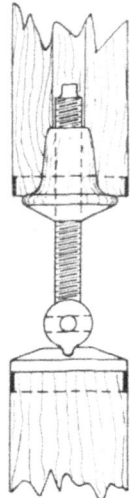

Abb. 140.
Hebe-
schraube.

Diese Methode hat den Nachteil, daß sie einen großen
Teil des Kellers des zu unterfangenden Gebäudes und
des Bauplatzes in Anspruch nimmt und bei schweren
Gebäuden große Abmessungen der Unterfangungsträger
nötig macht.

Abb. 139 zeigt eine Anordnung, bei welcher man den
Innenraum des zu unterfangenden Gebäudes gar nicht in
Anspruch nehmen muß. Dabei ist nämlich auf dem über die Mauer
herausstehenden Ende der Strebe ein Eichenkeil aufgelegt, über den
eine Kette herabgehängt ist, deren untere Enden die Ösen vertikaler Rundeisen fassen. In die untere Schlinge sind zwischen die beiden Rund-

eisen hinein 2 Stück I-Träger gehängt, welche an ihrem kleineren auskragenden Teile die Mauerlast tragen, am größeren Hebelarme dagegen sich gegen horizontale Balken stützen, welche mit den Streben verschraubt sind.

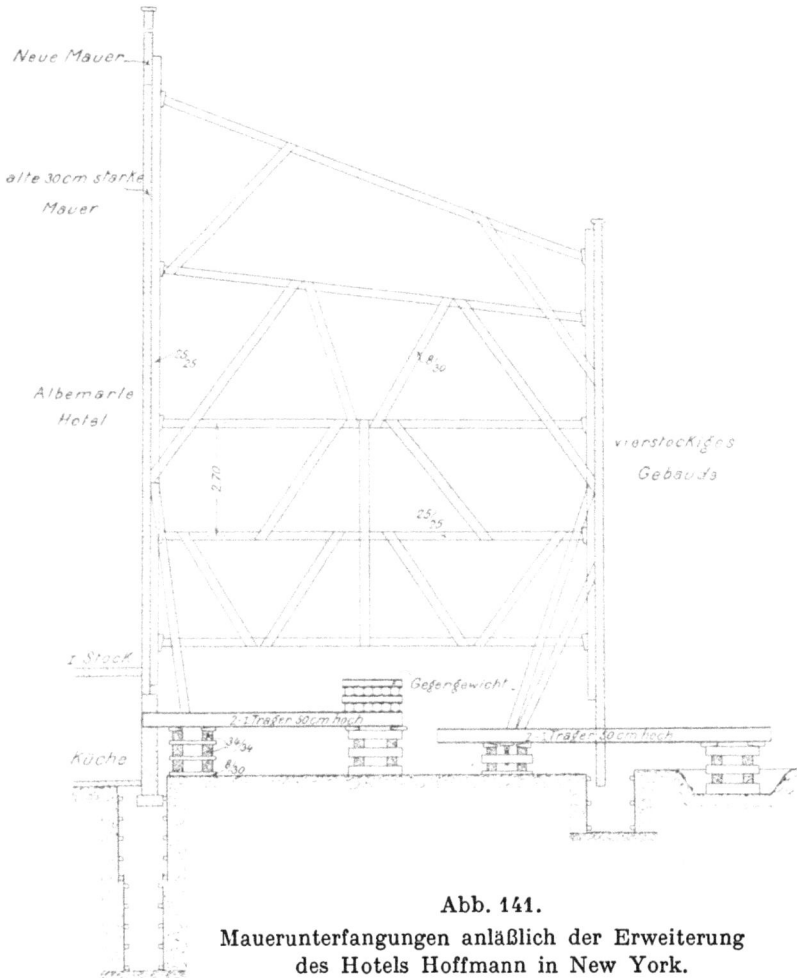

Abb. 141.
Mauerunterfangungen anläßlich der Erweiterung
des Hotels Hoffmann in New York.

Die linke Seite von Abb. 141 zeigt eine abweichende Methode, bei welcher ebenfalls das Innere eines anliegenden Gebäudes nicht betreten zu werden braucht. Die Zeichnung stellt den Vorgang bei der Unterfangung zweier Scheidemauern da, welche anläßlich der

Erstellung eines Erweiterungsbaues für das Hotel Hoffman in New York nötig wurde.

Das eine der anliegenden Gebäude war ein 4 stockiges Wohnhaus mit einer 30 cm starken Scheidemauer aus Backstein, die auf dem aufgefüllten Grund mittels eines Ziegelsteinfundaments etwa 2½ m unter der Straßenoberfläche aufsaß. Gegenüber befand sich die Mauer des 7 stockigen Albemarle Hotels mit einer 30 cm starken, 30 m hohen Ziegelsteinwand. Da beide Wände nur 14,6 m Abstand hatten, verstrebte man sie mit einem System von Querstreben in fünf übereinander liegenden Ebenen, die einzelnen Lagen waren in horizontaler Richtung 4,6 m voneinander entfernt; während die unteren Streben horizontal waren, wurden die beiden obersten nach der Wand des Albemarle Hotels ansteigend angebracht. Die Enden aller Streben wirken unter Einschaltung von Keilen gegen vertikale Verteilungsbalken, welche ihrerseits an vielen Stellen ihrer Länge gegen die unregelmäßigen Flächen des Ziegelsteinmauerwerks festgekeilt waren, so daß ein kontinuierliches Tragen vorausgesetzt werden durfte.

Das Unterfangen der 4 stockigen Ziegelsteinmauer geschah mit Paaren von 50 cm hohen, 11,6 m langen I-Trägern, deren äußere Enden auf Holzrosten aus gekreuzten Lagen von Schwellhölzern ruhten. Der äußere Rost trägt in seiner Mitte eine auf einer querliegenden Schwelle aufgestellte Hebeschraube, die mit einer Gußplatte die unteren Flanschen der I-Träger faßt. Nach dem Anwinden der Schrauben werden die obersten Schwellen fest gegen die Unterflanschen der I-Träger verkeilt und hernach die Schraube zurückgedreht.

Nachdem diese Arbeiten ausgeführt waren, konnte unter der Mauer bis zum Felsen hinab ausgegraben werden, worauf auf den Grund ein Betonfundament eingebracht und auf diesem die Ziegelsteinwand herauf bis zur bestehenden Wand gemauert wurde.

Auf der gegenüberliegenden Seite war die Sache nicht so einfach. Das Gewicht der Mauer war größer, etwa 17 t pro lfd. m, wobei hinzukam, daß es den Unternehmern nicht erlaubt war, das Erdgeschoß, in welchem sich die Küche des Hotels befand, zu betreten. Es mußten daher alle Arbeiten von außen gemacht werden.

Es wurden nun entlang der Mauer 3 Lagen doppelter 34 × 34 cm im Querschnitt messender Längshölzer mit versetzten Stößen verlegt, die durch 8 × 30 cm Bohlen getrennt waren. Auf diesen Rost wurden quer hiezu in Paaren 50 cm hohe I-Träger gelegt, deren Enden in Löcher hineinragten, die im Mauerwerk ausgehauen worden waren.

Die entgegengesetzten Enden der Träger wurden mit etwa 9 t schweren Eisenstücken (Säulen,Träger usw., die zum Eisenaufbau gehörten) belastet, die als Gegengewicht dienten. Zur Unterstützung dieses Endes war ein Schwellrost aufgebaut, dessen Keile sorgfältig gelockert wurden, bis das Mauergewicht vollständig von dem Kragende aufgenommen wurde.

Die Herstellung des tieferen Fundamentes geschah dann wie bei der anderen Mauer zwischen hölzernen Spundwänden im offenen Schachte.

Die Abb. 142 zeigt, wie man sich hilft, wenn man den Bauplatz möglichst frei halten will. Man kann dann ein Hängewerk der skizzierten Art verwenden, das dicht neben der Mauer aufgestellt wird,

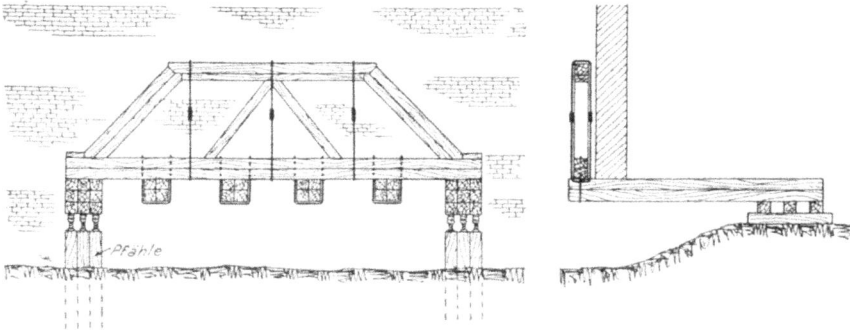

Abb. 142.
Unterfangen mit Zuhilfenahme eines Hängewerks.

und welches nur an den Enden auf Schwellrosten oder Rammpfählen aufruht. Die zwischenliegenden Nadeln sind an ihrem einen Ende mit Bügeln an dem Hängewerk aufgehängt und können mit ihrem anderen Ende auf irgendeine Art aufgelagert sein. Auf diese Weise gewinnt man an freiem Raum, der bei den Wolkenkratzerfundationen so nötig gebraucht wird.

Alle diese Arten des Unterfangens beanspruchen mehr oder weniger Platz der anliegenden Gebäude und des Bauplatzes selbst, die zunehmende Gebäudehöhe erfordert ferner sehr starke Unterfangungsträger, so daß man nach einer neuen Methode sann, welche diese und weitere Nachteile vermied. Diese Methode, die nachstehend beschrieben wird, konnte mit dem Abstützen durch geneigte Streben und mit den Unterfangungsträgern vollständig aufräumen, so daß die an die Mauer anstoßenden Räume gar nicht gebraucht und der

Baubetrieb gar nicht gestört wird. Auch das Abteufen von Schächten, das Schlagen von Spundwänden, das Pumpen ist dadurch vollständig ausgeschaltet. Sie ist als ein großer Fortschritt zu bezeichnen
und hat ein gut Stück zur weiteren Entwicklung des Wolkenkratzer-
baues beigetragen. Sie gibt dem neuen Gebäude ein sicheres und
bleibendes tiefes Fundament.

Die Methode heißt nach ihrem Erfinder die »Breuchaud-Methode
des Unterfangens« und wurde im Jahre 1896 zum erstenmal ange-

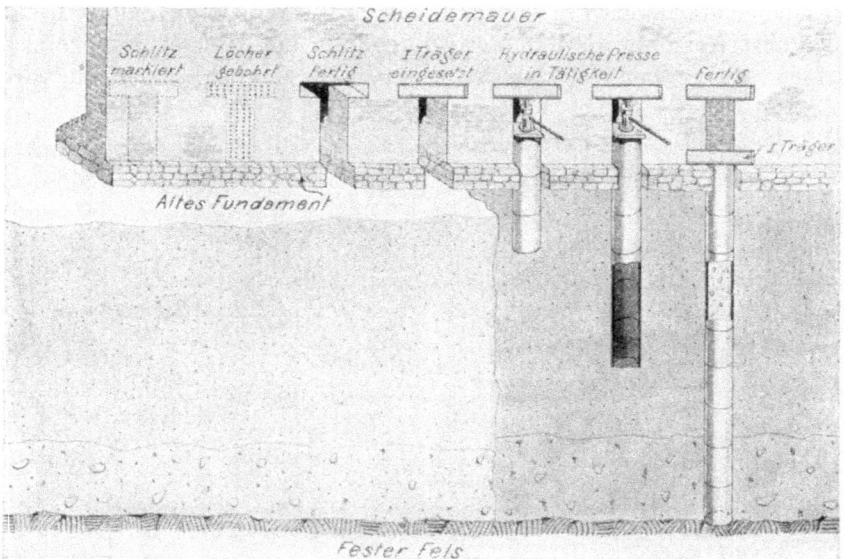

Abb. 143.
Verschiedene Stadien beim Unterfangen einer Gebäudemauer nach der
Methode Breuchaud.

wendet. Sie besteht darin, daß man unter der Mauer eiserne Zylinder mit Pressen bis auf den tragfähigen Boden hinabdrückt, dieselben
mit Beton ausfüllt und die Mauerlast darauf überträgt.

Die Abb. 143 gibt die verschiedenen Stadien des Unterfangens
auf diese Art und Weise an. Abb. 144 zeigt ein fertig unterfangenes
Mauerstück, und Abb. 145 schließlich gibt ein Detail.

Nicht selten stößt man beim Hinabdrücken der Röhren auf
Schwierigkeiten, man kommt auf Findlinge, welche, ohne daß man
an sie herankommen kann, nicht gut entfernt werden können, auch

der Boden selbst kann nicht geprüft werden. Will man diese Nachteile vermeiden, so muß man genügend große Eisenzylinder nehmen,
80 cm bis 1 m Durchmesser, um sie zugänglich zu machen. In diesem
Falle wird zwischen dem Stoß der ersten und zweiten und demjenigen
der zweiten und dritten Röhre je eine Klappe eingesetzt, zwischen
denen eine Luftschleuse gebildet wird, unter welcher sich die Arbeitskammer befindet. Sobald die Zylinder den Wasserspiegel erreichen,
wird Luftdruck aufgebracht, das Ausheben
der Erde geschieht mit einer kurzen

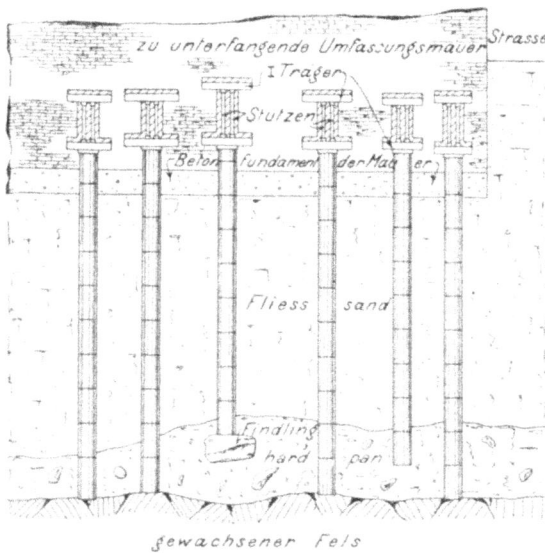

Abb. 144.
Fertig nach Breuchaud unterfangene
Gebäudemauer.

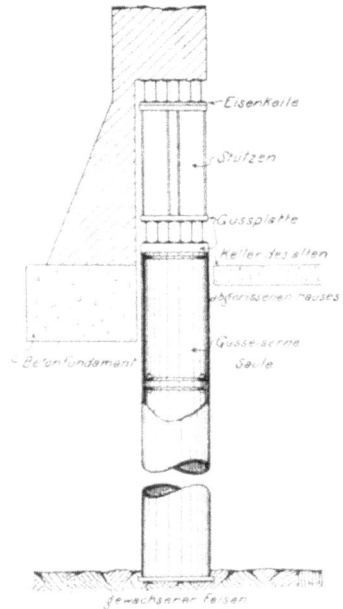

Abb. 145.
Detail des Unterfangens
mit eisernen Zylindern nach
Breuchaud.

Schaufel, der Boden wird in Säcke eingefüllt und heraufgezogen. Ein Mann arbeitet in der Arbeitskammer, ein zweiter in
der Luftschleuse, und zwei andere Arbeiter ziehen das Material auf
und entleeren die Säcke. Der Beton zum Anfüllen der Röhren wird
ebenfalls in Säcken hinabgelassen und meist in der Mischung 1:2:4
hergestellt.

Abb. 146[1]) stellt die Unterfangung zweier Gebäudemauern für den
Bau des 25 stockigen Trust Company of America Gebäudes vor.
Diese Arbeiten wurden ausgeführt, ehe das alte Gebäude abgebrochen

[1]) School of Mines Quarterly, Vol. XXVIII., No. 4.

wurde. Die genieteten Eisenröhren hatten 90 cm Durchmesser und wurden in Stücken von 1,22 m Länge verwendet und mit hydraulischen Pressen von 54 t Tragkraft hinabgedrückt. Der seitliche Abstand der Röhren betrug 2,74 m.

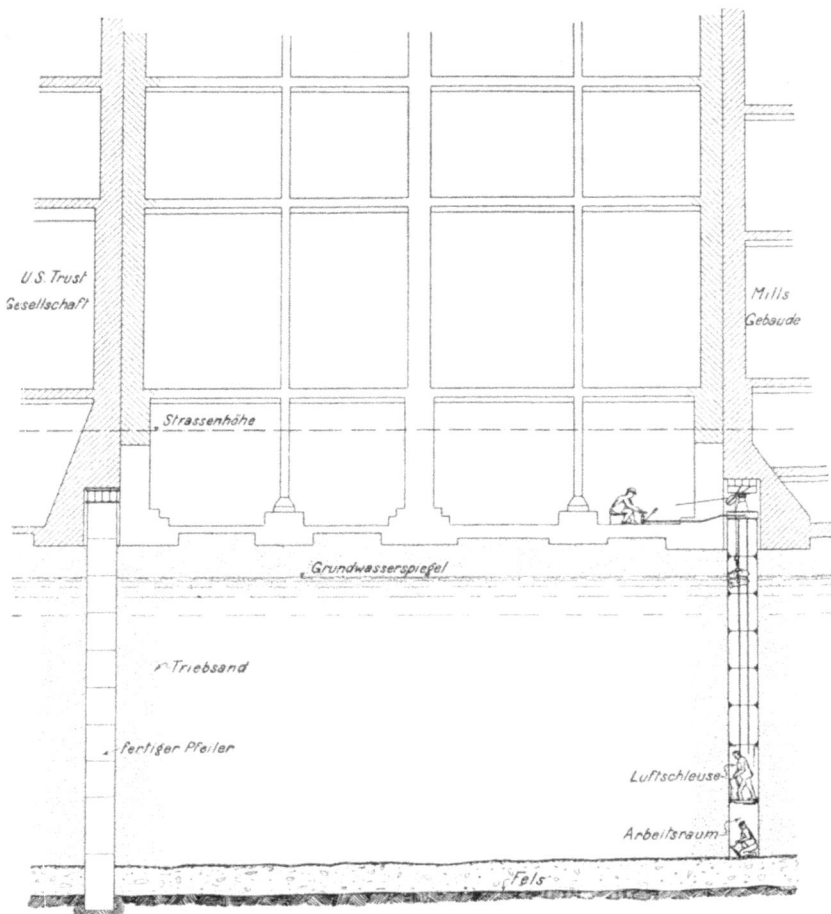

Abb. 146.
Unterfangung mit eisernen Röhren unter Druckluft für den Bau des Trust Company of America Gebäudes.

Die bereits früher angezogene Abb. 135 zeigt die unterfangenden Zylinder der dem Farmer's Loan and Trust Company Gebäude anliegenden Häuser im Grundriß. Für jede Mauer sind 7 Zylinder verwendet worden, Durchmesser und Länge derselben sind die gleichen wie beim eben genannten Trust Company of America Gebäude. Nachdem die Schneide auf dem harten Ton angelangt war, hätte das Hinabdrücken durch denselben 2 Pressen von je 90 t Tragkraft verlangt; um dies zu vermeiden, untergrub man die Schneide hinab bis auf den festen Felsen.

Auf diese Weise sind bereits bei einer großen Zahl von Wolkenkratzerbauten in New York teilweise mit kleinen Abänderungen Unterfangungsarbeiten mit Erfolg angewendet worden, und die Methode Breuchaud erfreut sich trotz der erheblichen Kosten (bis zu 200 Dollar pro cbm ausgehobenen Materials) steigender Beliebtheit, weil sie eben eine sichere Gründung für das gefährdete Gebäude abgibt und man dann bei den Gründungsarbeiten für den neu zu erstellenden Wolkenkratzer mit größerer Freiheit zu Werke gehen kann.

10. Dichtung der im Grundwasser liegenden Gebäudeteile.

Seitdem man mit den Kellern so weit unter das Grundwasser hinabgegangen ist, spielt natürlich die gute Abdichtung der unter dem Wasser liegenden Räumlichkeiten eine sehr wichtige Rolle.

Der wasserdichte Abschluß geschieht entweder mit mehreren Lagen von Asphaltpappe und Teer oder mit eigens hergestelltem wasserdichtem Zement.

Im ersteren Falle wird die wasserdichte Schicht auf der wasserseitigen Mauerseite angebracht, und zwar wird sie nicht direkt auf die Umfassungsmauer aufgezogen, es wird vielmehr vor dieser zuerst eine 10 cm starke Backsteinwand und hernach eine ebenso starke Wand aus Hohlziegeln aufgeführt, auf welche man erst die wasserdichte Schicht auflegt. Diese besteht aus mehreren Lagen von Asphaltpappe mit Teer aufgestrichen, wobei sich die einzelnen Lagen etwas überdecken. Hierauf kommt als Schutzschicht eine 10 cm starke Ziegelwand.

Im Kellerboden wird die wasserdichte Schicht etwa in der Mitte des Sohlenbetons durchgezogen.

Beim West Street Gebäude in New York wurden 6 Lagen von Asphaltpappe aufeinandergestrichen, so daß man eine Gesamtstärke von 10 mm erhielt.

Wird die Dichtung mit besonderem hydraulischem Zement bewerkstelligt, so wird dieser auf der Innenseite der Mauer in 2 Lagen mit zusammen etwa 15 mm Stärke aufgetragen. Die Befürchtung mancher, daß derselbe durch den Wasserdruck von der Wand abbröckeln würde, ist nicht eingetroffen, weil auf eine gute Verbindung mit der Wand großer Wert gelegt wird.

Die zuerst genannte Methode hat den Nachteil, daß es in Fällen, wo Lecke eingetreten sind und Reparaturen nötig sein würden, schwer oder unmöglich ist, an die Schadenstelle zu gelangen, während die innen angebrachte Zementdichtung ohne weiteres repariert werden kann. Außerdem nehmen die Ziegelwände zur Aufnahme der Dichtungsschicht, die natürlich nicht in die tragende Mauerstärke eingerechnet werden können, Raum weg und vermindern die nutzbare Bodenfläche der unter dem Grundwasser liegenden Räume.

VI. Der Eisenaufbau.

a) Die amerikanischen Formeisenprofile.

Wie in Europa so wird auch in Amerika Flußeisen zu den Eisenkonstruktionen verwendet, nicht Stahl, wie man durch die englische Bezeichnung »steel« verleitet, glauben könnte.

Die gebräuchlichen Walzprofile sind der allgemeinen Form nach den unsrigen gleich, auch werden von den großen amerikanischen Walzwerken ziemlich übereinstimmende Profile hergestellt. Normalprofile in dem Sinne jedoch, wie sie in Deutschland festgelegt worden sind, gibt es in Amerika nicht. Vielmehr haben die amerikanischen Formeisenwalzwerke eine gewisse Zahl von Profilen als Normalprofile erklärt, behalten sich aber im einzelnen vor, in ihrem Walzprogramm diese sogenannten Normalprofile zu berücksichtigen oder nicht.

In der Hauptsache maßgebend sind die Profile der Carnegie Steel Company. Die Unterschiede gegen die deutschen Normalprofile treten hauptsächlich in folgenden Abweichungen hervor:

I - E i s e n. Die Höhen der deutschen I-Normalprofile schwanken zwischen 55 und 8 cm. Das höchste amerikanische I-Eisen hat 61 cm Höhe, während das kleinste ebenfalls 8 cm hoch ist. Der markanteste Unterschied liegt jedoch darin, daß die amerikanischen Profile bedeutend weniger Höhenstufen aufweisen als die deutschen Normalprofile, was in dem amerikanischen Maßsystem (1 Zoll

= 2,5 cm) begründet ist; dagegen sind in den Stärken mehr Abstufungen vorhanden. Bei den deutschen Profilen haben wir 23 verschieden hohe Querschnitte, die Höhenstufen betragen bei den Profilen bis Nr. 30 1 cm, von da bis Nr. 40 2 cm, von da bis Nr. 50 2½ cm, zwischen den beiden höchsten Profilen 5 cm. Die amerikanischen I-Eisen weisen weit größere Höhenabstufungen auf. Die Carnegie Steel Company hat in ihrem Profilbuch nur 12 verschieden hohe Profile, die Höhenunterschiede betragen bei den niedrigen Profilen 2½ cm (1 Zoll), bei den höheren 7½ und 10 cm (3 und 4 Zoll). Dies sind natürlich nicht alle Profile, die gewalzt werden, es gibt vielmehr von einer Höhe 4 bis 5 Profile, welche aus demjenigen mit dem geringsten Querschnitt bzw. Gewicht, dem Normalprofil, durch Vergrößerung der Stegstärke erhalten werden (Abb. 147). Um ein Profil zu bestellen, genügt daher nicht nur die Angabe der Höhe, sondern es muß auch das Gewicht der laufenden Einheit beigesetzt werden.

Abb. 147.

Weitere Unterschiede bestehen darin, daß mit Ausnahme der höheren Profile die Flanschen der amerikanischen Eisen um einiges breiter als diejenigen der deutschen Profile von gleicher Höhe sind. Ferner ist der Anlauf der inneren Flanschenseiten der amerikanischen Profile mit 16²/₃% etwas größer als derjenige der deutschen mit nur 14%.

Breitflanschige I-Eisen. Die breitflanschigen Profile, welche in Deutschland schon seit dem Jahre 1901 gewalzt werden, werden in Nordamerika, trotzdem der Erfinder Grey der Greywalze Amerikaner und früher Oberingenieur der zu Carnegie gehörigen Homestead Werke in Pittsburg war, erst seit dem Jahre 1907 von den Bethlehem Walzwerken hergestellt. Während die Differdinger Werke in Deutschland aber nur eine Profilart walzen (Nr. 18 bis 30 Profilhöhe = Flanschbreite, Nr. 32 und aufwärts Flanschbreite konstant = 30 cm), walzt das amerikanische Werk zweierlei Profile. Das eine findet hauptsächlich zu Säulen Verwendung, bei ihnen ist, wie bei den Differdinger Trägern, Profilhöhe gleich Flanschbreite, es geht allerdings nur von 24 bis 36 cm Höhe. Von einer Profilhöhe gibt es wiederum verschiedene Gewichte, die, wie Abb. 148 zeigt, durch Steg- und Flanschenverstärkung erhalten werden.

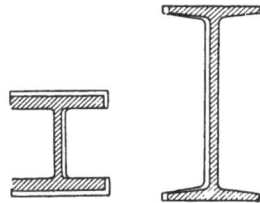

Abb. 148 und 149.
Querschnittsvariation der breitflanschigen Profile der Bethlehem Walzwerke.

Das andere Profil wird vorwiegend zu Trägern benützt und ist ein Mittelding zwischen dem ebenerwähnten und dem normalen Profil. Es wird bis zur Höhe von 76 cm und einem Gewicht von 280 kg pro l. m gewalzt, womit das Feld für die Anwendung der Walzträger erheblich vergrößert worden ist. Die Querschnitts- bzw. Gewichtsvariation geschieht nach Abb. 149 durch Verstärkung des Stegs.

ⵂ-Eisen. Was bezüglich der Höhenstufen von den Ɪ-Eisen gesagt wurde, gilt auch für die ⵂ-Profile. Während die deutschen Normalprofile 16 verschiedene Profilhöhen aufweisen, walzt die Carnegie Gesellschaft nur 10 verschiedene Höhen zwischen 38 und 7 cm. Von einer und derselben Höhe gibt es wiederum 3 bis 5 verschiedene Querschnitte bzw. Gewichte, welche durch Vergrößerung der Steg-

Abb. 150.

dicke erhalten werden (Abb. 150). Der schraffierte Teil, also das Profil einer bestimmten Höhe mit dem geringsten Querschnitt bzw. Gewicht, ist wieder das Normalprofil. Die Flanschbreite der amerikanischen Profile ist etwas kleiner als diejenige der deutschen gleicher Höhe. Der Anlauf der inneren Flanschen beträgt $16^2/_3\%$, ist also ebensogroß wie bei den Ɪ-Profilen und fast das Doppelte des Anlaufs der deutschen Profile mit 8%.

z-Eisen. Die Höhen der amerikanischen z-Eisen schwanken zwischen 8 und 15 cm, die entsprechenden deutschen Normalprofile gehen von 8 bis 20 cm Höhe. Die amerikanischen Profile weisen nur

vier verschiedene Höhen auf, gegenüber 11 der deutschen Profile. Aus den Profilen mit geringstem Querschnitt bzw. Gewicht werden die übrigen durch Verstärken von Flanschen und Steg erhalten, wie Abb. 151 es zeigt.

Abb. 151.   Abb. 152.

ʟ-Eisen, gleichschenklige. Die Schenkellängen gehen bei den deutschen Normalprofilen bis 16 cm, bei den amerikanischen Profilen bis 20 cm. Wie bei den vorhergegangenen Formeisen walzen die Amerikaner auch hier nur 11 verschiedene Schenkellängen, während das deutsche Normalprofilbuch deren 22, also das Doppelte aufweist. Die zahlreichen übrigen amerikanischen ʟ-Profile werden aus den Normalprofilen durch Zunahme der Schenkeldicke erhalten (Abb. 152).

ʟ-Eisen, ungleichschenklige. Bei diesen ist vielleicht das Bemerkenswerteste, daß Verhältnisse der Schenkellängen

wie bei den deutschen Normalprofilen $1 : 1\frac{1}{2}$ und $1 : 2$ nicht festgelegt sind, sie variieren vielmehr möglichst vielseitig zwischen dem
Verhältnis $1 : 1$ und $1 : 2$.

⊥ - E i s e n. An ⊥-Eisen weisen die amerikanischen Formeisen wie die deutschen solche mit gleichen Schenkeln und mit ungleichen Schenkeln auf (hochstegige und breitfüßige). Bei den letzteren ist jedoch nicht nur das Schenkelverhältnis $1 : 2$ vorhanden,
sondern wiederum wie bei dem L-Eisen verschiedene Verhältnisse,
und zwar so, daß nicht bloß der Fuß breiter als der Steg hoch, sondern
auch der Steg höher als der Fuß breit ist. Die ⊥-Eisen finden jedoch
im Eisenhochbau eine recht bescheidene Anwendung.

b) Art des eisernen Aufbaues der Wolkenkratzer.

Die Entwicklung des eisernen Tragwerks der hohen Gebäude
ist heute angelangt bei einem vollkommenen käfigartigen Gerippe,
auf welches alle Lasten, Mauerlasten, feste Lasten und Nutzlasten
abgestützt werden. Dabei ist dasselbe so ausgebildet, daß es nicht
nur senkrechte Lasten, sondern auch wagerecht und schräg wirkende
Kräfte, wie Winddrücke und Erdbebenstöße, aufzunehmen und auf
die Fundamente zu übertragen vermag.

Die Gliederung des eisernen Tragwerks ist aus Abb. 153 zu entnehmen. Die vertikalen Glieder des Geripps sind die Säulen, welche
die auf sie übertragenen Lasten in die Fundamente einleiten. Je
nachdem die Säulen im Gebäudeinnern sich befinden, oder in die
Umfassungsmauern eingestellt sind, unterscheidet man I n n e n -
s ä u l e n und W a n d - oder M a u e r s ä u l e n. Die horizontalen
Glieder sind die Träger, welche auf Biegung in Anspruch genommen
werden. Hiebei sind zweierlei quer zueinander angebrachte Träger-
lagen vorhanden, die N e b e n t r ä g e r oder D e c k e n t r ä g e r,
welche die Lasten der Decke direkt erhalten, und die H a u p t -
t r ä g e r oder U n t e r z ü g e, welche von den Nebenträgern die
Deckenlasten empfangen und sie in die Säulen einführen. Die
Träger, welche zwischen die Wandsäulen eingebaut sind und die
Mauerlasten erhalten, werden W a n d - oder M a u e r t r ä g e r
genannt.

Die Aufnahme der Windkräfte geschieht durch die Windversteifungen, welche in den vertikalen Säulenfeldern angebracht sind
und Säulen und Träger in der Art verbinden, daß Konstruktionen
geschaffen werden, welche den Einwirkungen von quer angreifenden
Kräften zu widerstehen vermögen.

Das Material, aus welchem die eisernen Trageglieder bestehen, ist mit Ausnahme der Säulenfüße Flußeisen, nur ab und zu noch, aber immer seltener, sieht man für Bauten bis zu 10 oder 12 Stockwerken noch gußeiserne Säulen ausgeführt.

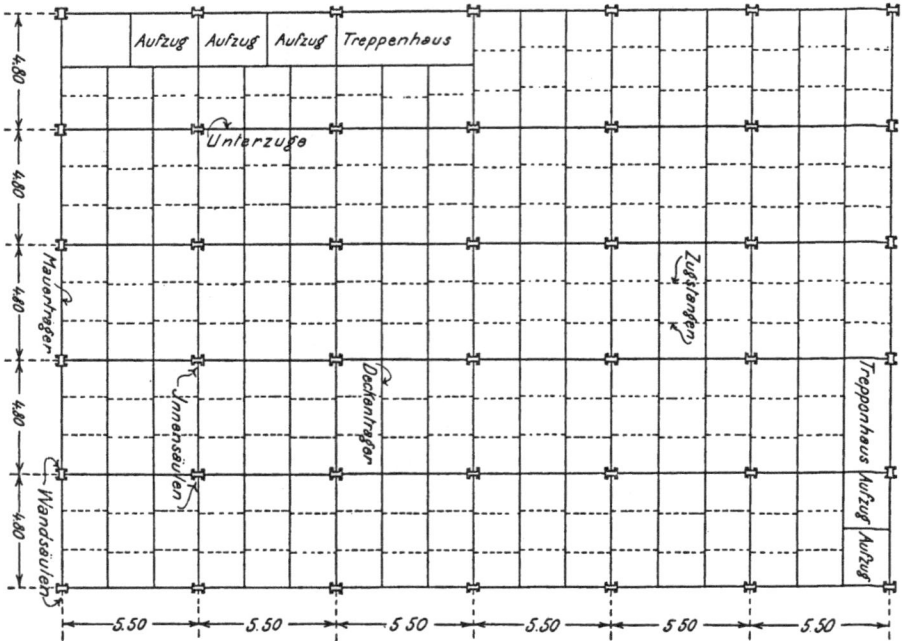

Abb. 153.
Typischer Grundriß des eisernen Tragwerks eines Wolkenkratzers.

c) Die Säulen.

Die für eine Säule in Rechnung zu nehmenden Belastungsgrößen sind aus dem Abschnitt VIII, Deckenkonstruktionen, zu entnehmen. Dabei wird für die in der Säule wirkende Kraft natürlich das volle Eigengewicht nicht aber die volle Nutzlast berechnet, diese wird vielmehr vom obersten Stockwerk nach unten hin für jeden Stock um 5% abnehmend angenommen, bis sie eine Größe erreicht, die 50%, also die Hälfte der wirklichen Nutzlast beträgt, diese wird nach unten hin beibehalten. In manchen Städten gestatten die Bauvorschriften noch weiter herabzugehen.

Die zulässige Beanspruchung für die Querschnittsbemessung wird zu 850 bis 1200 kg/qcm ohne und etwa dem Anderthalbfachen mit Berücksichtigung der Windbelastung angenommen. Dies gilt jedoch nur für Längen kleiner als dem 90 fachen des kleinsten Trägheitsradius. Für größere Längen wird eine Formel verwendet unter Einführung des Verhältnisses des kleinsten Trägheitsradius zur freien Knicklänge. Sie lautet:

$$\sigma = 17100 - 57\,\frac{l}{r}$$

Hierin bedeuten σ die zulässige Beanspruchung in Pfund pro Quadratzoll, l die freie Knicklänge in Zoll, und r den kleinsten Trägheitsradius in Zoll.

M a t e r i a l   d e r   S ä u l e n. Das Säulenmaterial ist fast ausschließlich Flußeisen, nur höchst selten sieht man bei Gebäuden mäßiger Höhe und solchen, die auch architektonisch wenig bemerkenswert sind, noch Gußeisensäulen. Das Gußeisen bietet den Vorteil der Billigkeit, hat aber in seiner Sprödigkeit Eigenschaften, die es recht

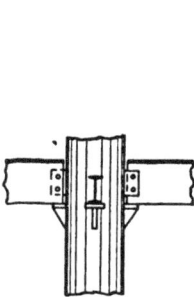

Abb. 155.	Abb. 154.	Abb. 156.
Trägeranschluß an eine kreisrunde gußeiserne Innensäule.	Gußeiserne Wandsäule. Stoß und Trägeranschluß.	Exzentrische Trägerauflagerung auf einer gußeisernen Wandsäule.

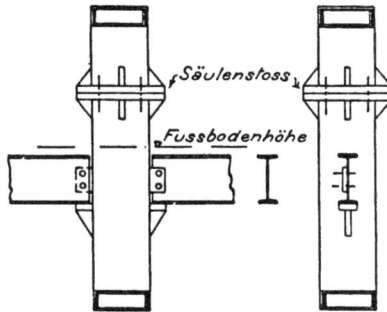

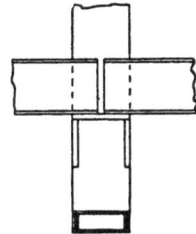

gewagt erscheinen lassen, es für Konstruktionsteile zu verwenden, welche seitlich wirkenden Kräften ausgesetzt sein können. Schon der Stoß der entweder mit kreisförmigem, quadratischem oder ⊢⊣-förmigem Querschnitt ausgeführten Säulen, welcher durch stumpfes Aufeinanderstellen und Verschrauben der verbreiterten Enden hergestellt wird (Abb. 154), gibt in obiger Beziehung Anlaß zu Bedenken. Insbesondere aber vermögen die Anschlüsse der Träger, welche auf angegossene Konsolen aufgelagert und an den Stegen mit ebensolchen Lappen verschraubt werden (Abb. 155 und 156), die nötige Steifigkeit im Eisenwerk in ganz ungenügender Weise zu sichern.

Q u e r s c h n i t t d e r S ä u l e n. Die im Gebrauch stehenden Säulenquerschnitte sind äußerst mannigfaltig, doch haben sich bestimmte Formen der besonderen Gunst der Ingenieure zu erfreuen. Wie im nachstehenden näher ausgeführt ist, hat ein Säulenquerschnitt zahlreichen Forderungen zu entsprechen, von deren Erfüllung seine bessere oder schlechtere Eignung abhängt.

Einige Säulenquerschnitte sind durch Patent geschützt oder enthalten Spezialeisen, die nur von einem oder ganz wenigen Walzwerken geliefert werden. Profile der ersteren Art haben von vornherein den Nachteil, daß man besondere Gebühren zu bezahlen hat. Bei Wahl eines Säulenquerschnittes der zweiten Art begibt man sich in Abhängigkeit von einer oder wenigen Firmen, auf deren guten Willen man angewiesen ist.

Vorzuziehen sind solche Querschnitte, die aus den gewöhnlichen Walzprofilen zusammengesetzt sind, welche jederzeit zur Verfügung stehen.

Eine weitere Forderung ist, daß der Arbeitsaufwand sowohl in der Fabrikwerkstätte als insbesondere auch auf der Baustelle möglichst klein sein soll. Dabei handelt es sich darum, Querschnitte mit möglichst wenig Nietreihen anzuwenden, damit die Arbeit des Lochstanzens und des Nietschlagens auf ein Minimum herabgesetzt wird.

Fernerhin soll der Querschnitt eine möglichst zentrische Lastübertragung ermöglichen. Sehr häufig werden die Säulen in den Gebäuden exzentrisch belastet, z. B. die Wandsäulen, dann auch die Innensäulen, wenn gleiche Unterzüge einmünden, wovon der eine mit der Nutzlast belastet ist, der andere ohne Nutzlast wirkt. Unter diesen Umständen sollte immer der ganze Querschnitt möglichst gleichmäßig zur Mitwirkung gelangen können, dies ist um so eher möglich, je näher die Unterzüge an den Säulenschwerpunkt herangeführt werden können. Säulen, deren Teilquerschnitte durch Vergitterungen oder Querbleche verbunden sind, gewährleisten keine genügende Verteilung der Last auf den ganzen Querschnitt, weit eher tun dies durchgehende vertikale Platten.

Weiterhin geht das Bedürfnis nach einem billigen und geeigneten Säulenstoße. Wie wir nachher sehen werden, sind auch in dieser Beziehung die Querschnitte sehr verschieden. Der moderne Säulenstoß mit Flanschendeckung ist am besten an den Kastenquerschnitten durchzuführen.

Als gleich wichtig muß auch die Möglichkeit bezeichnet werden, die Träger, welche in die Säulen einspringen, einfach, billig und zweckmäßig anschließen zu können.

Schließlich sollen die Querschnitte die Ausführung einer feuersicheren Ummantelung in sicherer und haltbarer Weise gestatten.

Den vorerwähnten Erfordernissen genügen in hervorragender
Weise für Gebäude mäßiger Höhe und für kleinere Lasten die I-förmigen
Querschnitte, von denen in Abb. 157 eine Anzahl der wichtigsten
Formen zusammengestellt sind. Fig. a gibt einen Querschnitt,
der aus einem normalen I-Eisen besteht, auf dessen Flanschen je nach
Bedarf eine oder mehrere Platten aufgenietet sein können. Dieser Quer-
schnitt ist nicht sehr beliebt, weil die starke Neigung der inneren
Flanschenflächen der I-Träger für die Nietarbeit nicht sehr geeignet
ist, die Nietköpfe können nicht gut auflagern. Der Querschnitt b,
welcher in seiner Minimalfläche aus einem Stehblech und je zwei angenieteten Winkeleisen besteht, ist weitaus am häufigsten im Gebrauch.
Die Verstärkung läßt sich in leichter Weise durch Aufnieten einer
(Fig. c) oder mehrerer Kopfplatten bewirken. Eine weitere Ver-

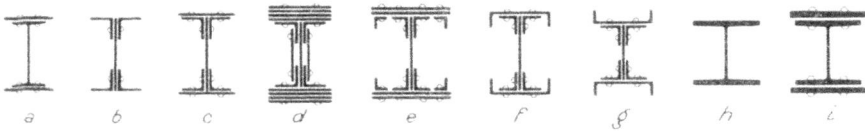

Abb. 157.
I-förmige Säulenquerschnitte.

stärkung kann durch Aufnieten von Platten auf die inneren Winkelschenkel erfolgen, welche parallel zum Stege laufen (Fig. d).

Säulenquerschnitte der Art b, c, d wurden ausnahmsweise bei
einem so hohen Haus wie dem Bryant Gebäude von 30 Stockwerken
ausgeführt. Der kleinste Querschnitt b wurde von den oberen Stockwerken nach unten entsprechend der Zunahme der Belastung allmählich vergrößert, bis zum stärksten Querschnitt d für eine Ecksäule, welche eine Belastung von 1400 t aufzunehmen hat, wofür
1260 qcm Querschnittsfläche zur Verfügung stehen. Der Querschnitt ist zusammengesetzt aus dem Steg mit 460 × 19 mm,
2 Winkeln 200 × 200 × 22 mm, 2 Winkeln 200 × 150 × 22 mm,
2 Stegverstärkungsplatten 420 × 12 mm, je 4 Kopfplatten 500 ×
17 mm und 500 × 19 mm.

Querschnitt e zeigt eine weitere Art der Verstärkung durch Aufnieten nach innen gekehrter Winkeleisen auf die über die Winkeleisen hervorstehenden Kopfplatten.

Die Querschnitte f und g erzielen die Verstärkung der aus
Stehblechen und Gurtwinkeln zusammengesetzten Form an Stelle

von Kopfplatten durch Aufnieten von ⊏-Eisen, wobei die Flanschen das eine Mal nach innen das andere Mal nach außen gerichtet sind. Querschnitt h zeigt das breitflanschige von den Bethlehem Walzwerken gelieferte Profil. Seines erheblich größeren Querschnitts gegenüber den normalen Profilen wegen tritt es an die Stelle genieteter Querschnitte, wobei man den Vorteil hat, daß die Nietreihen wegfallen bzw. erheblich geringer werden als bei diesen. Die Verstärkung geschieht durch Aufbringen starker Kopfplatten auf die Flanschen. Säulen aus diesem Profil haben den Vorzug großer Einfachheit.

Das höchste Haus, bei welchem bis jetzt diese breitflanschigen Träger zu Säulen Anwendung fanden, ist das 25 stockige Gebäude der United Fire Company in New York. Alle 65 Säulen bestanden aus solchen Profilen von 250 bis 360 mm Höhe. In den unteren Stockwerken sind viele der Säulen durch Platten mit 380 mm Breite und 16 bis 24 mm Dicke verstärkt.

Abb. 158.
Offene Säulenquerschnitte aus
Z-Eisen und Platten.

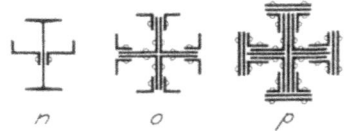

Abb. 159.
Kreuzförmige Säulenquerschnitte.

Die Abb. 158 zeigt offene Querschnitte, hergestellt aus Z-Eisen und Platten. Die gewöhnliche Form zeigt Fig. k, 4 Z-Eisen, welche mit einem Flansch an einem Steg festgenietet sind. Die Verstärkung geschieht durch Aufbringen einer oder mehrerer Kopfplatten. Form Fig. l ist dann in der Anwendung zweckmäßig, wenn die äußeren Säulenabmessungen bei allen Stockwerken konstant gehalten werden wollen, doch hat dieser Querschnitt den Nachteil, daß die Querplatten oder die Vergitterung Gewicht- und Werkstattarbeit vermehren, ohne zur Tragkraft der Säule etwas beizutragen, und daß die Druckverteilung auf alle 4 Z-Eisen, insbesondere bei Einwirkung exzentrischer Lasten, nicht gewährleistet ist.

Die Figuren der Abb. 159 zeigen kreuzförmige Querschnitte, gebildet aus Winkeln und Platten bzw. ⊥- und Z-Eisen. Dieselben werden jedoch selten verwendet, die Nieten sind, weil etwas schwierig beizukommen ist, schwer zu schlagen, auch ist der Säulenstoß umständlich und teuer.

Die Abb. 160 gibt die geschlossenen kastenförmigen Querschnitte, welche für höhere und höchste Gebäude weitaus am meisten Anwendung finden, weil sie zum größten Teil in vorzüglicher Weise die Eigenschaften erfüllen, welche man an eine Säule zu stellen hat.

Fig. q zeigt einen Querschnitt, der aus 2 parallel gestellten I-Eisen und einer die beiden Flanschen verbindenden Kopfplatte besteht. Dieser Querschnitt findet selten Anwendung, weil man nicht weniger als 8 Nietreihen zu schlagen hat und die Nietung der I-Eisen nicht günstig ist.

Der Querschnitt aus 2 [-Eisen und 2 Platten zusammengesetzt (Fig. r) und seine Verstärkung durch eine oder mehrere Kopfplatten und allenfalls noch auf die Stege der [-Eisen aufgenietete Platten (Fig. s) ist der am häufigsten im Gebrauch stehende. Er erfordert verhältnismäßig wenig Nietarbeit, weil er nur 4 Nietreihen aufweist. Beim 14 stockigen Fifth Avenue Gebäude in New York

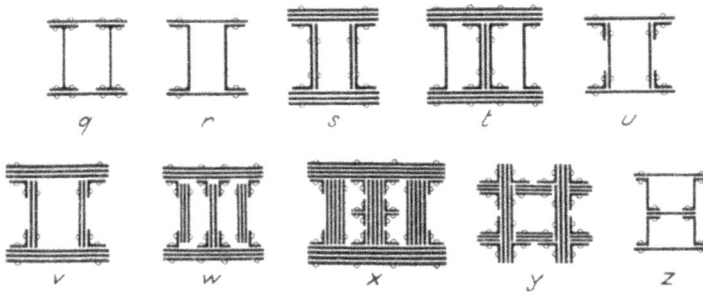

Abb. 160.
Kastenförmige Säulenquerschnitte.

wurden beispielsweise derartige Säulenquerschnitte benutzt, wobei in einer Säule vom 14. Stock bis herab zum Untergeschoß nur ein [-Eisen verwendet wurde und die Querschnittszunahme durch Zunahme der Kopfplattenstärken und der auf den [-Eisenstegen aufgenieteten Platten erreicht wurde. Fig. s stellt den stärksten Querschnitt dar, der für eine Last von 1180 t berechnet wurde und aus 2 [-Eisen von 38 cm Höhe und 82 kg Gewicht pro 1. m, je 3 Stück Kopfplatten von 50 cm Breite und je zusammen 63 mm Stärke und je einer Stegplatte von 35 cm Länge und 11 mm Stärke besteht. Das 14. Stockwerk derselben Säule hat eine Last von 330 t. Der Querschnitt ist zusammengesetzt aus 2 [-Eisen von 38 cm Höhe und 82 kg pro 1. m und 2 46 cm breiten, 27 mm starken Kopfplatten. Eine noch leichtere Säule erhält man, wenn man an die Stelle der Kopfplatten Verschnürungen aus Flacheisen treten läßt.

Derartige Säulen finden sich bei den meisten höheren Gebäuden, so beim Bankers' Trust Gebäude, beim Singer Gebäude, beim United States Express Gebäude, beim Trust Company of America Gebäude, beim City Investing Gebäude und vielen anderen mehr.

Reicht man mit dem Querschnitt s noch nicht aus, so kann, wie Fig. t zeigt, eine weitere Verstärkung dadurch herbeigeführt werden, daß man in die Mitte 2 weitere Rücken gegen Rücken gestellte ⊏-Eisen mit, wenn nötig, zwischenliegender Platte einschaltet. Dieser Querschnitt ist beim 25 stockigen Trust Company of America Gebäude in den unteren Stockwerken zur Ausführung gekommen, wo die Säulen Maximallasten von 1050 t erhalten und einen Querschnitt von 1110 qcm erforderten.

Die Querschnitte u und v, welche aus Platten und Winkeln gebildet sind, werden nächst den vorhergehenden wohl am häufigsten in Anwendung sein. Gegen diese haben sie den Nachteil, daß 4 Nietreihen mehr zu schlagen sind. Die Verstärkung geschieht durch Aufnieten weiterer Kopfplatten und durch Verstärkungsplatten auf die Stege. Für noch größere Belastungen wird eine Querschnittsvermehrung durch Anordnung eines weiteren mittleren Stegs herbeigeführt, der aus einer oder mehreren Platten mit 2 angenieteten Winkelpaaren zusammengesetzt ist. Ein solcher Querschnitt (Fig. w) ist angewendet worden für die Zwischensäulen des Turmes des Metropolitan Life Insurance Company Gebäudes in New York. Seine Fläche mit 2680 qcm besteht aus 8 Gurtwinkeln 150 × 100 × 25 mm, 8 Stehblechen 560 × 25 mm und 6 Deckplatten 710 × 25 mm mit einem Gewicht von 2230 kg pro 1. m Säule.

Einen noch stärkeren Querschnitt derselben Art gibt Fig. x durch Aufnieten weiterer Platten und von 4 weiteren Winkeln auf den Mittelsteg; er ist ausgeführt für die schwerstbelastete Säule des Woolworth Gebäudes, welche die schwerstbelastete Säule überhaupt darstellt. Dieselbe erhält im untersten Stockwerk eine Last von nicht weniger als 4300 t. Ihr Querschnitt besteht aus 2 Kopfplatten 1100 × 22 mm, 6 Kopfplatten 1020 × 22 mm, 14 Stehblechen 530 × 22 mm, 8 Winkeleisen 150 × 100 × 22 mm, 8 Winkeleisen 150 × 150 × 22 mm, 2 Winkeleisen 130 × 100 × 12 mm, die Querschnittsfläche beträgt 4200 qcm.

Einen Querschnitt besonderer Art zeigt Fig. y. Dieser erfuhr Anwendung bei den Ecksäulen des Turmes des Metropolitan Life Insurance Gebäudes in New York. Die ungeheure Höhe und die enorme Last von 55 Stockwerken bringen eine große, feste Last, hiezu kommt noch eine verhältnismäßig große Last seitens des Winddrucks, und so entstand eine Belastung, für welche neue, ungewöhnliche Querschnitte geschaffen werden mußten. Die Ecksäulen in den unteren Stockwerken erhalten Lasten von 3400 t, die zulässige Inanspruchnahme von 990 kg/qcm erfordert für diese Säulen einen Querschnitt von nicht weniger als 3510 qcm, der mittels folgender Teile erhalten wurde: 12 Stück Winkeleisen 200 × 200 × 25 mm, 20 Stück 25 mm dicker Platten, davon 2 Stück 1120 mm breit, 2 Stück 870 mm breit, 2 Stück 510 mm breit, 8 Stück 360 mm breit und 6 Stück 200 mm breit. Das beiläufige Gewicht pro l. m Säule betrug 2950 kg.

Fig. z schließlich stellt einen aus z-Eisen und Platten gebildeten Querschnitt dar, der recht zweckmäßig ist. Den nächstgeringeren Querschnitt erhält man, wenn man die Platten durch Verbindungsbleche oder Gitterwerk aus Flach- oder Winkeleisen ersetzt. Stärkere Querschnitte erhält man durch Aufnieten weiterer Kopfplatten.

Außer diesen aus den gebräuchlichen Formeisen zusammengesetzten Querschnitten gibt es noch solche, welche aus Walzeisen von besonderer Form bestehen, und solche, welche infolge besonderer Anordnung der Teile durch Patent geschützt sind.

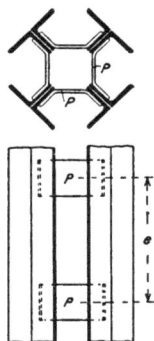

4 teilige   8 teilige   Abb. 162.   Abb. 163.
Abb. 161. Phönix-Säule.   Larimer-Säule.   Gray-Säule.

Abb. 161 stellt die sog. Phönix-Säule, die 4 teilige und die 8 teilige Form dar. Das Patent ist erloschen, trotzdem wird das Spezialformeisen nur von einem Werk gewalzt. Es ist in mehreren bedeutenderen Gebäuden älteren Datums angewendet worden, aber wegen der Schwierigkeit der Anschlüsse und des Stoßes dürfte es zurzeit kaum mehr in umfangreicherem Gebrauche stehen.

Die Larimer-Säule (Abb. 162) besteht aus 2 um ihre Mitte gebogenen I-Eisen, welche mit einem ausfüllenden kleinen I-Träger besonderer Form zusammengenietet sind. Diese Säule wird ebenfalls nur von einem Werk angefertigt. Die Herstellung der Säule ist zwar billig, da nur eine Nietreihe erforderlich ist, dagegen dürfte es schwer halten, die Nietung gut auszuführen, auch kann das Abbiegen der I-Eisen der Materialfestigkeit nur schaden. Da außerdem Stoß und Anschlüsse nur schwierig herzustellen sind, auch eine Verstärkung der Säulen nur in gezwungener Weise sich machen läßt, so wird sie von den Ingenieuren kaum mehr gewählt.

Die Gray-Säule, welche durch Patent geschützt war, besteht in ihrer ursprünglichen Form aus Winkeleisen, welche in Abständen von etwa 75 cm mittels gebogener Querplatten verbunden sind (Abb. 163). Diese Konstruktion macht alle Säulenteile leicht zugänglich, zum Anstreichen beispielsweise, aber die Platten vermögen nicht, weder exzentrisch angreifende Lasten noch seitlich wirkende Kräfte auf die sämtlichen Winkeleisen zu übertragen. Dies kann nur ein fortlaufender Steg.

Um diesem Übelstand abzuhelfen, wurde eine spätere Form, die Zwölfwinkelsäule (Abb. 164), ersonnen, bei welcher anstatt der

Abb. 164.	Abb. 165.	Abb. 166.	Abb. 167.
Gray'sche Zwölf- winkelsäule.	Schwere Gray- Säule.	Gray'sche Wandsäule.	Gray'sche Ecksäule.

gebogenen Platten 4 weitere längslaufende Winkeleisen aufgenommen sind.

Die Abb. 163 und 165 zeigen quadratische Querschnitte, wie sie für Innensäulen Anwendung finden. Die Säulenbreite beträgt meist 35, 38 und 40 cm. Bei den schwereren Säulen sind nach Bedarf eine oder mehrere Kopfplatten auf die Winkel aufgenietet.

Abb. 166 und 167 stellen eine Wand- und eine Ecksäule vor. Bei der ersten fehlt ein, bei der letzteren fehlen zwei Winkelpaare, da ja nur drei bzw. zwei Anschlüsse herzustellen sind.

Die Säulen im Detail, Stoßanordnung und Trägeranschlüsse.

Um die Zahl der Stöße möglichst zu vermindern, ist die Anfertigung einer tunlichst langen Säule geboten, andererseits erheischen bequemer Transport und nicht zu großes Gewicht ein Maßhalten. Unter Berücksichtigung dieser Faktoren fertigt man in fast allen Fällen die Säulen in Längen von 2 Stockwerken, nur ab und zu ist es aus besonderen Gründen notwendig, einzelne Säulen in einstockigen und dreistockigen Längen herzustellen.

Der Stoß der Säulen wurde früher so bewerkstelligt, wie er heute in ähnlicher Weise noch für Gußeisensäulen ausgeführt wird, indem eine Platte zwischen die stumpf abgeschnittenen Säulenenden geschoben und mittels Winkeleisen an die Säulenschäfte festgemacht wurde. Heute wird der Stoß ausgeführt wie die Gurtungsstöße der Biegung unterworfener Fachwerkträger, nämlich mittels Laschen, so daß die Säulen auch gezogen werden können, wenn die Windbelastung die feste Last überwiegt. Diese Laschen sind schon von der Fabrikwerkstätte an die untere Säule festgemacht. Falls eine Querschnitts-

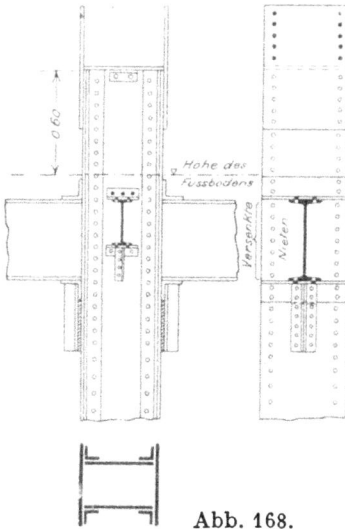

Abb. 168.

Säulenstoß und Trägeranschluß.

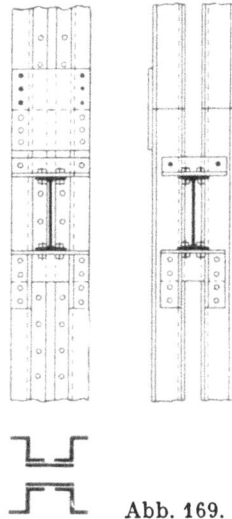

Abb. 169.

Trägeranschluß an eine Z-Eisen Säule.

änderung zwischen oberer und unterer Säule nicht erfolgt, werden beide mit ihren sorgfältig gearbeiteten Endflächen stumpf aufeinandergestellt, andernfalls wird eine horizontale Platte dazwischengelegt, die an kurze, an die Stehbleche der Säule festgemachte Winkel befestigt ist.

In Abb. 168 ist der typische Säulenstoß für einen Kastenquerschnitt dargestellt. Die vollgezeichneten Nieten sind nach der amerikanischen Bezeichnung immer die Feldnieten. Wie ersichtlich, liegt die Stoßstelle nicht in Stockwerkshöhe, wo die Deckenträger einmünden, damit sich daselbst die Verbindungen nicht zu kompliziert gestalten, sie ist vielmehr etwa 60 cm über den fertigen Fußboden hinaufgelegt und ist auf diese Weise gut zugänglich.

Der Anschluß der Träger ist zur Erzielung möglichst hoher Steifigkeit von großer Wichtigkeit. Es wird daher, wie dies bei unseren Eisenkonstruktionen üblich ist, nicht nur der Steg, sondern auch die Flanschen an die Säulen angeschlossen, womit ein hohes Einspannmoment erhalten wird. Dies geschieht, wie Abb. 168 zeigt, je durch ein am Säulenschaft befestigtes horizontales Winkelstück, wobei der untere Winkel außerdem je nach der Belastung von einer oder zwei kräftigen Winkelsteifen gestützt wird.

Abb. 169 zeigt den normalen Anschluß bei einer Z-Eisen Säule.

Einige typische Trägeranschlüsse an kastenförmige. Säulen aus ⊏-Eisen und Winkeleisen mit eingeschriebenen Maßen zeigen die Abb. 170 und 171 für Innensäulen des Bankers' Trust Gebäudes in New York.

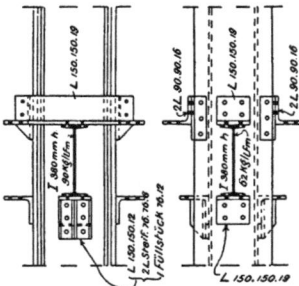

Abb. 170.
Typische Trägeranschlüsse an ⊏-Eisen Säulen.

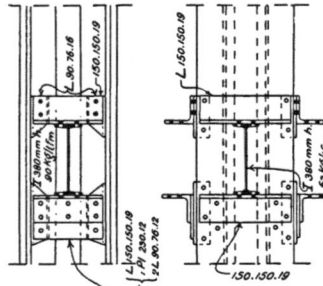

Abb. 171.
Typische Trägeranschlüsse an ∟-Eisen Säulen.

Abb. 170 u. 171. Trägeranschlüsse beim Bankers' Trust Gebäude in New York.

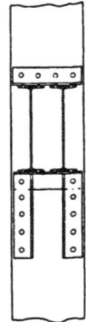

Abb. 172.
Symmetrischer Anschluß eines doppelten Unterzugs an eine Säule.

Je nach der Zahl der anzuschließenden Träger, deren Höhe und gegenseitigen Höhenlage, ihrer größeren oder kleineren Exzentrizität müssen die normalen Konstruktionen Modifikationen erfahren.

Bei den Innensäulen können die Anschlüsse in den meisten Fällen zentrisch erfolgen oder, wenn zwei Träger angeschlossen werden, symmetrisch zur Säulenachse (Abb. 172). Bei den Wandsäulen dagegen müssen die Träger häufig exzentrisch zur Säule angeordnet werden, um die mehr oder weniger weit auskragenden Gesimse aufnehmen zu können.

Abb. 173 zeigt eine Ecksäule des United States Express Company Gebäudes in New York, wobei 2 gleich hohe I-Träger aufgenommen werden, die in der ersichtlichen Weise an vorkragenden Platten und Winkeln ein Auflager erhalten.

Um noch höhere Einspannmomente zu erzielen, als dies mit den horizontalen Winkelanschlüssen möglich ist, geht man neuerdings gerne so vor, daß man in den Säulensteg breite Bleche von größerer als Trägerhöhe einschaltet und an diese die Träger anschließt. Abb. 174 zeigt dies für einen I-förmigen Querschnitt. Die Stoßdeckung geschieht mit Laschen. Die Bleche sind außen mit Nietlöchern zum Anschluß der Träger versehen.

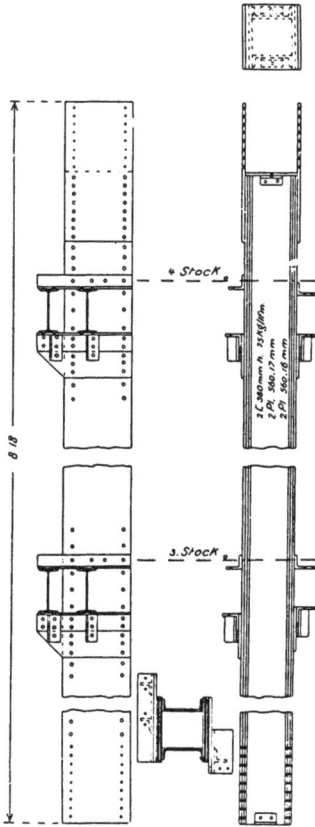

Abb. 173.
Ecksäule beim United States Express Company Gebäude in New York.

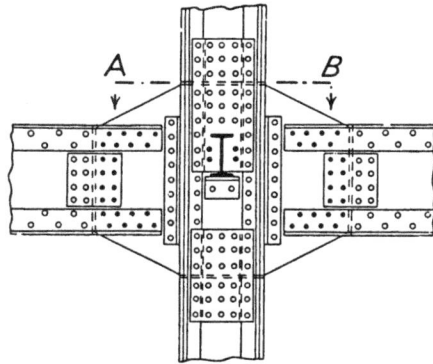

Schnitt A-B

Abb. 174.
Trägeranschluß mittels hoher Bleche.

Säulenfüße. Entsprechend den Qualitätsunterschieden zwischen Säulen- und Fundamentmaterial muß die Säulenlast in breiterer Fläche in das Fundament eingeführt und verteilt werden. Dies geschieht bei kleineren Lasten durch gewöhnliche Gußplatten von 5 bis 10 cm Stärke, bei größeren Lasten werden Gußfüße, in

selteneren Fällen genietete Füße angewendet. Die Grundfläche ist
bestimmt durch die zulässige Pressung und die Last.

Die gegossenen Säulenschuhe sind pyramidenförmige Körper
aus Gußeisen, bei besonders schwer belasteten Säulen auch aus Guß-
stahl. Eine obere und eine untere Platte von rechteckiger, quadratischer oder kreisrunder Fläche ist durch vertikale, längs-, quer-, radial-
oder diagonallaufende Rippen verbunden (Abb. 175 bis 177). Ein
Fuß von sehr großen Abmessungen ist in Abb. 177 gezeichnet. Darauf
sitzt eine Ecksäule des Turmes des Metropolitan Life Insurance Com-

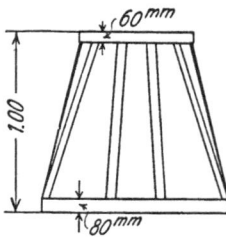

Abb. 175.
Gußeiserner Säulenfuß.

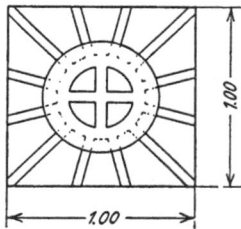

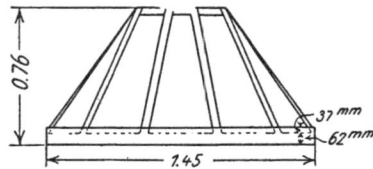

Abb. 176.
Gußeiserner Säulenfuß.

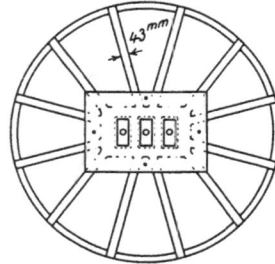

pany Gebäudes in New York. Dieser Fuß hat eine Auflagerfläche
von über 4,5 qm und ein Gewicht von nicht weniger als 11 t.

Die obere und untere Platte der Füße sind mit Löchern versehen zur Befestigung mit der Säule bzw. mit den Fundamenten,
die Säule wird am Fuß glatt abgeschnitten und mit einigen Winkeln stumpf auf das Gußstück gesetzt (Abb. 178 und 179).

d) Verankerung der Säulen mit den Fundamenten gegen Umsturz durch Wind.

Die große Höhe der Wolkenkratzer steht zu den oft recht schmalen
Dimensionen des Grundrisses in einem sehr ungleichen Verhältnis.
Auf diese turmartigen Aufrißbilder vermag der Winddruck nicht

selten Kippmomente hervorzubringen, welche das Eigengewichts-
moment an Größe übertreffen. In diesen Fällen dürfen, um ein Um-
kanten des Hauses zu verhindern, die untersten Säulen nicht lediglich
auf ihren Fundamenten aufstehen, sie müssen vielmehr mit diesen
verankert sein, um das Eigengewicht des Aufbaues noch durch Hinzu-
nahme des Gewichtes der Fundamente und allenfalls der Reibung
derselben am umgebenden
Boden zu vergrößern. Das
Pfeilergewicht muß also genügend groß sein, hat man
Tiefgründungen, so ist man
in dieser Beziehung gut daran, bei Flachgründungen

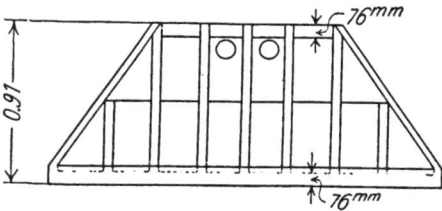

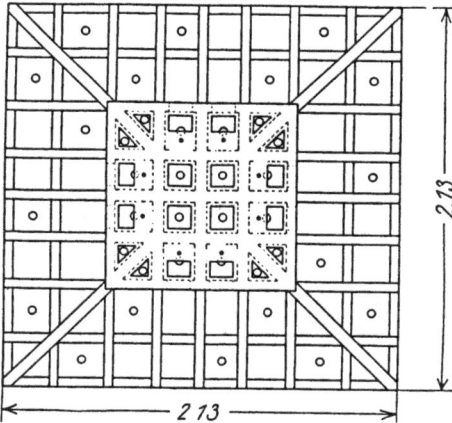

Abb. 177.
Fuß der Ecksäule des Turmes des
Metropolitan Life Insurance Company
Gebäudes in New York.

Abb. 178.
Befestigung der Säulen
am Fuß.

trägt das geringe Eigen-
gewicht des Gründungs-
körpers nicht viel zur Eigen-
gewichtserhöhung bei.

Im folgenden soll die
Verankerung des Singer-
turms, welcher bis auf 186 m
Höhe aus dem 14 stockigen
Hauptgebäude emporsteigt, beschrieben werden.

Der Grundriß des Turmes ist quadratisch, die Seitenlänge beträgt
19,2 m, so daß also die Höhe nahezu das 10 fache der Seite aus-
macht.

Von 36 Turmsäulen, die auf rechteckigen Betonpfeilern sitzen,
welche auf pneumatischem Wege bis auf den festen Felsen in etwa
27 m unter der Straßenfläche des Broadway hinabgeführt worden sind,
sind 10 davon mit vertikalen Verankerungen versehen worden, die
bis nahe an das untere Pfeilerende reichen und das volle Gewicht

Abb. 179.   Unterstes Geschoß des Hudson Terminal Gebäudes in New York.

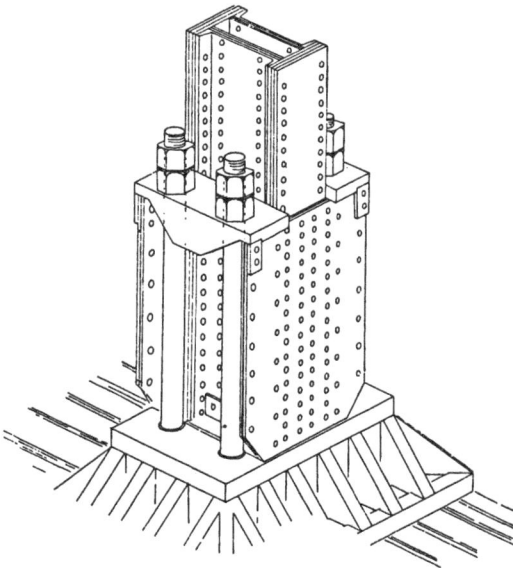

Säule 159

Fussboden des untersten Geschosses

Beton

Oberfläche des Caissons

Gusseiserner Schuh

Trägerrost

Ankerschrauben

Gelenkbolzen

Augenstäbe

Caisson

Beton

Felsen

derselben von maximal 520 t auszunutzen gestatten. Daneben wirkt
noch, in der Berechnung unberücksichtigt gelassen, die große Reibung der 4 Pfeilerseiten am umgebenden Erdreich.

Die Säulen haben geschlossenen
Kastenquerschnitt aus ⊏-Eisen und
Platten zusammengesetzt. Sie sitzen auf
einem Gußstahlfuß auf, der seinerseits wieder

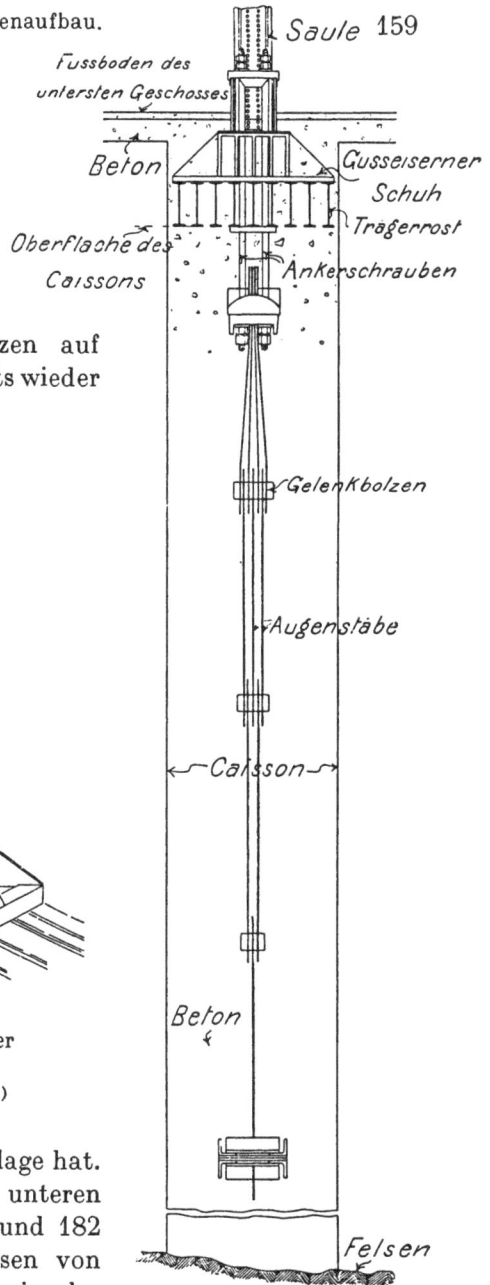

Abb. 181.
Verankerung der Säulen beim Singer
Gebäude.
(Anschluß der Verankerung an die Säule.)

einen Rost von I-Trägern als Unterlage hat.
Die Säule wird nun in ihrem unteren
Teile, wie dies die Abb. 180, 181 und 182
zeigen, von 4 Ankern aus Rundeisen von
11 cm Durchm. gefaßt, und zwar in der
Weise, daß auf die Säulendeckplatten auf
jeder Seite je zwei weitere über diese hinaus-

Abb. 180.
Verankerung der Säulen
beim Singer Gebäude.
(Höhenschnitt.)

Abb. 182.
Verankerung der Säulen im Singer Gebäude. (Schaubild des oberen Teiles.)

reichende Platten aufgenietet sind, über deren obere Auskragung
herüber Gußstahlstücke mit unterer Fortsetzung zum besseren Widerstand gegen Biegung gelegt sind, die von den Ankern ergriffen werden.
Diese gehen durch den Gußschuh und zwischen den Flanschen der
I-Träger des Rostes hindurch und erfassen einen gußstählernen Sattel,
welcher als Übergangsstück zu der nun folgenden Fortsetzung der

Verankerung mit Augenstäben (Flacheisen mit erweiterten, gelochten Köpfen) dient.

Die obersten 4 Augenstäbe haben bei einer Stärke von 14 mm eine Breite von 400 mm. Ihre Befestigung am Sattel erfolgt mittels eines durch die Augen gesteckten Bolzens, der im entsprechend ausgerundeten Sattel liegt. Diese Augenstäbe von je etwa 3 m Länge sind nun 4 mal abgesetzt. Mit Hilfe eines anderen Gelenkbolzens ging man, wie bei den Zuggliedern der amerikanischen Brücken, von 4 Augenstäben auf 3 über, dann auf dieselbe Weise auf 2, und schließlich behielt man noch 1 Stab bei, welcher unten ein quadratisches Ankerstück, das aus 2 Platten und an dessen Rändern aufgenieteten Winkeleisen besteht, faßte.

Damit hatte die Verankerung eine Länge von 13 bis 15 m.

Die Ankereisen brauchten natürlich nicht in der ganzen Pfeilerhöhe mit dem gleichen Querschnitt ausgeführt zu werden, letzterer konnte vielmehr gegen den Pfeilerboden allmählich abnehmen, weil nur die obersten Eisen den ganzen Pfeiler, die übrigen Eisen dagegen nur den unterhalb von ihnen gelegenen Pfeilerteil zu heben in der Lage sein müssen.

Der Berechnung der Ankereisen wurde eine zulässige Adhäsion am Beton von 3,5 kg/qcm zugrunde gelegt.

e) Die Träger.

Bei Besprechung der Gründungen wurde erwähnt, daß in sehr vielen Fällen die Wandsäulen nicht zentrisch auf ihr Fundament gesetzt werden können und daher zur Herstellung gleichmäßiger Druckverteilung mit inneren Fundamenten gekuppelt werden. Dies geschieht mit hohen und schweren Blechträgern, sog. Gründungsträgern, die angesichts der großen Lasten, um deren Übertragung es sich handelt, meist paarweise oder zu dreien oder gar vieren angeordnet werden (Abb. 183).

Ein typischer Plan der Träger der Stockwerksdecken ist bereits in Abb. 153 gegeben worden.

Die Trägerauslage richtet sich in erster Linie natürlich nach der Stellung der Säulen. Diese ist abhängig von der beabsichtigten Raumeinteilung im Gebäudeinnern und von der Gliederung der Fassaden. Im allgemeinen sind, abgesehen von besonders großen, säulenfreien Räumen, die Säulenentfernungen nicht zu sehr verschieden und dürften im Mittel 4½ bis 5½ m betragen. Die Felder zwischen 4 Säulen werden gewöhn-

lich so groß gemacht, daß man darin entweder ein großes oder zwei kleinere Bureauräume unterbringen kann.

Die Unterzüge, als die schwersten und teuersten Träger, werden nicht immer, aber doch meist in der Richtung der kleinsten Säulenentfernung gelegt, die Deckenträger senkrecht dazu. In Fällen jedoch, wo Windaussteifungen nur nach einer Richtung nötig sind, werden die Unterzüge, falls andere Gründe nicht entgegenstehen, unter allen Umständen in dieser Richtung gelegt.

Die von den Decken übertragenen Lasten werden zunächst von den Deckenträgern aufgenommen, welche daher die schwächsten Träger sein können, da ihre Spannweite nicht sehr groß und sie selbst ziemlich·nahe beieinander liegen. Es genügen deshalb in fast allen Fällen Walzträger von I-Form. Die Trägerhöhe ist abhängig von dem Abstande der Deckenträger, der Spannweite derselben und

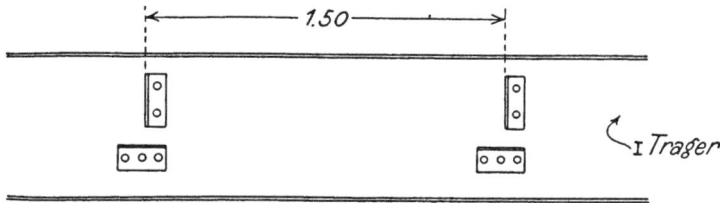

Abb. 184.
Anschluß der Deckenträger an die Unterzüge.

der Belastung. In den Wolkenkratzern wird der Abstand der Deckenträger im Mittel zu 1,50 m genommen, auf große Deckenspannweite wird wenig Wert gelegt, im Gegenteil, man wählt dieselbe klein, um genügende Steifigkeit zu haben.

In Decken, welche über oder unter Tresoranlagen gelegen sind, greift natürlich eine weit stärkere Konstruktion Platz. So ist die Decke über dem Tresorbau des Bankers' Trust Gebäudes in New York aus 510 mm hohen I-Trägern gebildet, die 60 cm auseinandergelegt wurden. Zu einer solch starken Ausführung hat man als Sicherheit gegen herabfallende Gegenstände bei Feuersbrunst oder sonstiger Zerstörung des Gebäudes (Erdbeben) gegriffen.

Der Anschluß der Deckenträger an die Unterzüge geschieht durch den Steg mit Hilfe eines vertikal an dieselben festgenieteten Winkelstücks. Außerdem liegt der Deckenträger auf einem an den Steg des Unterzugs angenieteten horizontalen Winkel auf, der besonders für die Montage wertvoll ist (Abb. 184). Sind die Deckenträger

11*

ziemlich hoch und schwer, so kann dieses Winkelstück noch durch
eine ev. auch durch zwei Winkelsteifen gestützt werden. Die Befestigung der Nebenträger an den Unterzügen geschieht meist nicht mit
Nieten, sondern mit Schrauben.

In Bureaugebäuden mit normalen Säulenabständen und sonstigen
normalen Verhältnissen sind diese Deckenträger etwa 25 bis 35 cm
hoch. Um dem Schub der Decken Rechnung zu tragen, sind zwischen
die Stege der Nebenträger Schließen aus Rundeisenstangen von
18 mm Durchm. mit aufgesetzten Muttern eingezogen, deren Abstand etwa 1,50 m beträgt.

Die Unterzüge sind bei kleineren Spannweiten oder leichteren
Belastungen bloße Walzträger, einfach oder paarweise angeordnet.
Bei größeren Spannweiten und höheren Belastungen werden es Blechträger, einfach, doppelt oder dreifach. Dies ist insbesondere dann
der Fall, wenn in einem Gebäude große säulenfreie Räume geschaffen
werden müssen, wie man sie benötigt für Speise- und Repräsentationsräume in den Hotels, Räume für Bankgeschäfte, Börsensäle, Musik-
säle in den Warenhäusern usw.

In manchen Fällen genügen selbst schwere Blechträger hiefür
nicht mehr, und man muß zu Fachwerkträgern greifen, deren Glieder
sich durch ein oder selbst mehrere Stockwerke hindurch erstrecken
können. Die Gliederung dieser Fachwerkträger muß sich natürlich
den praktischen Erfordernissen anpassen, so daß häufig unregel-
mäßige Binderformen entstehen, weil für Türen und Fenster Räume
freizuhalten sind.

Die Wand- oder Mauerträger tragen die Lasten der Außenmauern
und die auf sie fallende Deckenlast. Sie sind je nach der Spannweite
und Lastgröße einfache Walzträger oder genietete Träger, sie treten
sehr häufig paarweise und in verschiedenen Höhen nebeneinander
auf, je nachdem es die Gesimse erforderlich machen, die an sie verankert werden. Einer der Mauerträger oder vielleicht auch beide
ragen für weit vorspringende Gesimse häufig über die vordere Säulenflucht hinaus und liegen dann auf Auskragungen an der Säule auf
(Abb. 173).

Abb. 185 zeigt einen genieteten Wandträger am Fifth Avenue
Gebäude in New York von 7 m Spannweite. Der Obergurt besteht
aus Winkeleisen 90 × 90 mm und einer 300 mm breiten Platte. Der
Untergurt besteht aus einem 130 × 90 mm inneren und einem
180 × 90 mm äußeren Winkel, dessen horizontaler Flansch mit
knieförmig abgebogenen Plattenstücken gegen den Steg abgesteift

ist, um ihn zum Tragen des schweren Mauergewichts widerstandsfähiger zu machen. Die Träger sind an den Säulenflanschen festgenietet mittels einzelner vertikaler Anschlußwinkel.

Zum Tragen der Balkone und Hauptgesimse sind besondere
Kragkonstruktionen nötig, diese bestehen aus über die Gebäude-
flucht heraustretenden Trägern, die entweder nach hinten verankert
oder konsolartig mit Streben nach unten abgestützt sind.

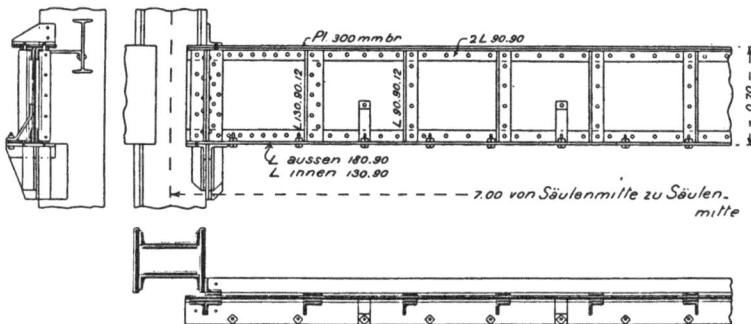

Abb. 185.
Wandträger beim Fifth Avenue Gebäude in New York.

f) Der Windverband.

Die Windaussteifungen oder Windverbände sind besondere im
Eisenwerk angebrachte Vorkehrungen zur Verhinderung von Form-
veränderungen bei Einwirkung seitlicher Kräfte, also der Windkräfte
und der durch Erdbebenstöße hervorgerufenen Kraftäußerungen.

Bei Häusern von erheblichen Grundrißabmessungen bezüglich
ihrer Höhe kann man sich über die Notwendigkeit eines eigenen Wind-
verbandes streiten, da zahlreiche Mauern und Wände und das große
Eigengewicht als genügend widerstandsfähig angesehen werden können.
Insbesondere sind es die älteren Architekten, welche den Nutzen
einer Windverspannung bestreiten und den Vorwurf nutzlos ver-
schwendeten Kapitals erheben; und sie können ihre Ansicht bekräf-
tigen durch eine Reihe glänzender hoher Gebäude, die ganz ohne
Windversteifung ausgeführt sind und nicht den geringsten Anlaß zu
Beanstandungen ergeben haben.

Manche Konstrukteure sind auch schon ein Kompromiß eingegangen, indem sie die Hälfte der Windlasten dem Windverbande
zugemutet, die andere Hälfte dem Mauerwerk überlassen haben.

Die Berücksichtigung des Widerstandes der Wände ist jedoch
nicht einwandfrei, weil die Verhältnisse im fertigen Bau für die Wind-

einwirkung nicht am ungünstigsten liegen, gefährlicher ist das Stadium des nahezu vollendeten Eisenaufbaues, wenn die Innenwände und teilweise die Decken fehlen.

Bei Bauten, welche ungefähr das Dreifache ihrer kleinsten Grundrißabmessung an Höhe überschreiten, sind sich fast alle Architekten über die Notwendigkeit der Einfügung besonderer Windversteifungen einig und auch darüber, diese für die alleinige Aufnahme der Windkräfte zu dimensionieren und den Widerstand der Mauern und Wände unberücksichtigt zu lassen. Inwieweit diese Verhältnisse überschritten werden, zeigt Abb. 186, wobei in Fig. 1 u. 2 nur die Türme der Gebäude gezeichnet sind, die in dieser Weise auch, für sich allein-

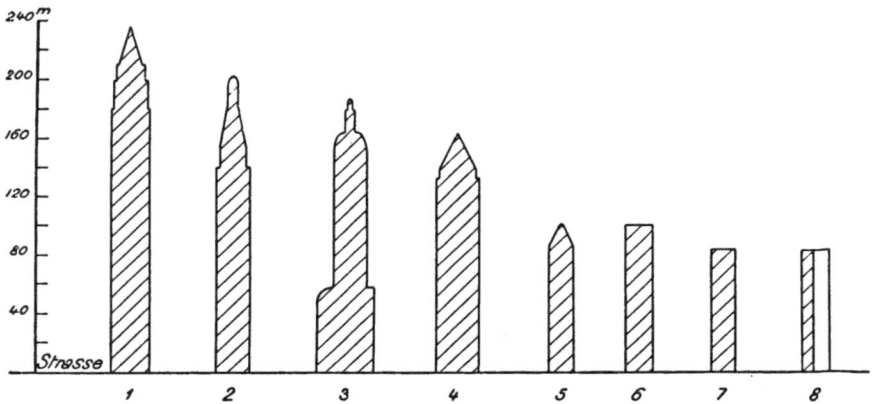

Abb. 186.

1. Turm des Woolworth Gebäudes; 2. Turm des Metropolitan Life Insurance Gebäudes; 3. Singer Gebäude; 4. Bankers' Trust Gebäude; 5. Bryant Gebäude; 6. Trust Company of America Gebäude; 7. East River Savings Gebäude; 8. German American Insurance Gebäude.

stehend, ohne Zusammenhang mit dem übrigen Gebäudeteil, berechnet sind. In diesen Fällen wird man über die Notwendigkeit eines Windverbands kaum im Zweifel sein.

Die die Windkräfte aufnehmenden Konstruktionen sind vertikale, in den Ebenen der Säulen gelegene Freiträger, welche aus den Säulen selbst, den in den Säulenebenen gelegenen Trägern der Decke und besonderen Gliedern bestehen, welche diese beiden zu einem starren Tragwerk verbinden. Dabei können in einer vertikalen Säulenflucht ein, mehrere oder alle vertikalen Felder als Windträger ausgebildet sein.

Diese ordnet man nun nicht in jeder Säulenflucht an, weil dies in der inneren Raumausnutzung sehr hinderlich wäre, sondern nur in einigen hiezu besonders geeigneten. Meist sind dies die Ebenen der Außenmauern, weil die Mauerstärke genügend Platz zum Unterbringen ohne Einbuße an Raum gewährt, und die Umfassungswände der Aufzugschächte und Treppenhäuser, weil die Windglieder in der vollen Wand sehr rationell angeordnet werden können.

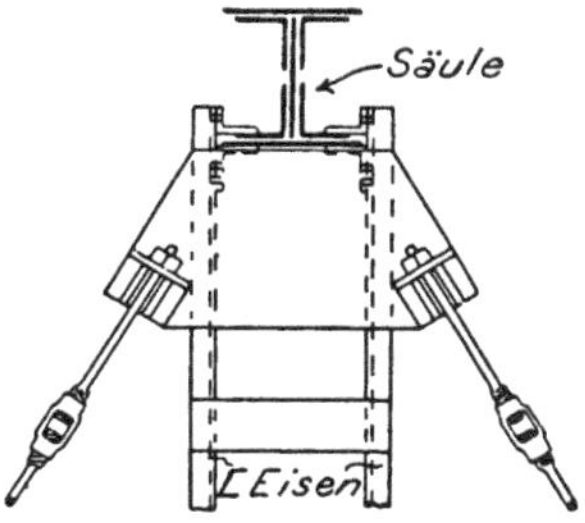

Die Übertragung der nicht direkt auf die Windträger kommenden Windlasten auf diese wird der steifen Deckenplatte überlassen, doch hat man neuerdings zuweilen für diesen Zweck das Eisenwerk der Decke durch Einziehen von Rundeisendiagonalen zwischen die Deckenträger als horizontalen Fachwerkträger ausgebildet. Abb. 187 zeigt den Anschluß der mit Spannschlössern versehenen Rundeisenstangen an einen Unterzug, der in diesem Falle aus zwei ⊏-Eisen besteht. Die Rundeisenstangen fassen

Abb. 187.
Anschluß der Rundeisendiagonalen des horizontalen Windübertragungsträgers an den Unterzug.

kurze Winkelstücke, welche auf einer über die Oberflanschen der Eisen genieteten Platte befestigt sind.

In Abb. 188 ist ersichtlich, wie die Windversteifungen im Trust Company of America Gebäude untergebracht sind. Die auf die breite

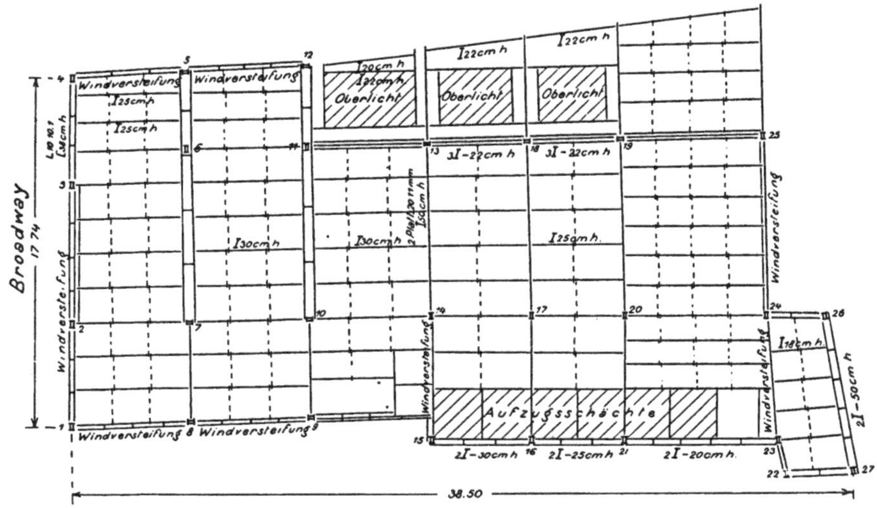

Abb. 188.
Trägerauslage und Anordnung der Windverbände im Trust Company of America Gebäude.

Seite kommende Windlast wird von Windträgern aufgenommen, welche in drei verschiedenen Ebenen gelegen sind, den beiden Mauerebenen und einer in der Mitte gelegenen. In den ersteren erstreckt sich der Verband über die ganze Front, d. h. über zwei bzw. drei vertikale Säulenfelder, in der Mittelebene ist er nur in einem vertikalen Feld angebracht.

Der Winddruck, welcher vom Broadway herkommend auf die schmale Gebäudeseite trifft, wird durch Windverbände aufgenommen, welche in den beiden Umfassungsmauern gelegen sind und sich über zwei Säulenfelder erstrecken.

Mit Bezug auf die horizontalen Kräfte sind also die Windverbände im Erdboden bzw. in den Fundamenten eingespannte und

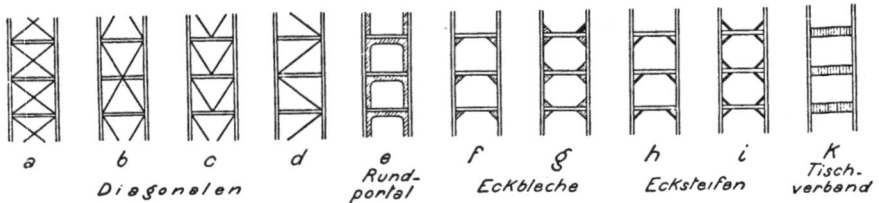

Abb. 189.
Verschiedene Arten von Windversteifungen.

nach oben hin frei auskragende Träger, deren Gurtungen die Säulen und deren Vertikalen die Träger sind.

Verschiedene Arten von Windversteifungen.

Die Windglieder werden nun in verschiedener Art und Weise zwischen die Träger und Säulen eingefügt, je nach der Lage der Türen und Fenster, nach der architektonischen Ausgestaltung des Äußeren und nach der Größe der Windkräfte. Man kann folgende Versteifungsarten unterscheiden (Abb. 189):

Diagonale Versteifungen. Die Aussteifung mit Diagonalen ist als rationellster Windverband anzusehen, weil es sich hiebei um richtige Fachwerkträger handelt und die Glieder lediglich Zug und Druck, aber keine Biegungen auszuhalten haben.

Besteht die Ausfachung aus gekreuzten Diagonalen, so können diese über ein oder zwei Felder hinweggeführt werden (Fig. a u. b). Die Windstreben sind dann entweder nur für Zug konstruiert, also schlaff ausgeführt, und bestehen aus Flacheisen oder Rundeisen, oder aber sie sind mit steifem Querschnitt hergestellt, so daß das

System als ein zweifaches symmetrisches Fachwerk zu berechnen ist. Die Diagonalen werden dann meist aus Winkeleisen oder ⊏-Eisen zusammengesetzt und an den Kreuzungspunkten unmittelbar oder durch Einschaltung eines Knotenbleches miteinander vernietet.

Bei größeren Säulenabständen ist die Windausfachung nach Fig. c zweckmäßiger, weil die Knicklänge der Streben kleiner wird. Sie wurde beispielsweise angewendet in der Westfront des Turms des Woolworth Gebäudes unterhalb des vierten Stockwerks, wo dies aus architektonischen Rücksichten möglich war (Abb. 190). Die Diagonalen bestehen aus zwei Paaren von Winkeln, die durch Querplatten miteinander verbunden sind.

Fig. d zeigt eine Ausfachung mit einfachen Diagonalen.

Der Grund, warum Diagonalen trotz ihrer wirtschaftlichen Vorteile nur in wenigen Fällen zur Anwendung kommen, ist der, daß sie fast immer in die Tür- und Fensteröffnungen fallen.

Die Versteifung des Turmes des Singer Gebäudes ist aus lauter steifen Diagonalen gebildet. Abb. 191 zeigt im Grundriß die versteiften Felder stärker ausgezogen. Im ganzen sind es deren 25, 16 in den Ecken des Turmes, die übrigen in den Umfassungswänden der Aufzugschächte. Während in diesen normale,

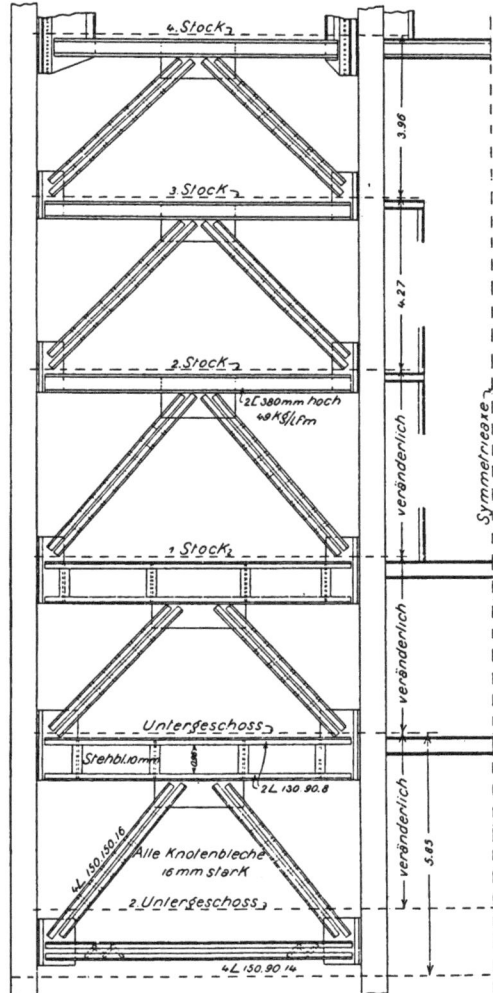

Abb. 190.
Windversteifung in der Westfront des Turmes des Woolworth Gebäudes vom 4. Stockwerk abwärts.

von Stockwerk zu Stockwerk reichende gekreuzte Diagonalen ausgeführt werden konnten, war dies in gleicher Weise in den Eckfeldern
nicht möglich, weil sie mit den Fenstern und Türen kollidiert hätten.
Man ordnete daher an jedem zweiten Stockwerk Versteifungsfelder
von niedrigerer Höhe und kurzen Diagonalen an, zwischen denen hohe
Felder mit langen Diagonalen vorhanden waren, welche in ihren
oberen und unteren Hälften genügend Raum zur Unterbringung der
Türen und Fenster ließen (Abb.
192). Bei den Feldern *A* der
Außenwände, wo für die Fenster
Platz geschaffen werden mußte,
konnte der obere Riegel des nied-

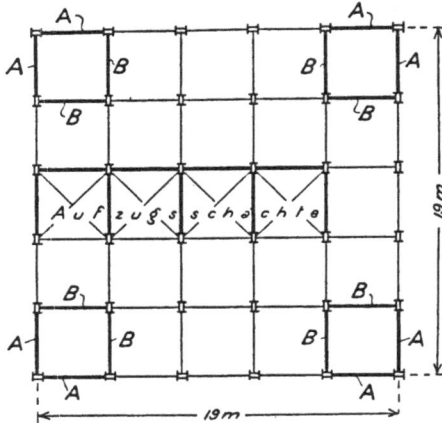

Abb. 191.
Windversteifung im Turm des Singer
Gebäudes. Grundriß.

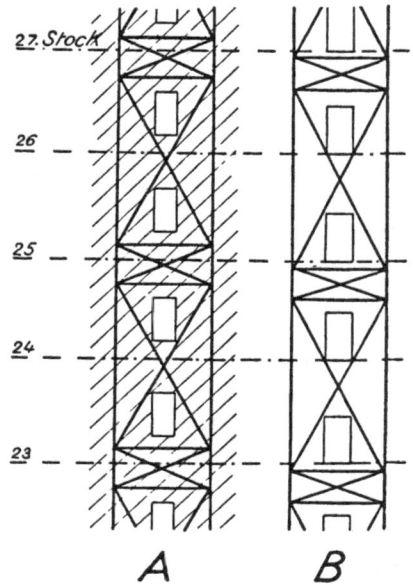

Abb. 192.
Windversteifung im Turm des
Singer Gebäudes. Aufriß.

rigen Feldes über den Fußboden herauf, bei den Feldern *B*
im Innern, wo für Türen Raum vorhanden sein mußte, mußte dieser
Riegel unter den Fußboden gelegt werden.

Die Versteifung in den 16 Ebenen der Ecksäulen reicht vom
Fundament bis zum 32., die übrigen sind bis zum 36. Stockwerk
ausgeführt. Die Diagonalen bestehen in den obersten Geschossen
aus Winkeln, weiter herab aus ⸤-Eisen bis zu 30 cm Höhe.

Biegungsfeste Portale.

Rundportale (Fig. e) sind innen ausgerundete Querrahmen,
wie wir sie bei unseren Brücken finden, deren vertikale und hori-

zontale Teile sich an die Säulen bzw. Träger anschließen. Sie sind zum erstenmal an einem größeren Beispiel im Old Colony Gebäude in Chicago angewendet worden. Die Rundportale sind jedoch teuer

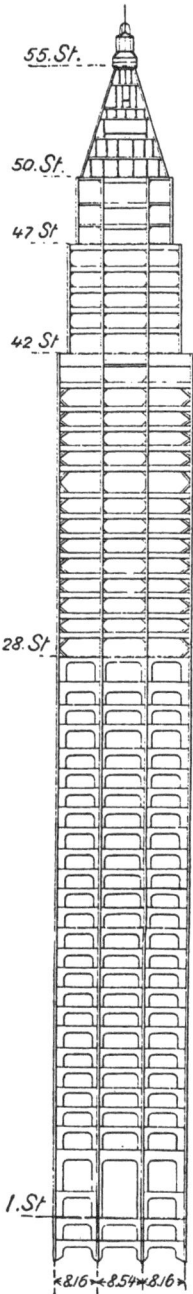

Abb. 193.
Windversteifung im Turm des Woolworth Gebäudes.

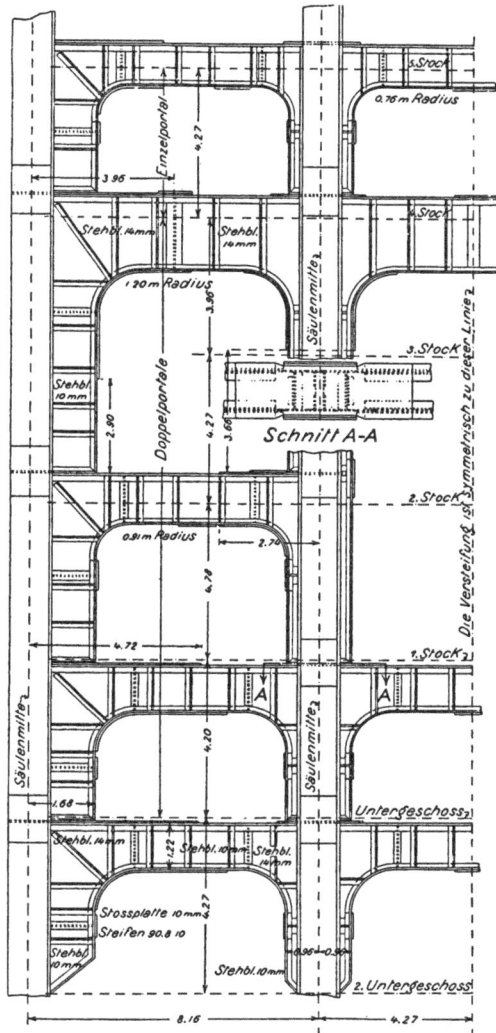

Abb. 194.
Detail der Rundportalversteifung in der Broadway Flucht des Turmes des Woolworth Gebäudes.

und finden deshalb trotz mancher Vorzüge keine ausgedehnte An-
wendung. Neuerdings sind sie jedoch wieder an einem großartigen
Beispiel, dem Woolworth Gebäude, zur Ausführung gekommen (Abb.193
u. 194). Abb. 193 gibt den Aufriß der dem Broadway zu gelegenen
Front des Turms. Dieser ist berechnet, als ob er allein stünde, ohne
Zusammenhang mit dem übrigen Gebäude.

Von oben herab bis zum 50. Stockwerk geben die geneigten
Glieder des pyramidenförmigen Daches die Windversteifung ab.
Vom 50. bis zum 47. Stockwerk werden die Windkräfte auf die vier
inneren Säulen mittels Eckblechen (siehe dort) übertragen. Vom 47.
bis zum 42. Stockwerk sind hiezu ebenfalls Eckbleche, vom 42. bis
zum 28. Stockwerk hohe Wandträger und Ecksteifen (siehe dort)
vorhanden, und unter dem 28. Stockwerk geschieht die Querver-
spannung durch hohe und schwere Rundportale.

In Abb. 194 ist die Portalversteifung für die untersten Stockwerke größer gezeichnet, bis herauf zum 4. Stockwerk hat man doppelte Blechträgerportale mit Randwinkeln 150 × 100 mm. Die Mittelportale im 2. und 3. Stock sind wegen der hohen Eingangshalle weg-
gelassen, dafür ist das Portal im 4. Stock bis auf das 1. Stockwerk
herabgeführt. In den Seitenfeldern fehlen die Portale des 3. Stockwerks, wofür diejenigen des 4. Stocks bis auf den 2. Stock herab-
gehen mußten. Wo nötig, sind die unteren Winkelgurten noch mit
Platten verstärkt. Die Mittelportale sind mit den Seitenportalen
desselben Geschosses durch lange und breite horizontale Platten, die über
die breiten oberen Gurtungen der Portale genietet sind, verbunden.
Diese Platte dient gleichzeitig als horizontale Stoßplatte zwischen
der oberen und unteren Säule. Der Anschluß des Portals an die Säulen
erfolgt durch Annieten der Stehbleche an die hervorstehenden Säulendeckplatten.

Im 4. Stockwerk ist das Portal in jedem Feld je in der Mitte
des horizontalen und etwa des vertikalen Teils gestoßen, so daß es
aus vier Stücken besteht. Der Stoß ist mit doppelten Laschen ge-
deckt. In den übrigen Stockwerken ist der horizontale Teil zweimal
gestoßen, so daß dort das Portal aus fünf Teilen zusammengesetzt ist.

Vom 5. bis zum 27. Stockwerk je einschließlich sind alle Felder
nur mit einfachen Portalen versteift, deren Gurtungen aus 200 × 200 mm
Gurtwinkeln bestehen, die in den Seitenfeldern vom 5. bis zum 15. Stock
noch mit 460 mm breiten Deckplatten verstärkt sind.

Portale mit Eckblechen (gusset plates) und
Ecksteifen (knee braces). Hiebei erfolgt die Versteifung

durch Bleche oder Streben, welche in die Zwickel zwischen Säule
und Deckenträger eingebaut sind. Fig. f u. g zeigen einseitige und
zweiseitige Eckblechportale, Fig. h ein- und Fig. i und Abb. 195 zweiseitige Ecksteifen. Da diese Verspannungen geschickt in den Mauern
untergebracht werden können und in der Ausnutzung des zwischen
Säulen und Trägern liegenden Raumes eine große Freiheit lassen,
so werden sie von allen Windverbänden am häufigsten benutzt.

Abb. 195.
Windverband mit Kniestreben.

In Abb. 196 ist die Anordnung der auf diese Weise ausgeführten
Windversteifungen in der Mauerfläche des Broadway beim Trust
Company of America Gebäude gezeigt. Die Details und Abmessungen
der Verspannungsglieder variieren in verschiedenen Feldern, bestehen aber alle aus Eckblechen oder Ecksteifen, die im Querschnitt nach den unteren Stockwerken zunehmen und durchweg so
angeordnet sind, um mit den Fensteröffnungen nicht in Kollision
zu kommen.

Die Mauerträger, welche gleichzeitig als Windstreben dienen,
sind vom 19. bis herab zum 15. Stockwerk Paare von 18 cm hohen

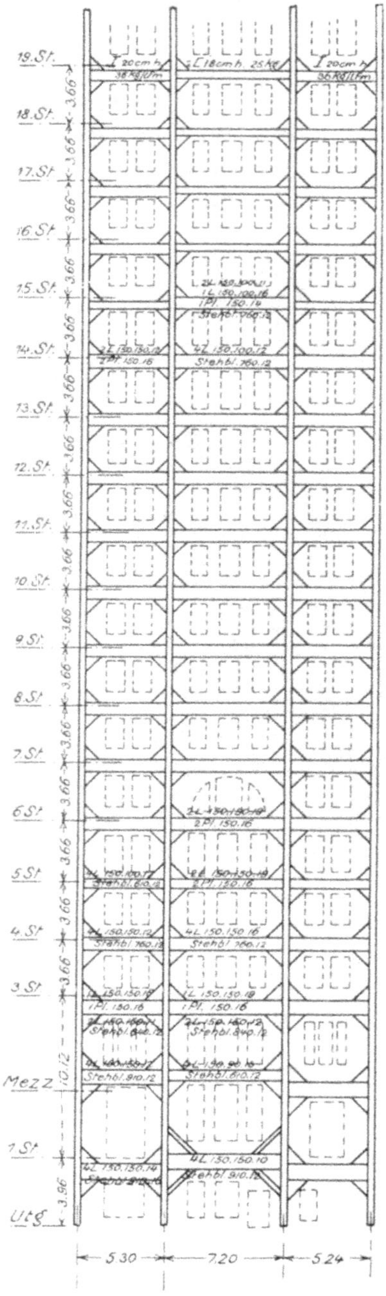

Abb. 196.

Windversteifung in der Mauerfront des Broadway beim Trust Company of America Gebäude in New York.

⊏-Eisen im mittleren und 20 cm hohen ⊥-Eisen in den äußeren Feldern. Im 15. Stock ist der mittlere Träger ein 76 cm hoher Blechträger mit einem 12 mm starken Steg und vier Winkeleisen mit 150 × 100 mm Schenkellänge. Ähnliche Träger sind im Mittelfelde weiter herab bis zum 7. Stockwerk benutzt worden.

Im 6. und 7. Stock sind die Träger 68 cm hoch gemacht worden, um für die großen Bogenfenster Platz zu lassen. Im 4. und 3. Stock und im Mezzaninboden haben die Träger wechselnde Höhen.

In den Feldern zu beiden Seiten des mittleren sind die Mauerträger vom 14. Stockwerk abwärts alle Blechträger mit 76 cm hohen Stegen, mit Ausnahme der unteren Stockwerke, wo ihre Höhe zwischen 61 und 92 cm schwankt, entsprechend den Anforderungen des Architekten.

Beim Detaillieren der Anschlüsse wurde Sorge getragen, diese einfach und so zu gestalten, daß möglichst viel Arbeit in den Werkstätten geleistet werden konnte, und auf der Baustelle tunlichst wenig Nieten zu schlagen waren.

Das Detail der Eckbleche ist in Abb. 197 gezeichnet. Diese sind in der Werkstätte bereits an die Träger festge-

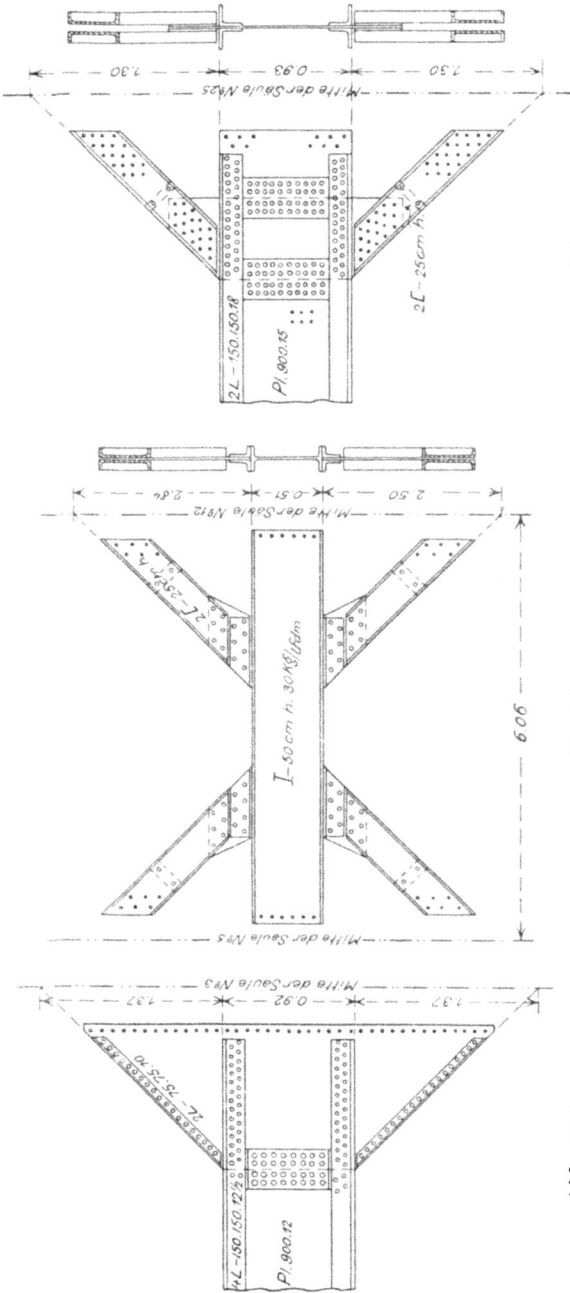

Abb. 199.

Abb. 198.

Abb. 197.

Abb. 197—199. Eckaussteifungen beim Trust Company of America Gebäude in New York.

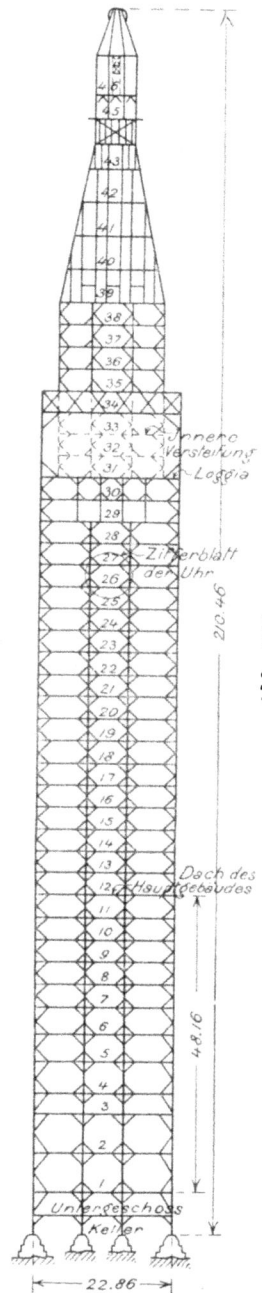

Abb. 200.

Windversteifung im Turme des Metropolitan Life Insurance Gebäudes in New York.

nietet worden. An seinem Ende ist das Blech mit einer vertikalen
Reihe Nietlöcher zum Befestigen an der Säule versehen.

Abb. 198 zeigt die Befestigung der Ecksteifen, welche aus zwei,
Rücken gegen Rücken liegenden ⊏-Eisen bestehen, an gewalzten
I-Trägern. Dies geschieht mittels Knotenblechen durch Paare hori-
zontaler Winkelstücke, welche am Flansch des Trägers festgenietet sind.

Abb. 199 gibt die Befestigung der Ecksteifen an den hohen Blechträgern. In diesem Falle ist ein eigens geformtes Blech in den
unterbrochenen Trägersteg eingeschaltet mit Überragungen über die
oberen und unteren Flanschen hinaus zum Anschlusse der oberen und
unteren Ecksteifen.

In der Abb. 200 ist der Windverbandaufriß des Turmes des
Metropolitan Life Insurance Company Gebäudes in New York sche-
matisch dargestellt. Diese Anordnung an der einen Turmseite ist
auch für die drei anderen Seiten typisch.

In dem pyramidenförmigen oberen Gebäudeteil werden die Windkräfte durch die geneigten Sparren und die Diagonalglieder herab
auf Höhe des 39. Stockwerks übertragen, unter welchem sie durch
hohe Mauerträger mit langen vertikalen Anschlüssen und durch
Ecksteifen und Eckbleche weitergeleitet werden. Vom 31. Stockwerk abwärts ist die reguläre Versteifung teils mit Eckblechen,
teils mit Ecksteifen bis hinab zum Untergeschoß ausgeführt. Die
Kniestreben der Ecksäulen bestehen aus Paaren von 30 cm hohen
⊏-Eisen mit Ausnahme der Ecksäulen vom 2. zum 12. Stockwerk,
wo Eckbleche verwendet wurden. Bei den mittleren Säulen sind die
Verspannungen bis herauf zum 12. Stock mit Blechen, von da aufwärts mit Paaren von Winkeleisen bewerkstelligt.

Die Kräfte sind so groß, daß doppelte Systeme von Trägern
und Kniestreben in allen unter dem 12. gelegenen Stockwerken verwendet werden mußten.

Die Aussteifung der Ecken mit Blechen findet eine ungemein
zahlreiche Anwendung, auch da, wo es sich nicht um eigentliche Windverbände handelt, sucht man häufig die Steifigkeit des Anschlusses
durch Einschaltung hoher Knotenbleche zu vergrößern, welche in
der Werkstätte bald an der Säule, bald an dem Träger befestigt worden sind.

Der Tischverband. Bei diesem wird die Unverschieb-
lichkeit durch Anordnung ungewöhnlich hoher Träger erreicht, so
daß Anschlüsse von großer Biegungsfestigkeit entstehen und jede einzelne Stockwerksdecke zur starren Tafel wird wie bei einer Tischplatte.

Als Träger werden meist Gitterträger, seltener Blechträger verwendet, mit leichtem Gitterwerk bzw. Stehblech und leichten Gurtungswinkeln. Die Träger werden so hoch als möglich ausgeführt. Am besten ist dies in den Flächen der Außenwände möglich, wo sie vom oberen Fensterende bis hinauf unter das Gesims des nächstoberen Fensters reichen können.

Die Träger nehmen natürlich gleichzeitig die ihnen zukommenden Decken- bzw. Mauerlasten auf. Sie dienen sowohl als Unterzüge und Mauerträger als auch als Windstreben zur Übertragung der Windkräfte.

Abb. 201 u. 202 zeigt einen Gitterträger, in der Schmalseite der Umfassungswände des Humboldt Savings Bank Gebäudes in San Francisco angeordnet, derselbe hat eine Höhe von 1,22 m, die Gurtungen bestehen aus einem Stehblech und

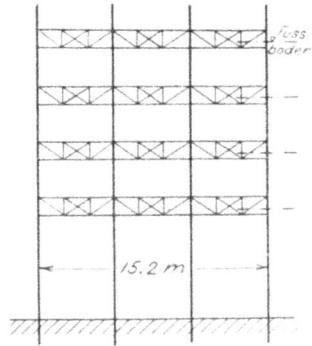

Abb. 201.
Windversteifung im Humboldt Savings Bank Gebäude in San Franzisco.

zwei Winkeln, die Ausfachung ebenfalls aus Winkeln. Die Knotenbleche sind mit Winkeleisen an die Säulen angeschlossen.

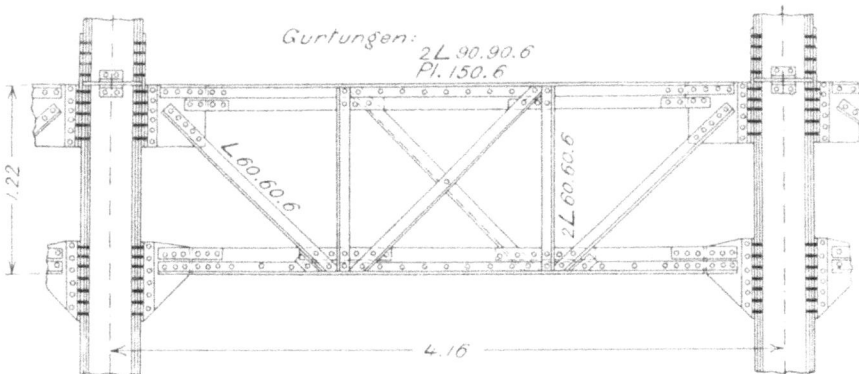

Abb. 202.
Hoher Wandträger im Humboldt Savings Bank Gebäude in San Francisco.

Vorkehrungen gegen Erdbebenstöße. Wie im nächsten Abschnitt kurz gezeigt wird, ist der Einfluß von Erdbebenstößen, wenigstens einer gewissen Art derselben, von der Wirkung des Windes nicht sehr verschieden. Die Vorkehrungen, welche man für die Aufnahme der Windkräfte trifft, dienen daher auch zur Aufnahme der Stöße durch Beben. In einigen Fällen ist man in den von Erdbeben heimgesuchten Teilen des Landes mit den konstruktiven Vorkehrungen noch weiter gegangen. Am weitesten wohl bei einem 10 stockigen Bureaugebäude in San Francisco.

Das frühere Haus des Eigentümers war durch das Erdbeben des Jahres 1906 zerstört worden, und für das neue Gebäude sollte

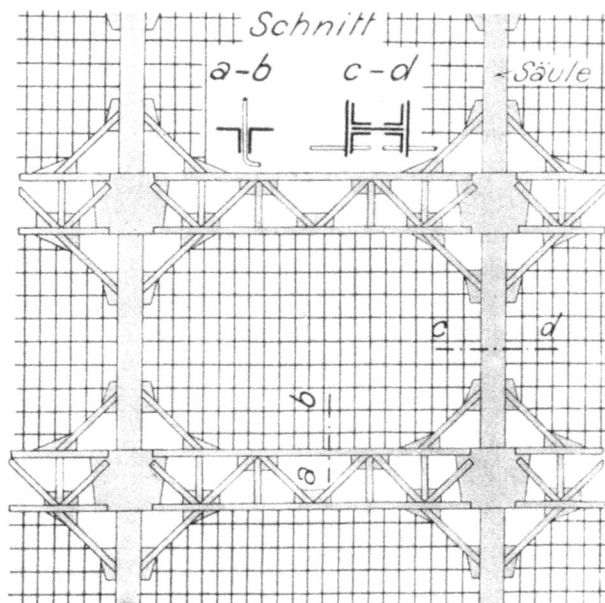

Abb. 203.
Versteifung gegen Erdbeben in einem Hause in San Franzisco.

deshalb das Menschenmögliche für die Erlangung einer Erdbebensicherheit getan werden.

Abb. 203 zeigt, wie man in den Flächen der vollen Umfassungswände vorging. Man ordnete hohe Gitterträger an, deren Gurtungen mit Eckstreben nochmals gegen die Säulen abgestützt wurden. Zur Verankerung des Mauerwerks durchzog man die Felder mit einem Netz von Rundeisen in horizontaler und vertikaler Richtung, so daß das Herabfallen von Steinen bei Erschütterungen ausgeschlossen war. Die horizontalen Rundeisen wurden in besondere Löcher in den Säulen, die vertikalen zwischen die Gurtungswinkel eingeführt und beidemal umgebogen.

Rechnerische Grundlagen. Die Richtung des Winddrucks wird horizontal, seine Größe zu 145 kg pro qm dem Wind ausgesetzter Fläche angenommen, wobei gewöhnlich diejenigen Gebäudeflächen, welche dem Einfluß des Windes durch bestehende Gebäude entzogen sind, nicht berücksichtigt werden.

Im folgenden soll gezeigt werden, wie bei einem mit Eckblechen oder Ecksteifen ausgestatteten Tragsystem durch Annäherungsrechnung vorgegangen wird. Das System wird als voller Balken gedacht, aus dem einzelne Rechtecke herausgeschnitten sind. Hienach wird angenommen, daß eine neutrale Achse vorhanden ist, auf deren einer Seite Zug-, auf deren anderer Druckspannungen entstehen. Die in den Säulen wirkenden Kräfte sind dann dem Säulenabstand von der neutralen Achse proportional. Die horizontalen Scherkräfte werden von den Trägern, die vertikalen von den Säulen aufgenommen.

In dem in Abb. 204 dargestellten Windträger seien die Säulen im gleichen 5 m weiten Abstand gestellt. Die Geschoßhöhen seien ebenfalls gleich und betragen 4 m. Die auf einen Knotenpunkt fallende Windlast sei 5 t, dann ist das äußere Moment in bezug auf die Mittelebene unter dem 1. Stockwerk:

$$M_1 = 725,00 \text{ mt.}$$

Abb. 204.

Die in den Säulen wirkenden Kräfte sind auf der der neutralen Achse zugekehrten Windseite Zug-, auf der abgekehrten Seite Druckkräfte. Die in den inneren Säulen wirkenden Kräfte verhalten sich zu denjenigen in den äußeren Säulen wie 1:3. Die Resultante der beiden Zug- oder Druckkräfte wirkt in einem Abstande von 1,25 m von der äußeren Säule, somit haben die beiden Resultanten der Zug- und Druckseite einen Abstand von 12,50 m.

Es muß nun das äußere Angriffsmoment = dem inneren widerstehenden Momente sein, d. h. $M_1 = R \cdot 12,50$

$$R = \frac{M_1}{12,50} = \frac{725,00}{12,50} = 58,00 \text{ t.}$$

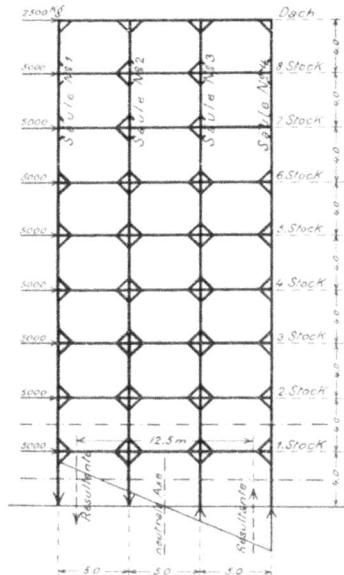

12*

Damit:

$$\text{Kraft in den äußeren Säulen} = \frac{3}{4} \cdot 58{,}00 = 43{,}50 \text{ t.}$$

$$\text{»} \quad \text{»} \quad \text{»} \quad \text{inneren} \quad \text{»} \quad = \frac{1}{4} \cdot 58{,}00 = 14{,}50 \text{ t.}$$

Im nächst oberen Stockwerk sind die Säulenkräfte im Verhältnis der Momente geringer, das Moment daselbst ist:

$$M_2 = 565{,}00 \text{ mt.}$$

Also die Säulenkräfte:

$$\text{Kraft in den äußeren Säulen} = \frac{565}{725} \cdot 43{,}50 = 33{,}90 \text{ t,}$$

$$\text{»} \quad \text{»} \quad \text{»} \quad \text{inneren} \quad \text{»} \quad = \frac{565}{725} \cdot 14{,}50 = 11{,}31 \text{ t.}$$

Nach Abb. 205, Fig. 1, befindet sich nun der Knotenpunkt der 1. Säule im Gleichgewicht bei Angriff der 'daselbst eingezeichneten Kräfte. Ein Moment um den unteren Momentennullpunkt ergibt X:

$$0{,}883 \cdot X \cdot 4{,}0 + 0{,}117 \cdot X \cdot 2{,}0 = 9{,}60 \cdot 2{,}5; \quad X = 6{,}37 \text{ t.}$$

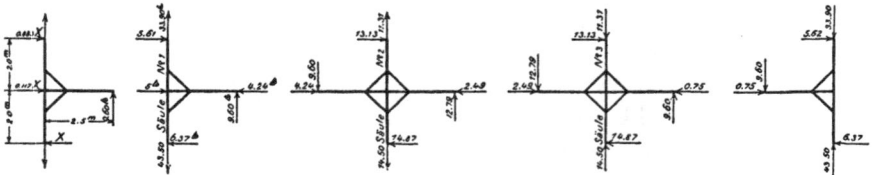

Fig. 1.   Fig. 2.   Fig. 3.   Fig. 4.   Fig. 5.

Abb. 205.

Hiemit wirken dann auf den Knotenpunkt der 1. Säule die in Fig. 2 dargestellten Kräfte. In gleicher Weise erhält man die Kräfte für die Knotenpunkte der 2., 3. und 4. Säule, welche in den Fig. 3, 4 u. 5 dargestellt sind.

Die Säulen werden also auf Biegung und Druck bzw. Zug, die Träger auf Biegung und Druck und die Kniestreben auf Zug und Druck beansprucht.

Was nun den Einfluß von Erdbeben anbelangt, so wird von den Architekten und Ingenieuren allgemein anerkannt, daß die Eisengerippe der hohen Gebäude dem Erdbeben in San Francicso des Jahres 1906 in zufriedenstellender Weise standgehalten haben. Diese Tatsache hat sowohl Bauherren als Architekten mit hohem Vertrauen erfüllt, und man ist überzeugt, daß diese Konstruktionsart für Bauten an der pazifischen Küste die allein richtige sei.

Die Wirkung eines Erdbebens auf ein Gebäude äußert sich in der Hervorbringung eines Stoßes auf dasselbe, solche Stöße können in mehr horizontaler oder mehr vertikaler Richtung erfolgen, je nachdem das Erdbebenzentrum Wellen von großer oder von kleiner Länge erzeugt. Der erstere Fall scheint für hohe Gebäude der gefährlichere zu sein.

Bedeutet G das Gewicht eines Stockwerks (Abb. 206) des Hauses und a die durch das Beben hervorgerufene Beschleunigung, so ist die auf · das Bauwerk übertragene Kraft, welche von den Fundamenten aufgenommen wird:

$$K = M \cdot a = \frac{5 \cdot G}{g} \cdot a.$$

Die Wirkung ist dieselbe, als ob in jedem einzelnen Stockwerk eine horizontale Kraft $\frac{G}{g} \cdot a$ angreifen würde, die Wirkungsart entspricht also derjenigen des Windes.

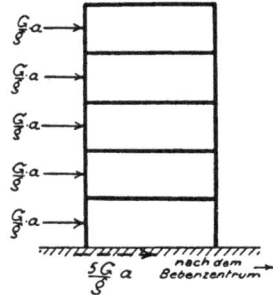

Abb. 206.

g) Aufstellung der eisernen Tragekonstruktion.

Das Beiführen der oft sehr schweren und großen Eisenteile geschieht meist auf vierräderigen Wagen, von deren eisernem Langbaum Ketten herabhängen, die um die Eisenstücke geschlungen sind. Hiebei kann das Auf- und Abladen in sehr einfacher Weise vor sich gehen, ohne daß die Stücke gehoben werden müssen (Abb. 207).

Werden andere Wagen verwendet, so werden die Eisenteile vor der Baustelle mit dem Derrick vom Wagen abgehoben und auf dem Boden gelagert.

Dabei wird immer nur soviel Eisen zugeführt als unmittelbar nötig ist, so daß der Raum vor der Baustelle nicht zu sehr eingeschränkt wird. Dies erfordert natürlich eine sehr genaue Bestellung und ebensolche Ausführung derselben, sowie immerwährende Aufsicht und Aufzeichnungen des Fortschritts der angefertigten und der versetzten Stücke.

Die Derricks, die wir bereits früher flüchtig kennen gelernt haben, bewerkstelligen die Aufstellung der Eisenkonstruktion. Nur werden hiebei meist Derricks verwendet, deren senkrechter Mast nicht mit zwei Streben, sondern mittels einer größeren Zahl von Drahtseilen verankert ist (Abb. 208). Diese sind nach so entfernten Verankerungs-

Abb. 207.
Beiführen von Eisenkonstruktionsgliedern.

punkten gespannt, daß sich der Ausleger unter ihnen in vollem Kreise durchschwenken läßt. Das Eisenwerk selbst bietet zur Befestigung und Verankerung der Seile eine vorzügliche Gelegenheit (Abb. 209).

Der senkrechte Mast steht mit einem Spurzapfen in einer Spurplatte, welche auf zwei Schwellhölzern befestigt ist. Der Ausleger ist mit seinem unteren Ende am unteren Ende des Mastes befestigt, und zwar mit Hilfe eines Zapfengelenks, so daß er in einer Vertikalebene drehbar ist. Das seitliche Schwenken des Derricks geschieht entweder von Hand, indem in den Mast ein Hebel eingesteckt und an demselben gedrückt wird, oder maschinell wie beim Bockstrebenderrick in Abb. 111.

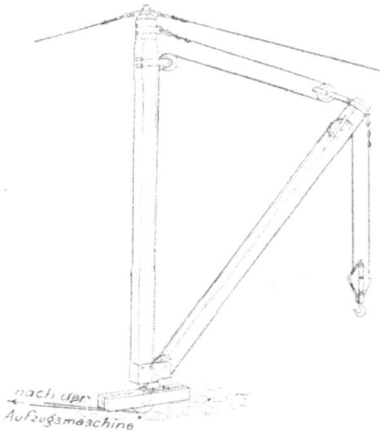

Abb. 208.
Hölzerner Derrick.

Mast und Ausleger bestehen aus Holz oder Eisen. Da das Holz nur bis zu gewissen Dimensionen im Handel zu haben ist, so können eiserne Derricks für größere Lasten gebaut werden. Abb. 210 zeigt einen Derrick beim Bau des Fifth Avenue Gebäudes am Madison Square in New York, der aus Gitterwerk ausgeführt ist und wobei die Querschnittsabmessungen, entsprechend den auftretenden Knick- und Biegungskräften, von den Enden nach der Mitte allmählich zunehmen. Die meisten Unternehmer haben spezielle Details für die von ihnen benutzten Derricks.

Die nötige Tragfähigkeit der Derricks hängt ab von dem Gewicht des schwersten zu bewegenden Stückes. Im Mittel werden Derricks von 8—20 t Tragfähigkeit und einer Reichweite von 8—15 m verwendet. Doch können auch schwerere Lasten zu heben sein und entsprechend tragfähigere Derricks zur Anwendung gelangen müssen. So wog beispielsweise die schwerste Säule im Singer Gebäude in New York 26 t, beim Municipal Gebäude in New York wog das schwerste Stück, eine Säule, das mit einem einzigen Derrick gehoben wurde, 40 t. Hiezu wurde ein Derrick von 30 t Tragkraft und 20 m langem Ausleger verwendet, der also etwas überanstrengt wurde. Das überhaupt schwerste Stück in diesem Bau war ein 11 m langer und 3,5 m hoher Blechträger, der von zwei Auslegern, die an den Enden faßten, gehoben wurde. Dieses wog 50 t und mußte auf besonderem Wagen mit einer Bespannung von 34 Pferden zur Baustelle geschafft werden.

Abb. 209.
Befestigen eines Verankerungsseiles für einen Derrick.

Für Gebäude von mäßigen Grundrißabmessungen kann ein einziger Derrick genügen; derselbe muß so aufgestellt sein, daß er die ganze Fläche des Gebäudes und einen Teil der anliegenden Straßen zu beherrschen imstande ist. Für Gebäude von größeren Abmessungen müssen mehrere Derricks zur Aufstellung gelangen. So sehen wir in

Abb. 210.
Eiserner Derrick am Fifth Avenue Gebäude in New York.

Abb. 211 u. 212, welche den Aufbau des Hudson Terminal Gebäudes in New York darstellen, 12 Stück hölzerne Derricks in Tätigkeit.

Die Säulen werden natürlich zuerst versetzt, dann folgen die Unterzüge und schließlich die Nebenträger. Der Derrick faßt die Stücke etwa in der Mitte, während am einen Ende ein Seil angebunden ist, das von einem oder mehreren Arbeitern gehalten wird, um unbeab-

Abb. 211.
Aufstellung des eisernen Tragwerks beim Hudson Terminal Gebäude in New York.
Zustand am 11. Sept. 1907.

sichtigte Drehungen des Stückes zu verhindern und dasselbe beim
Versetzen in die gewünschte Lage zu bringen. Große Sorgfalt muß
natürlich verwendet werden, um die Säulen ins Lot zu setzen.
Dies geschieht durch Einziehen X-förmiger Versteifungen aus mit
Spannschlössern versehenen Drahtseilen zwischen die vertikalen Felder.
Die Spannschlösser werden umgedreht, bis die Vertikalstellung er-
reicht ist und die Drahtseile so lange an Ort und Stelle belassen,
bis alle Verbindungen genietet sind.

Da die Säulen gewöhnlich in 2 stockigen Längen zur Verwendung
kommen, so versetzt der Derrick das Eisenwerk zweier Stockwerke
von einer Lage aus, dann wird er um 2 Stockwerke höher gesetzt.
Trotzdem es sich um schwere Teile handelt, geht dies mit großer
Leichtigkeit und Schnelligkeit vor sich. Die Zeit, während welcher
selbst die größten Derricks· beim Versetzen außer Tätigkeit bleiben
müssen, überschreitet kaum je das Maß von $3\frac{1}{2}$ Stunden, ja bei
manchen Bauten benötigte man dazu nur eine Stunde. Die Arbeit
geht so vor sich, daß zuerst der Ausleger abgenommen und durch
den Ständer mittels der am Derrick befindlichen Flaschen hochgezogen wird. Dann wird der oben befindliche Ausleger als Ständer
zum Aufziehen des richtigen Ständers benutzt, und zu diesem Zweck von
seinem oberen Ende aus mit Ankerseilen verankert. Man benutzt also
die einzelnen Teile des Derricks dazu, sich gegenseitig hochzuheben.

Der Antrieb der Derricks geschieht meist durch Dampfmaschinen,
zuweilen auch mit Elektromotoren, welche in den unteren Stockwerken aufgestellt sind. Die Verständigung zwischen dem Maschinisten derselben und den Monteuren geschieht mit Glocken- oder
elektrischen Signalen, wenn beide einander nicht sehen können, sehr
häufig aber auch durch einen Mittelsmann, der sich so aufstellt, daß
er vom Maschinisten gesehen wird und selbst zu den Montagestellen
sehen kann, mit Handbewegungen, die ohne ein gesprochenes Wort
eine vollendete Sicherheit der Ausführung der beabsichtigten Mani-
pulationen ermöglichen.

Beim Bau des Municipal Gebäudes wurde ein besonderes System
elektrischer Signalübermittelung angewendet, der Signalmann, der
hoch oben stand, wo er die Bewegungen des Derricks wahrnehmen
konnte, hatte einen Gürtel umgeschnallt, auf welchem sich eine
Anzahl von Druckknöpfen befand, welche die im Maschinenhause
befindlichen Signale durch ein Kabel in Tätigkeit setzten, das mehrere
Paare isolierter Kupferdrähte enthielt und durch eine äußere Drahtumwicklung geschützt war.

Abb. 212.
Aufstellung des eisernen Tragwerks beim Hudson Terminal Gebäude in New York.
Zustand am 25. Sept. 1907.

Die Signale wurden im Maschinenraum durch eine elektrische Glocke und eine Anzahl verschiedenfarbiger Lichter gegeben und sahen Zeichen vor für Heben oder Senken der Last mit großer oder kleiner Geschwindigkeit, für Drehen des Auslegers nach rechts oder links und für das Anhalten jeder dieser Bewegungen.

Weiterhin war Vorsorge getroffen, daß ein Brechen des Kabels von selbst gemeldet wurde. Zu diesem Zweck befand sich in Kabelmitte ein besonderes Drahtpaar, in dem ein konstanter elektrischer Strom lief. Bricht das Kabel, so wird der Strom unterbrochen, wodurch eine Alarmglocke in Tätigkeit gesetzt wird.

Ein weiterer wichtiger Bestandteil der Einrichtung war ein selbsttätiger Registrierapparat für die übergebenen Signale, der mittels eines Uhrwerks umgetrieben wurde. Damit konnte festgestellt werden, ob die Signale richtig gegeben und richtig ausgeführt wurden oder nicht.

Die Geschwindigkeit, mit welcher die Materialien gehoben werden, beträgt etwa 60 cm in der Sekunde.

Abb. 213.
Montage am Singer Gebäude.
Im Hintergrunde das West Street Gebäude.

So wurden beispielsweise beim Singer Gebäude die Eisenteile vom Erdboden bis zu einer in Höhe des 14. Stockwerks errichteten Plattform mit 61 m Höhenunterschied in 1½ Minuten und von dieser Plattform bis hinauf auf die Turmspitze mit 107 m Höhenunterschied in weiteren 3 Minuten hochgehoben.

S c h n e l l i g k e i t   d e r   A u f s t e l l u n g . Die Schnelligkeit, mit welcher das eiserne Tragwerk aufgestellt wird, ist staunenswert, sie ist der Hauptgrund für die Möglichkeit des raschen Baues der Wolkenkratzer überhaupt, die allerdings hochbezahlten Montagearbeiter benehmen sich mit einer außerordentlichen Kühnheit und Waghalsigkeit (Abb. 213). Wenn man ein im Stadium des Aufbaues begriffenes Gebäude nur wenige Tage nicht mehr gesehen hat, so ist das an das langsame Tempo der europäischen Häuser gewohnte Auge fast nicht imstande, zu begreifen, daß der Bau derartige Fortschritte gemacht hat. Das Geheimnis liegt in dem Umstand, daß mit allen Mitteln gesucht wird, schon beim Entwurfe und dann insbesondere bei der Einzelausarbeitung die teure Arbeit auf der Baustelle einzuschränken und sie in die Fabrikwerkstätte zu verlegen, wo billige Maschinenarbeit zu Hilfe genommen werden kann.

Die hohen Bauten kosten häufig mehrere Millionen Dollar, sie werfen daher eine hohe Summe als Mietzins ab. Deshalb ist Schnelligkeit in der Aufstellung sehr wichtig, jeder Tag hat einen hohen baren Wert, und es lohnt sich, die Arbeit mit der größten Schnelligkeit, ungeachtet Ausgaben, auszuführen, wobei trotzdem die Sicherheit des Publikums und des Heeres der Angestellten und Arbeiter sowie der anliegenden Häuser Gegenstand ernster Aufmerksamkeit ist. Alles geht so rasch, daß in einigen Fällen die hohen neuen Gebäude ausgerüstet und besetzt worden sind innerhalb eines Jahres von der Zeit ab, wo das alte Gebäude von den Insassen verlassen wurde. Solche Resultate werden natürlich nur durch die beste Organisation und Einrichtung erzielt, wobei nach einem detaillierten Arbeitsplan vorgegangen wird, in dem jede wichtige Operation verzeichnet ist. Tägliche Besprechungen zwischen den leitenden Ingenieuren, den Aufsehern und Unternehmern werden abgehalten, um für den nächsten Tag die Hunderte von Wagenladungen von Materialien und Baueinrichtungen zu bestellen, die täglich beim Bau gebraucht werden. Schwere Eisenteile und andere Stücke, die besondere Wagen und große Bespannung erfordern, werden zur Nachtzeit oder Sonntags angeliefert, um so den großen Verkehr nicht zu beeinträchtigen und selbst den damit verbundenen Unannehmlichkeiten zu entgehen.

Beim Bau des 17 stockigen Plaza Hotels in New York mit etwa 9100 t Eisenwerk waren 7 Derricks von je 18 t Tragkraft und 18 m langen Auslegern für die Aufstellung der Eisenkonstruktion in Tätigkeit. Die maximale Schnelligkeit betrug 2 Stockwerke in 6 Tagen oder 640 t in derselben Zeit. Die zur Aufstellung der gesamten Eisenkonstruktion benötigte Zeit betrug 7 Monate.

Beim United States Express Gebäude mit 23 Stockwerken über dem Boden betrug der Maximalfortschritt ein Stockwerk oder 180 t in 16 Arbeitsstunden.

Hiebei können als mittlere Arbeiterzahl zur Bedienung eines Derricks, wobei Monteure und Hilfsarbeiter eingeschlossen sind, 10 angenommen werden.

Die Aufstellung der Eisenkonstruktion für das großartige 33 stokkige City Investing Gebäude in New York mit einer Grundfläche von gegen 3000 qm erforderte eine Zeit von nur 9 Monaten. Das Gewicht der Eisenkonstruktion betrug 11 000 t.

Einen Rekord für schnelle Aufstellung der Eisenkonstruktion können die Unternehmer des 18 stockigen Underwood Gebäudes in New York für sich in Anspruch nehmen. Die Grundrißabmessungen des Gebäudes betragen 15,8 × 23,2 m. Der Bau wird von 26 Säulen getragen. Am 28. November wurde das erste Eisen angeliefert und mit der Aufstellung begonnen mit 20—30 Arbeitern. Am 1. Dezember war die Aufstellung des Straßenstockwerks vollendet, am 19. Dezember war das 7. Stockwerk aufgestellt, am 31. Dezember war das 15. Stockwerk fertig, und am 16. Januar war die Aufstellung mit dem 19. Stockwerk vollendet, so daß das eiserne Tragwerk in 49 Tagen aufgerichtet worden war.

h) Nietung.

Die Vernietung folgt der Aufstellung so nahe als möglich und ist meistens nicht mehr als 3 Stockwerke zurück.

Die Durchmesser der zur Anwendung kommenden Nieten betragen 18, 21 und 25 mm. Die Nieten werden mit pneumatischen Hämmern geschlagen (Abb. 214 u. 215), die von Luftkompressoren versorgt werden, welche fast stets im unteren Stockwerk aufgestellt sind. Der Antrieb derselben geschieht mit Dampfmaschinen oder Elektromotoren. Die Leitungen werden senkrecht emporgeführt, in den Stockwerken werden Zweigleitungen angesetzt, die der freien Beweglichkeit wegen aus Gummischläuchen mit Drahtumwicklung bestehen. Die Arbeiter, welche die Niethämmer führen, haben wegen des starken Rückschlages Lederhandschuhe an, auch wird zwischen den beiden Leuten, welche den Niethammer und den Setzhammer halten, abgewechselt.

Die Erhitzung der Nieten geschieht meist auf Ölfeuern, welche mit Gebläseluft aus den Kompressoren versorgt werden.

Abb. 214.
Pneumatischer
Niethammer.

Die Nietlöcher werden, wie auch sonst in Amerika im Gegensatz zu dem in Deutschland üblichen Verfahren, gestanzt. Beim Singer Gebäude glaubte man bei den Nietlöchern für die Anschlüsse der Windverbände, auf welche man besonders großen Wert legte, ein Übriges zu tun, wenn die Löcher nur mit 20 mm Durchmesser gestanzt und auf den erforderlichen

Abb. 215.
Pneumatische Nietung.

Durchmesser von 23 mm ausgerieben wurden, was mit Luftreibern geschah.

Die Zahl der bei einem Riesenhausbau benötigten Nieten ist ganz gewaltig. So wurden beim Singer Gebäude 237 000 Feldnieten geschlagen. Hiezu waren 12 pneumatische Hämmer in Tätigkeit, die von zwei auf dem Erdboden aufgestellten Kompressoren versorgt wurden.

Eine einzige Nietmannschaft besteht meist aus 4 Arbeitern, die im Mittel 300—400 Nieten pro Tag schlagen, natürlich sind auch hierin zahlreiche Rekorde aufgestellt worden, so sollen von einer einzigen Nietpartie am Singer Gebäude in einem Tage einmal 1300 geschlagen worden sein.

Beim Hudson Terminal Gebäude in New York waren 5 Luft-kompressoren aufgestellt, die Luft mit einer Pressung von rund 8 kg/qcm durch 4 vertikale 7½ cm weite Röhren lieferten. In jedem Stockwerk waren Stutzen zur Herstellung der Anschlüsse vorhanden. Im ganzen waren nicht weniger als 34 pneumatische Hämmer in Tätigkeit.

VII. Schutz des eisernen Tragwerks gegen Witterungseinflüsse und Feuer.

Ungeschütztes Eisen würde sowohl durch die Einflüsse der Witterung allmählich verrosten und zugrunde gehen, als auch bei entsprechenden Hitzegraden seine Tragfähigkeit verlieren. Im letzteren Falle wären hölzerne Säulen oder Balken immer noch länger widerstandsfähig, weil sich um deren Umfang eine angekohlte Schicht bildet, welche den Kern vor weiteren Angriffen schützt, so daß wenigstens ein Teil des Querschnitts noch volle Tragfähigkeit behielte. Eiserne Säulen dagegen sacken, wenn die Temperatur im brennenden Gebäude bis auf Glühhitze gestiegen ist, glatt zusammen und verlieren jede Tragkraft. Die Träger biegen sich durch und brechen in der Mitte auseinander. Der unschätzbare Wert einer guten, widerstandsfähigen Ummantelung der eisernen Tragwerksglieder liegt daher auf der Hand und wird drüben auch in hohem Maße gewürdigt, man bedenke nur, daß eine einzige schlecht ummantelte Säule den Einsturz des ganzen Gebäudes zur Folge haben kann. Das Verhalten der Ummantelungsmaterialien bei Schadenfeuern hatte man zu wiederholten Malen bei großen Stadtbränden zu beobachten Gelegenheit (Pittsburg, Baltimore, San Francisco), mit den gesammelten Erfahrungen war es leicht festzustellen, wo der Hebel zu Verbesserungen anzusetzen war.

Dagegen blieb die Frage offen, welchen Schutz der Mantel dem Eisenwerk gewährt gegenüber den Einflüssen der Atmosphäre.

Es wurde daher allerseits mit Spannung erwartet, als das Gillender-Gebäude, ein im Jahre 1897 nach den neuesten Prinzipien erstellter 16 stockiger Wolkenkratzer, einem höheren Haus Platz machen sollte und daher abgetragen werden mußte.

Beim Abbruch wurde das Eisenwerk sorgfältig untersucht und in tadelloser Beschaffenheit vorgefunden ohne erwähnenswerten Rostansatz. Hiebei ist allerdings zu bemerken, daß das Gebäude erst 13 Jahre stand und daher ein absolut sicherer Schluß auf das weitere günstige Verhalten nicht gezogen werden kann.

Die feuer- und witterungsschützende Ummantelung geschieht mit a) Terrakotta und b) Beton und Eisenbeton.

a) Ummantelung mit Terrakotta.

Als Terrakotta bezeichnet man hohle, gebrannte Steine aus Ton, die bis auf eine Temperatur von 1100—1400 ° C erhitzt worden sind. Hohle Steine verwendet man deshalb, weil sie leicht sind und weil das Material besser und sicherer durchgebrannt ist. Dieses erfährt weiterhin eine Erleichterung im Gewicht, indem man mit dem rohen Ton Sägemehl zusammenmischt. Während des Brennprozesses verbrennt sodann das Sägemehl, und es bleiben kleine Hohlräumchen zurück. Je nach der Menge des zugesetzten Sägemehls unterscheidet man »dichte«, »halbporöse« und »poröse« Steine. Poröse Terrakotta ist ein besser gegen Feuer und Wasser widerstandsfähiges Material als dichte oder halbporöse Terrakotta, dagegen hat es keine so große Widerstandsfähigkeit gegen Druck, es wird deshalb dichte oder halbporöse Terrakotta für Decken und Gewölbe, poröse dagegen auch für Scheidewände und als Säulen- und Trägerbekleidung verwendet.

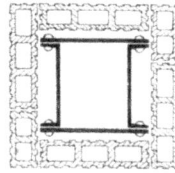 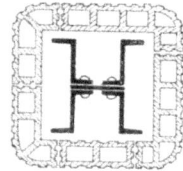

Abb. 216.   Abb. 217.
Säulenmantel aus Terrakotta.

Säulenummantelung. Die Ummantelung der Säulen geschieht mit mindestens 5 cm starken Platten aus poröser Terrakotta. Rechteckige Säulen werden gewöhnlich mit rechteckiger Umhüllung bedeckt, deren Steine versetzte Stöße haben (Abb. 216). Für abgerundete Ecken sind besondere Steine vorhanden (Abb. 217). Die Säulen sollten unabhängig von allenfalls längs derselben hochgeführten Röhrenfahrten ummantelt werden; diese können dann an der Außenseite angebracht und mit besonderer Umhüllung geschützt werden (Abb. 218). In vielen Fällen läßt man zwischen Eisensäule und Terrakottamantel absichtlich einen Zwischenraum, um noch eine trennende, schlecht leitende Luftschicht zu haben, doch ist diese Anordnung keineswegs zu billigen, weil gegen die Säule stürzende Gegenstände die dünne Terrakottahülle leicht eindrücken und damit dem Feuer den Zutritt zum Eisen gestatten. In einigen Fällen, wo Röhrenbündel im Säuleninnern hochgeführt wurden, geschah bei Feuersbrünsten die Sprengung der Terrakottaschale von innen, indem die Hitze eine Verlängerung und Verkrümmung der Röhren herbeiführte, wodurch die Steine hinausgedrückt wurden.

Abb. 219 zeigt eine Säule vom Fifth Avenue Gebäude in New York. Dieselbe ist von einer rechteckigen 5 cm starken Hülle aus hohlen Terrakottasteinen eingeschlossen, die sich so nahe als möglich an das Eisen legt. Diese rechteckige Hülle ist hinwiederum von einem zylindrischen 7½ cm starken Terrakottamantel umgeben. Die Räume zwischen beiden sind zur Führung von Röhren, Drähten und anderen Leitungen benutzt worden.

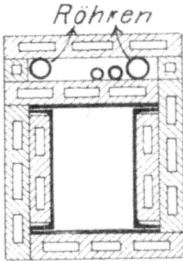

Abb. 218.
Säulenummantelung beim Metropolitan Life Insurance Company Gebäude.

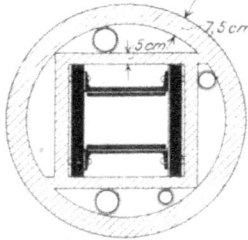

Abb. 219.
Ummantelung der Säule im 1. Stockwerk des Fifth Avenue Gebäudes in New York.

Trägerummantelung. Die Ummantelung der Deckenträger soll zusammen mit den Terrakottadecken besprochen werden.

Die Unterzüge, welche unter die Decken hinabreichen, werden wieder mit mindestens 5 cm Terrakotta bekleidet, auch am besten

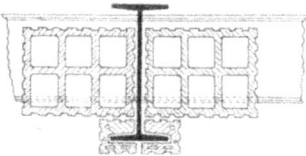

Abb. 220.

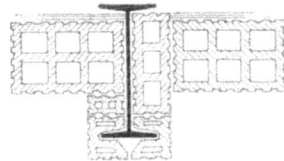

Abb. 221.
Ummantelung einfacher Unterzüge.

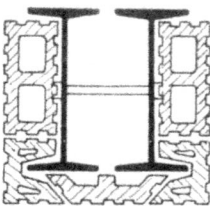

Abb. 222.

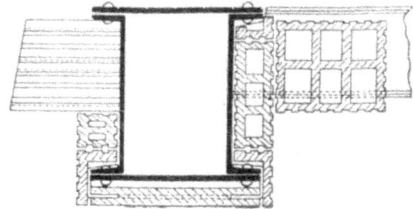

Abb. 223.

mit poröser Terrakotta, weil diese der schlechteste Wärmeleiter ist.

Die unteren Flanschen der Unterzüge werden gewöhnlich mit Hakenziegeln bedeckt (Abb. 220 u. 221). Bei Doppelträgern wird die

Unterseite mit einer Platte geschützt, welche in die Abschrägungen der Hakenziegel hineinpaßt (Abb. 222). Bei noch breiteren Flächen werden die Verkleidungen an Metallhäkchen aufgehängt, wie dies die Abb. 223 zeigt. Der Schutz der Unterzüge kann gleichzeitig mit der Decke oder erst später angebracht werden. Im ersteren Falle geht

Abb. 224.

der Verkleidungsstein des Steges vom Hakenstein bis zum Ober-flansch des Trägers und an ihn schließt sich die Decke an (rechte Seite der Abb. 221), im letzteren Falle wird der Raum zwischen Hakenstein und Deckenstein mit einem niedrigen Stein oder Hohl-ziegel ausgefüllt (linke Seite der Abb. 221).

b) Ummantelung mit Beton und Eisenbeton.

Diese Art der Ummantelung besitzt vor der vorhergehenden verschiedene Vorzüge und ihre Anwendung ist im Zunehmen begriffen, weil eben ein zusammenhängender, fest an dem Eisen haftender Mantel ohne Fugen insbesondere gegen die äußere Einwirkung mechanischer Kräfte viel widerstandsfähiger als eine Ummantelung mit einzelnen Steinen ist.

S ä u l e n u m m a n t e l u n g. Die einfachste Art besteht darin, daß man die Säule mit Drahtgeflecht umgibt und einige Lagen von Zement anwirft, so daß man eine Stärke von etwa 5 cm erhält (Abb. 224). Gewöhnlich wird aber die Betonschale stärker angenommen, dazu muß die Säule eingeschalt und der Beton eingegossen werden (Abb. 225). Als Drahtgeflecht wird Streckmetall oder das von der Clinton Wire Gesellschaft vertriebene Maschengewebe verwendet. Häufig wird verlangt, daß diese Geflechte verzinkt sind. Beim Emigrant Industrial Savings Bank Gebäude war um den 5—8 cm starken Betonschutz noch Ziegelmauerwerk von 5—10 cm Stärke herumgemauert, das dann die Holzschalung ersetzte.

Abb. 225.
Verschalung für einen Betonmantel.

Beim Bau des Humboldt Savings Bank Gebäudes wurde die Betonhülle mit einem Röblingschen Drahtgewebe umgeben und hierauf ein 2½ cm starker Bewurf aufgebracht, der als Schutzschale der eigentlichen Betonumhüllung dienen soll.

T r ä g e r u m m a n t e l u n g. Die Herstellung der Feuer- und Rostsicherheit der Deckenträger wird teilweise bei den Decken besprochen werden. Die Träger werden auf allen Seiten mit Drahtgewebe umgeben, welches an sie festgemacht ist und der Beton in einer Stärke von mindestens 5 cm zwischen einer herzustellenden Holzschalung und dem Träger eingegossen. Sind doppelte oder mehrfache Unterzüge nebeneinander da, so wird der Zwischenraum gewöhnlich mit Beton ausgefüllt.

Im neuen Municipal Gebäude der Stadt New York sind selbst die großen Fachwerkträger in solide Massen von Beton eingeschlossen worden, die jedes Glied mit einer Minimalstärke von 8 cm umgeben. Die ein-, zwei- und dreifachen Blechträger sind ähnlich durch Beton feuersicher gemacht, die Räume zwischen den Stehblechen sind voll mit Beton ausgefüllt. Der Beton ist mit dem Eisenwerk durch 6 mm starke, horizontale Quereisen in 15 cm Abstand verankert, die mit Hängeeisen an die Unterflanschen der Träger befestigt sind.

VIII. Deckenkonstruktionen.

a) Eigen- und Nutzlasten.

E i g e n l a s t e n. Die Decken aus Terrakottahohlziegeln haben ein sehr leichtes Gewicht, weil nicht nur das poröse Material leicht ist, sondern auch die Rippenstärken gering sind und deshalb die Hohlräume einen bedeutenden Prozentsatz des Kubikinhaltes ausmachen. Im allgemeinen wiegt 1 cbm hohler Terrakotta 640 kg, also den dritten bzw. vierten Teil eines cbm Beton bzw. Eisenbeton. Das Eigengewicht der Terrakottadecken beträgt demnach:

bei 15 cm hohen Steinen etwa 120 kg/qm,
» 20 » » » » 150 »
» 30 » » » » 220 »

Die Gewichte der vollständigen Böden unter der Voraussetzung, daß die Steine 2½ cm unter die Unterkante der Nebenträger reichen und bis zur Oberkante der Träger mit trockenen Schlacken aufgefüllt sind, und daß direkt über den Trägern die Lagerhölzer und darauf der Ahornfußboden mit 2½ cm Stärke liegt, betragen:

bei 38 cm hohen Nebenträgern und 20 cm hohen Steinen 400 kg/qm,
» 30 » » » » 20 » » » » 330 »
» 30 » » » » 15 » » » » 350 »
» 25 » » » » 20 » » » » 280 »
» 25 » » » » 15 » » » » 310 »
» 23 » » » » 15 » » » » 290 »
» 20 » » » » 15 » » » » 270 »
» 15 » » » » 15 » » » » 240 »

Die Gewichte der Eisenbetondecken können, wenn eine ebene Unterfläche und Deckung der Unterflanschen verlangt wird, nur dann ebenso gering sein, wenn die ebene Unterdecke und die tragende Decke aus zwei getrennten Teilen bestehen und dazwischen sich ein Hohlraum befindet. Würde alles aufgefüllt, so wäre die Beton- oder Eisenbetondecke schwerer als die Steindecke, da selbst der Schlackenbeton nahezu das 1½ fache des Hohlsteinmateriales wiegt.

N u t z l a s t e n. Die Höhe der Nutzlasten ist in den Baugesetzen der verschiedenen Städte geregelt. Im allgemeinen wird für Geschäftsgebäude, welche Bureaux enthalten, sowie für Hotels eine Nutzlast von 370 kg pro qm in Rechnung genommen. Ausgenommen sind das erste, oft noch das zweite Stockwerk und die Korridore, für welche gewöhnlich das Doppelte vorgeschrieben wird. Besonders schwere

Gegenstände, Kassenschränke usw. müssen nach ihrem wirklichen Gewicht extra berücksichtigt werden. Bei Warenhäusern wird im Mittel eine Nutzlast von 740 kg pro qm zugrunde gelegt. Noch schwerere Decken können bei Gebäuden, die mechanischen Arbeiten dienen, nötig werden. So kamen in einem Teile des Curtis Gebäudes in Philadelphia, das für die Zwecke einer großen Zeitungsdruckerei dient, größere schwere Maschinen, insbesondere Pressen zur Aufstellung, die für die Decken und Deckenträger eine Nutzlast von 2050 kg pro qm, für die Unterzüge eine solche von 1300 kg pro qm und für die Säulen von 980 kg pro qm in Rechnung zu nehmen zwangen. Die Pressen konnten dann in beliebiger Lage aufgestellt werden. Daraus ergab sich das sehr große Eigengewicht der Decke von 710 kg pro qm für die Deckenträger und von 830 kg pro qm für die Unterzüge.

In manchen Gebäuden werden einzelne Geschosse für größere Lasten berechnet, als ihr unmittelbarer Gebrauch verlangen würde, um sie allenfalls als Lagerräume benutzen zu können.

b) Decken aus Terrakotta.

Die Decken der meisten Wolkenkratzer werden aus hohlen Terrakottasteinen von verschiedenartigen Formen hergestellt. In den normalen Decken bilden dieselben scheitrechte Bögen mit quer- oder längsgelegten Steinen oder Segmentbögen mit etwas Stich. Der Schub, den diese gegen die Nebenträger hin ausüben, wird von eigens eingelegten Zugstangen aufgenommen. Die Eigenschaften der Schall-, Wärme- und Feuersicherheit werden von dieser Decke in hervorragendem Maße erfüllt. Die Steine sind hohl und schließen getrennte Lufträume ein. Die Höhe der Decken ist im allgemeinen größer wie bei uns, es wird von dem amerikanischen Architekten trotz der vielen Stockwerke nicht derjenige Wert auf eine geringe Konstruktionshöhe gelegt wie bei uns, weil der Wert einer hohen Decke als wertvolles Glied in der seitlichen Widerstandsfähigkeit des Gebäudes hoch angeschlagen wird.

Die scheitrechten Bögen werden über den gewöhnlichen nicht zu schwer belasteten Räumen ausgeführt. Eine derartige Decke mit quergelegten Steinen ist in Abb. 226 dargestellt. Dabei hat man dreierlei Formen von Steinen: Anfänger, normale Steine und Schlußsteine. Die Zwischensteine haben parallelepipedische Gestalt, der Schlußstein ist keilförmig. Die Höhe der Decke richtet sich nach deren Spannweite und nach der zu tragenden Last und geht von

15—38 cm. Das Baugesetz von New York schreibt z. B. vor, daß die Deckenhöhe für je 30 cm Spannweite 4½ cm betragen soll.

Der Typ mit querlaufenden Steinen ist der häufigste, da er um 50% mehr Tragfähigkeit besitzt als derjenige mit längslaufenden Steinen. Häufig werden auch die Anfänger als längslaufende Steinreihe ausgeführt, wie die rechte Seite der Abb. 226 sowie Abb. 227 zeigen.

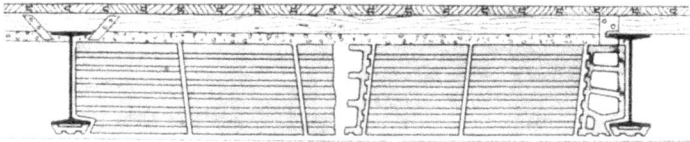

Abb. 226.
Decke mit querlaufenden Steinen.

Eine Decke mit längslaufenden Steinen ist in Abb. 228 u. 229 dargestellt. Auch in diesem Falle sind mindestens dreierlei Arten von Steinen zu verwenden. Die Abbildung zeigt außerdem für die Zwischensteine verschiedene Breiten, dieselben werden je nach der Deckenspannweite verschieden kombiniert, so daß die Steine aufgehen. Die schmalsten Steine sind so dünn, daß ein Hohlraum unmöglich ist, der nächstbreitere Stein hat der Breite nach einen Hohlraum, dann folgt ein Stein mit zwei nebeneinander liegenden Hohlräumen,

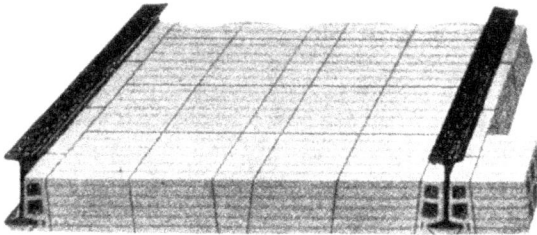

Abb. 227.
Decke mit querlaufenden Steinen.

also einer Mittelrippe und schließlich ein solcher mit zwei Mittelrippen. Auch für die Form und Anordnung der Widerlagsteine sind verschiedene Varianten gezeichnet. Die Widerlagsteine, welche an den linken Träger in Abb. 229 anschließen, decken je die untere Flansche zur Hälfte, und zwar mit verschiedenen Stärken. Der eine der Widerlagsteine des rechten Eisenträgers reicht etwas unter den Unterflansch herab, ohne denselben zu decken, in den keilförmigen Zwischenraum muß daher ein besonderes Stück eingeschoben werden. Der andere der Widerlagsteine ist so ausgebildet, daß er den Deckensteinen, welche geringere Höhe haben, in seiner oberen Hälfte ein Widerlager bietet.

Außer diesen scheitrechten Bögen werden da, wo es sich um schwere Belastungen handelt, also in Lagerhäusern, Fabriken, auch unter den Gehwegen, gewölbte Terrakottadecken ausgeführt, die natürlich tragfähiger

Abb. 228.
Decke mit längslaufenden Steinen.

und billiger als die ersteren sind, weil die Steine nicht so hoch zu sein brauchen. Bei diesen gewölbten Decken hat man nur zwei Sorten von Steinen nötig, da die Schlußsteine wie die normalen Steine sind.

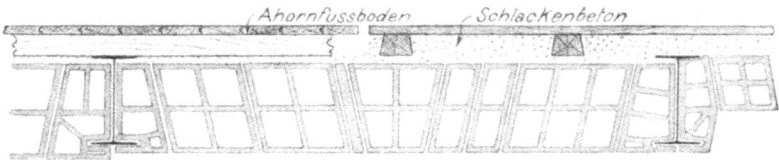

Abb. 229.
Decke mit längslaufenden Steinen. Verschiedene Varianten der Anfänger.

Ein einfacher Bogen mit verschiedenen Varianten, was Lage der Steine, Steingröße, Form der Widerlagsteine betrifft, ist in Abb. 230 dargestellt.

Für sehr schwere Belastungen kann ein doppelter Bogen angewendet werden (Abb. 231).

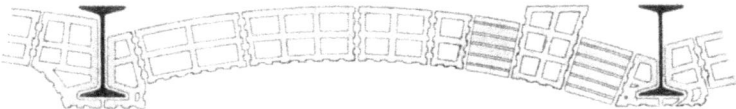

Abb. 230.
Segmentbogen.

Handelt es sich um die Überdeckung größerer Weiten und ist eine ebene Untersicht der Decke erwünscht, so kann man scheitrechte Bögen mit querlaufenden Steinen verwenden, welche zwischen den Steinreihen in ihrem unteren Teile eine Eiseneinlage zur Auf-

nahme der Zugspannungen eingelegt erhalten. Derartige Bögen
können dünn gehalten werden und sind trotzdem sehr tragfähig.
Die Eisenarmierung besteht aus einem hochgestellten Drahtgeflecht,
das gut in Zementmörtel eingebettet wird (Abb. 232).

Die H e r s t e l l u n g der Terrakottadecken geschieht auf einer
Schalung, welche an die eisernen Träger hinaufgehängt ist. So stellt
z. B. Abb. 233 die Schalung für einen Segmentbogen dar. Die eigent-

Abb. 231.
Einfacher und doppelter Bogen.

lichen Tragehölzer sind quadratische Rahmschenkel von 12 cm
Seitenlänge, welche in die umgebogenen Enden vertikaler Hängeeisen von 25 mm Durchmesser eingelegt sind. Die Aufhängung
dieser Eisen geschieht am Oberflansch der Träger, und zwar mit
Hilfe eines Flacheisens, das auf einer Seite den halben Flansch haken-
artig umfaßt, auf der andern Seite durchlocht ist für den Durchgang

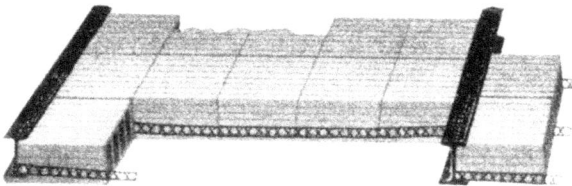

Abb. 232.
Terrakottadecke mit Fugenbewehrung.

des Hängeeisens. Der obere Teil des Hängeeisens ist mit Gewinden
versehen, damit ein Schlüssel aufgesetzt werden kann, der die genaue
Höheneinstellung und das Ablassen der Schalung ermöglicht. Über
den Rahmhölzern liegen 3 Dielen, auf welche hochkantig nach der
Unterfläche des Gewölbes ausgeschnittene Ripphölzer gestellt sind,
die eine mit Abständen verlegte Belattung zur Auflage der Steine
aufnehmen.

Das Vermauern der Steine geschieht mit bestem Portlandzementmörtel; damit dieser besser haftet, sind die Steine an ihren Außen-
seiten mit Rillen versehen.

Die Herstellung der Terrakottadecken kann natürlich sehr rasch vor sich gehen, auch kann die Decke schon bald nach ihrer Vermauerung in Gebrauch genommen werden, was gegenüber den Beton- und Eisenbetondecken, die hierzu längere Zeit benötigen, ein Vorteil ist.

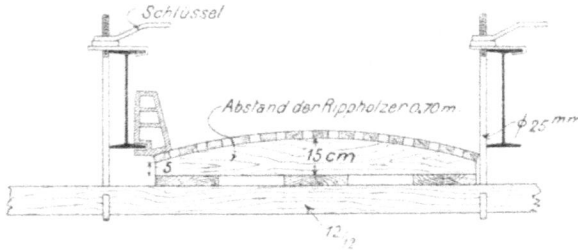

Abb. 233.
Verschalung für eine Terrakottadecke.

c) Decken aus Eisenbeton.

Die übrigen Decken werden aus Eisenbeton hergestellt. Dabei ist eine Unzahl von Systemen vorhanden, die sich meistens in der verschiedenartigen Ausbildung der Eiseneinlagen unterscheiden.

Während in Europa für die Bewehrung der Eisenbetonkonstruktionen fast ausschließlich Rundeisen zur Anwendung gelangen, ver-

Abb. 234.
Ransome-Eisen.

Abb. 235
Johnson-Eisen mit rundem Querschnitt.

wendet der Amerikaner meist Spezialeisen von besonderer Form, die gewöhnlich patentiert sind. Der Grund hiefür liegt darin, daß der amerikanische Ingenieur glaubt, und dazu ist er durch die Resultate kostspieliger Versuchsreihen berechtigt, daß auf die Adhäsion des Eisens am Beton kein Verlaß ist, da, wenn sie je am Anfange vorhanden gewesen sei, sie durch die immerwährenden durch die Benutzung hervorgebrachten Vibrationen aufgehoben werde, so daß mechanische Vorkehrungen zu treffen seien, um das Herausreißen des Eisens aus dem Beton zu verhindern. Auf diese Weise sind eine Unzahl von deformierten Eisen mit abwechselnden Verdickungen und Verdünnungen in den Handel gebracht worden, von denen wenigstens die wichtigeren aufgeführt werden sollen.

Verschiedene Arten der Eisenbewehrung. Abbildung 234 stellt das Ransome-Eisen dar, es ist von quadratischem Querschnitt und in kaltem Zustande um seine Längsachse gedreht.

Abb. 236.
Johnson-Eisen mit quadratischen Querschnitt.

Abb. 237.

Abb. 238.
Mueser-Eisen.

Abb. 235, 236 u. 237 zeigen die von Johnson ersonnenen Eisen, wobei die zwei letzteren quadratischen Querschnitt mit abwechslungsweise erhöhten und vertieften Feldern, das erstere runden Querschnitt mit zwei diametral gegenüberliegenden erhöhten Längsstreifen und zwischenliegenden erhöhten und gegeneinander versetzten Halbringen hat. Ein von Mueser erdachtes, dem quadratischen Johnson-Eisen ähnliches Eisen ist in Abb. 238 dargestellt. Die Abb. 239 u. 240 zeigen Eisen mit aufgewalzten Knoten. Abb. 241 zeigt das Diamanteisen, das eine Verschnürung aufgewalzt hat. Abb. 242 gibt ein quadratisches kaltgedrehtes Eisen, bei welchem aber noch Höcker vorhanden sind.

Weiterhin werden zur Bewehrung verschiedene Arten von Streckmetall verwendet, ähnlich dem bei uns gebräuchlichen. Die Herstellung geschieht aus gewalzten Tafeln durch Schneiden und Aus-
einanderziehen. Dabei sind die Trageisen und die Verteilungseisen
in einem Stück vorhanden und mehr oder weniger scharf voneinander
unterschieden. Der große Vorteil solcher fertiger, rasch zu verlegender
Tafeln ist bei den hohen Arbeitslöhnen in Nordamerika augenfällig.

Abb. 239.
Havemeyer-Eisen.

Abb. 240.
Thacher-Eisen.

Abb. 241.
Diamant-Eisen.

Abb. 242.
Gedrehtes Höckereisen.

Die Arbeit des Eiseneinlegens muß auf ein Minimum reduziert und
möglichst viel in der Fabrikwerkstätte gemacht werden, wo billigere
Maschinenarbeit benutzt werden kann. Abb. 243 zeigt die einfachste
Form des Streckmetalls, wobei zwischen Trageisen und Verteilungseisen ein Unterschied nicht besteht. Abb. 244 stellt das von der
Trussed Concrete Steel Company in Detroit vertriebene Rippenmetall
in seiner schließlichen Gestalt vor. Zu Anfang waren es Blechtafeln
mit abwechselnd aufgewalzten großen und kleinen Rippen. In der

Fabrik wird alsdann das Blech zwischen den Rippen in geeigneter Weise ausgestanzt und in seine Endform auseinandergezogen. Etwas anders ist das von derselben Gesellschaft vertriebene Streckmetall mit steifen Rippen (Hy Rib Metal, Abb. 245), das wegen ausgesprochener höherer Tragglieder für größere Spannweiten und höhere Lasten geeignet ist. Die Form wird aus einem ebenen Blech erhalten, in das 18 mm hohe, spitze Wellen eingepreßt werden, die zwischenliegenden Streifen werden in geeigneter Weise geschnitten und dann

Abb. 243. Streckmetall.   Abb. 244.

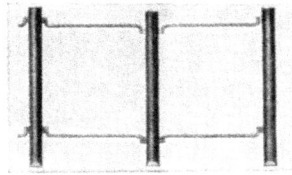

auseinandergezogen. Die verhältnismäßig geschlossene Lage des Eisengeflechts macht eine Schalung entbehrlich, Voraussetzung dürfte jedoch sein, daß der Beton höchstens erdfeucht und nicht in der in Amerika fast allgemein üblichen nassen Verarbeitung eingebracht wird.

Eine wieder andere Form von gestrecktem Eisengewebe ist das Heringsbeinstreckmetall, das aus Abb. 246 ersichtlich ist.

Abb. 245.   Abb. 246.
Streckmetall mit steifen Rippen.   Heringsbein-Streckmetall.

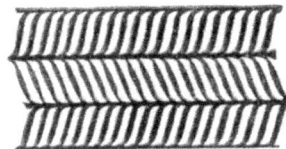

In dem gleichen Bestreben, die Arbeit am Bau soweit als möglich einzuschränken, werden fertige Drahtgeflechte verschiedener Art in den Handel gebracht und in Rollen bis zu 90 m Länge versandt. Sehr verbreitet ist das Clinton-Drahtgewebe, dessen Geflecht aus rechtwinklig sich kreuzenden verzinkten Drähten besteht, wobei Haupt- und Nebendrähte mit Elektrizität zusammengeschweißt sind. Die Verzinkung allen Materials erlaubt ausgiebige Verwendung von Schlackenbeton. Die Drähte sind gewöhnlich 5 mm stark in der

Haupt- und 3 mm in der Querrichtung. Der Abstand der Hauptdrähte geht von 5—10 cm und beträgt in der Querrichtung 25 cm.

Ein anderes Einlagesystem ist die Dreiecksgeflechtbewehrung der
American Steel and Wire Company. Abb. 247 zeigt die Art dieses
Gewebes. Die Hauptdrähte von bis zu
6 mm Stärke sind in diagonaler Richtung
durch 2 mm starke Querdrähte in der
ersichtlichen Art verbunden. Das Drahtgeflecht wird wie die vorhergehenden
ohne Unterbrechung über eine Reihe von
Feldern weggelegt.

Die Ferro Lithic Platten (Abb. 248)
gehen darauf aus, die Schalung zu erüb-
rigen. Es sind Tafeln aus 0,6 mm starkem
Blech mit schwalbenschwanzförmigen
Wellungen von 12, 18 und 25 mm Höhe.

Verschiedene Deckensy-
steme. Im folgenden seien einige wich-
tigere Deckenarten vorgeführt. Abb. 249

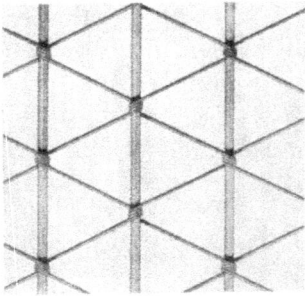

Abb. 247.
Drahtgeflechtbewehrung der
American Steel and Wire
Company.

zeigt die Columbia Decke, sie ist eine ebene Decke, deren Armierungseisen die Form eines Doppelkreuzes haben. Die Eisen sind entweder
in Bügel eingehängt (Abb. 250), welche über die oberen Flanschen
der Eisenträger gestülpt sind oder sie liegen auf den Unterflanschen
derselben auf. Die verwendeten Eisen gehen von 22 mm
bis auf 120 mm Höhe.

Abb. 251 zeigt die Decke nach Röbling, und zwar
die gewölbte Form. In ähnlicher Weise werden auch
ebene Decken hergestellt, doch ist die gewölbte Form
die gebräuchlichere. Die Bewehrung des Gewölbes besteht aus einem Drahtgewebebogen, der durch einge-
flochtene Rundeisenstäbe von 8—12 mm Durchmesser
versteift wird. Der Bogen findet sein Widerlager in
den unteren Ecken zwischen Steg und Unterflansch.

Abb. 248.
Ferro-Lithic
Platten.

Auf dieses Gewebe wird Portlandzementbeton aufgebracht, dasselbe ersetzt also gleichzeitig die Schalung. Zur feuersicheren Deckung der Unterflanschen der Träger und zur Herstellung einer ebenen Untersicht wird eine Unterdecke angehängt
mittels besonders geformter Bügel, die um die Unterflanschen der
Deckenträger herumgreifen. Diese nehmen je ein querlaufendes
Rundeisen auf, und quer zu diesem werden weitere 6 mm starke

Rundeisenstäbchen gelegt. An dieses Rundstabnetz wird ein Drahtgewebe angehängt. Bei größerer Spannweite müssen die Rundstäbe
noch an die gewölbte Decke hinaufgehängt werden. Die ebene Röb-
lingsche Decke ist im Prinzip dieselbe. Die Armierungsstäbe bestehen
jedoch meist aus hochkantig gestellten Flacheisen, welche, falls sie

Abb. 249. Columbia Decke. Abb. 250.

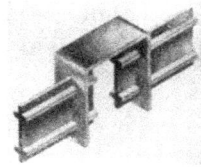

über den Träger weggehen, über demselben um 90° gebogen und
um den jenseitigen Oberflansch verhakt sind. Sonst können sie auch
auf dem Unterflansch aufliegen. An Stelle der gebogenen Rundeisen
werden häufig auch kleine I-Eisen verwendet, an diesen kann als
andere Variante Streckmetall aufgehängt sein. An Stelle von Port-

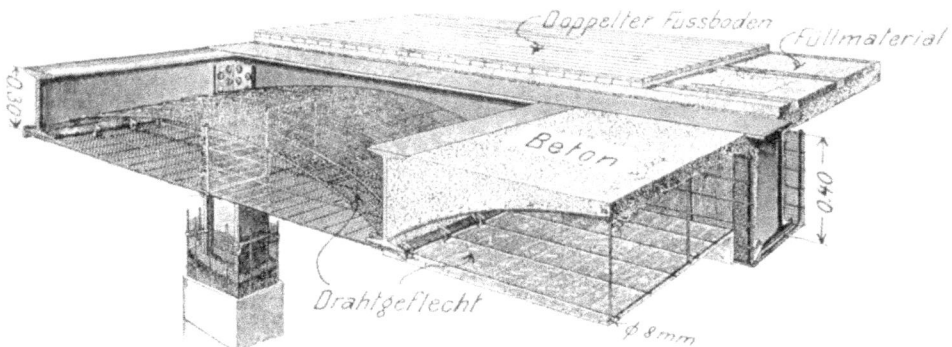

Abb. 251.
Decke nach Röbling.

landzementbeton kann auch, um die Decke möglichst leicht zu machen,
Schlackenbeton verwendet werden, der drüben überhaupt großer
Verbreitung sich erfreut.

Eine Decke, wie sie von der American Concrete Steel Company
in Newark ausgeführt wird, ist in Abb. 252 dargestellt. Die Armierung besteht aus kleinen ⊥-Trägerchen, die auf dem Eisenträger

liegen, an dessen Steg angenietet sein oder schließlich auf seinem Unterflansch aufliegen können. Typisch ist jedoch die Verbindung der Armierung in diagonaler Richtung mit etwa 6 mm starkem Draht, welche zweifellos für bewegliche Lasten und zur Aufnahme von Temperaturspannungen sehr vorteilhaft ist.

Abb. 253 zeigt die Decke nach System Rapp. Sie ist gewölbt. Die Armierung besteht aus besonders geformten Eisen von ∩-Form, welche ihr Widerlager in den Zwickeln zwischen Steg und Unterflansch finden. Sie dienen gleichzeitig als Schalungsträger. Wie die

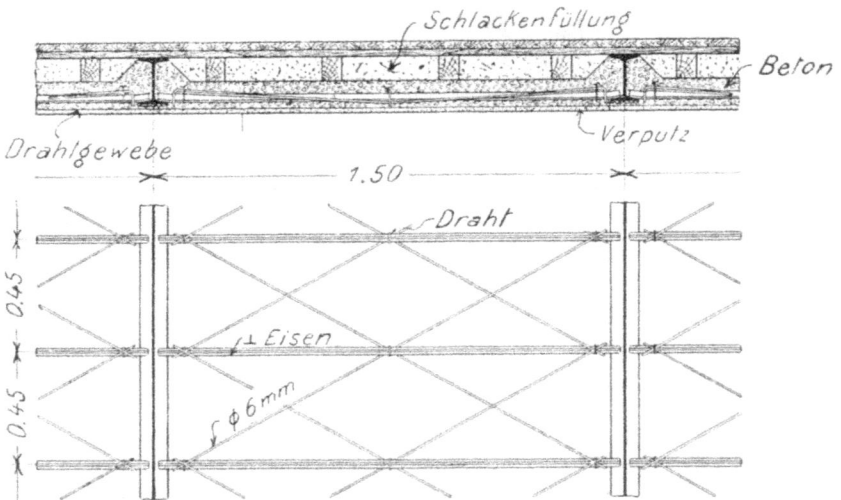

Abb. 252.
Decke der American Concrete Steel Company in Newark.

Abbildung zeigt, werden dann mit der flachen Seite nach abwärts Ziegelsteine zwischen die Eisen gelegt. Dann wird Schlackenbeton eingefüllt bis herauf zur Oberkante des Trägers. Schließlich wird wiederum eine Unterdecke angehängt.

Abb. 254 zeigt eine Decke, bei welcher sowohl zur Herstellung der Decke selbst als der Unterdecke Streckmetall verwendet ist.

Die Ausführung der Eisenbetondecken erfolgt meist in der Mischung 1 Zement, 2 Sand, 4 gebrochener Felsen oder Kies, für kleinere Spannweiten verwendet man gerne Schlackenbeton, größere Spannweiten werden in Steinbeton ausgeführt. Bei Schlackenbeton muß befürchtet werden, daß gewisse in der Schlacke enthaltene Stoffe —

insbesondere Schwefel — das Eisen angreifen. Der Beton wird gewöhnlich im Erdgeschoß zubereitet und in Schubkarren mittels Aufzügen,
die wir später kennen lernen werden, in die verschiedenen Stockwerke
hochgehoben. Handelt es sich um große Betonmengen, so werden

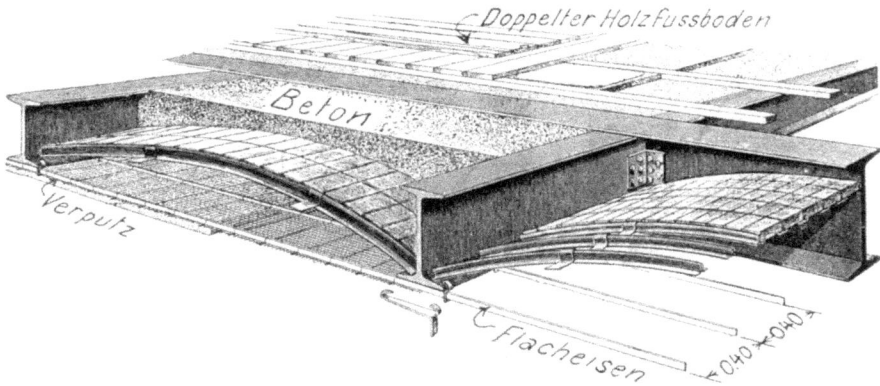

Abb. 253.
Decke nach Rapp.

umfangreichere bauliche Einrichtungen getroffen, um die handwerks-
mäßige Arbeit zu vermindern. Abb. 255 zeigt die Anlage, welche für
die Betonierung der Decken und Säulenumhüllungen des im ganzen

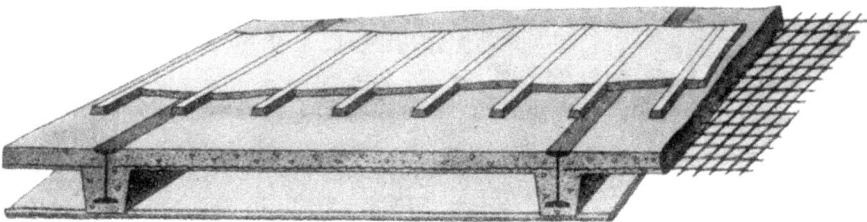

Abb. 254.
Decke mit Streckmetall.

23 Stockwerke hohen Lagerhausgebäudes für die Gebrüder Butler
in Chicago Aufstellung fand. Dieses große Haus bedeckt eine Grundfläche von 46 × 122 m und ist 61 m hoch bis zum Hauptdach über
dem 17. Stockwerk, von wo ein quadratischer Turm mit 30 m Seitenlänge zu einer Höhe von 23 Stockwerken ansteigt.

Das Gebäude hat ein Eisenskelett, dessen Säulen kreisrund mit Beton umhüllt wurden. Die Mauern sind aus Backsteinen und die Decke aus Eisenbeton zwischen den I-Trägern gespannt.

Die zur Verarbeitung gekommene Betonmasse belief sich auf nicht weniger als 38 000 cbm. Sie wurde in zwei gleichartigen ge-

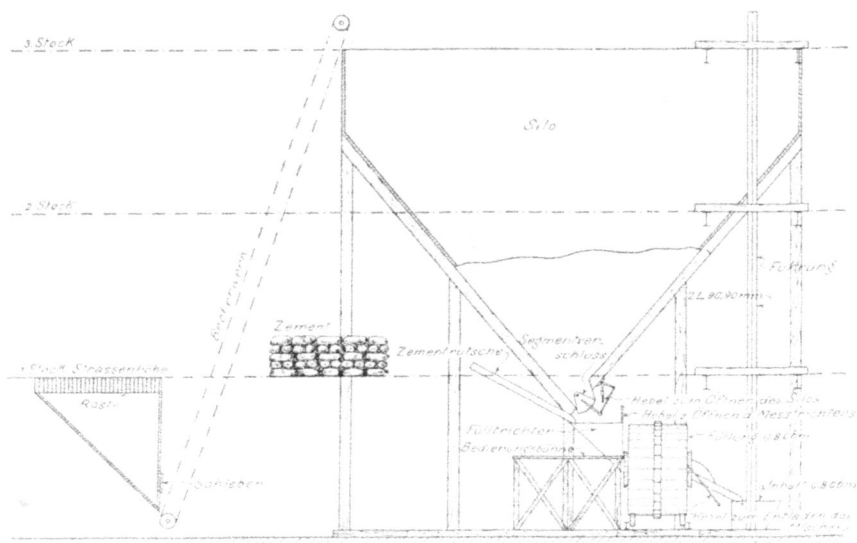

Abb. 255.
Betonbereitungsanlage beim Butler Gebäude in Chicago.

trennten Anlagen gemischt und gefördert, welche 61 m auseinander symmetrisch zur Mitte lagen. (Abb. 256.)

Die allgemeine Anordnung besteht aus einem in den unteren Stockwerken eingebauten siloartigen Stapelraume, von welchem aus die Aggregate durch ihre eigene Schwere der Mischmaschine zugeführt werden. Der Beton wird dann in einem Aufzuge erheblich über das Niveau, auf welchem betoniert werden soll, gehoben und von da aus in halbflüssigem Zustande in rinnenartigen Leitungen an die verschiedenen Stellen verteilt. Dieses neuartige Betonierungssystem, welches in Abschnitt XIV näher beschrieben ist, räumt mit der Handarbeit in der Hauptsache auf, so daß die Schnelligkeit, mit welcher betoniert werden kann, nur von der Schnelligkeit

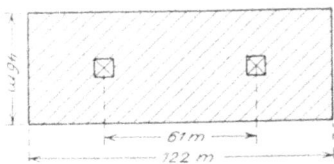

Abb. 256.

des maschinellen Apparates oder der Aufstellung der Schalungen abhängt.

Die Betonbereitung ging nun in folgender Weise vor sich: Sand und gewaschener Kies bis zu 5 cm Korngröße wurden auf dem ersten Stockwerk in Wagen angefahren und auf ein Gitter von 3 × 5,4 m Grundfläche geschüttet. Dieses besteht aus vertikalen 7½ cm auseinandergestellten eichenen Bohlen von 5 × 25 cm Querschnitt, durch welche das Material in zwei hölzerne Trichter fällt für die getrennte Stapelung von Kies und Sand. Jeder Trichter kann durch vertikale Schieber in ein Becherwerk entleeren, welches sein Gut im dritten Stockwerk an einen großen hölzernen Trichter 9 × 12 m abgibt, der sich vom ersten bis zum dritten Stock erstreckt und auf hölzernen Stützen aufgebaut ist, die seine Last auf einen Schwellrost im Untergeschoß übertragen. Die Fassungsfähigkeit dieses Silos beträgt 250 cbm. In gefülltem Zustande beläuft sich die auf die Schwellen übertragene Last auf gegen 600 t.

Eine vertikale Querwand teilt den Silo in zwei Abteilungen, für die getrennte Aufnahme von Kies und Sand, deren Inhalte sich wie 2 : 1 verhalten. Die Aggregate werden durch segmentförmige Verschlüsse einem äußeren Aufgabetrichter von 1,2 cbm Inhalt zugeführt, der auf einer Bedienungsbühne etwa 3 m über dem Boden gelegen ist. Wie die anderen Trichter ist auch dieser durch eine vertikale Wand in zwei sich wie 2 : 1 verhaltende Teile zerlegt, deren Inhalt zum Rande gefüllt und dann in die Mischtrommel eingelassen wurde.

Der Zement wurde ebenfalls im ersten Stockwerk in Wagen zugeführt und auf Haufen gelagert. Die Säcke wurden nach Bedarf geöffnet und der Inhalt in eine Rinne entleert, welche nach dem Aufgabetrichter führte. Die Wasserfässer auf der Bedienungsbühne waren mit automatischen Schwimmerventilen versehen und gaben ein genaues Quantum Wasser für jede Mischung in die Mischmaschine ab. Ein auf der Bühne aufgestellter Arbeiter bediente die Hebel zum Öffnen und Schließen des Silos und des Aufgabetrichters.

Die 0,8 cbm fassende Mischmaschine entleerte in einen eisernen, automatisch an jeder beliebigen Stelle ausschüttenden Becher von gleicher Fassung, der bis zum oberen Ende des Hauptgebäudes zwischen vertikalen Führungen, von da ab in einem eisernen Turme von 37 m Höhe lief, der auf dem Dache aufgesetzt war. Ein verschiebbarer eiserner Aufnahmetrichter war an den Führungen in solcher Höhe festgemacht, daß der Beton durch seine eigene Schwere an jede

Stelle einer niedriger gelegenen Decke fließen konnte. Dieser Aufnahmetrichter wurde gewöhnlich 2 bis 4 Stockwerke über den Boden
gesetzt, welcher betoniert wurde, die Rinnen wurden an den Eisenträgern der Decke aufgehängt oder auf hölzernen Böcken gelagert.

Der Beton wurde im Verhältnis 1 : 2 : 4 gemischt und war sehr
naß, die Röhren hatten Neigungen von 17—25%.

Die Bedienung jeder der beiden Anlagen erforderte einen Mann
zum Putzen des Holzgitters, vier Leute, um Sand und Kies zu reinigen,

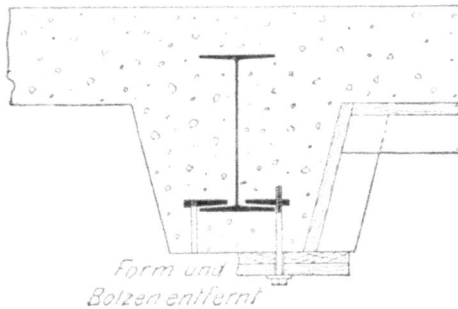

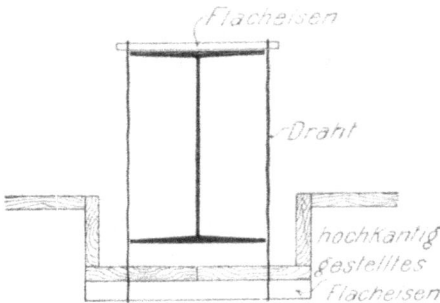

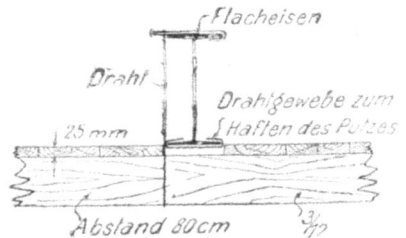

Abb. 258.   Abb. 259.

sechs Mann, um für Zement und Wasser zu sorgen, einen Arbeiter auf
der Bedienungsbühne, je einen unten und oben am Aufzug, einen Mann
bei der Betonmischmaschine und beim Becherwerk, zehn Leute zum
Verteilen des Betons am Ausguß der Leitungen und zum Aufstellen
der letzteren, einen Aufzugsmaschinisten und einen Mann für allgemeine Arbeiten. Mit diesen 27 Leuten konnten in der Stunde pro
Mischanlage 23 cbm Beton verarbeitet werden.

Die Verschalungsformen, welche zu der Ausführung der
Decken verwendet werden, sind sehr mannigfaltig, sie werden stets

Schnitt $A-A$.

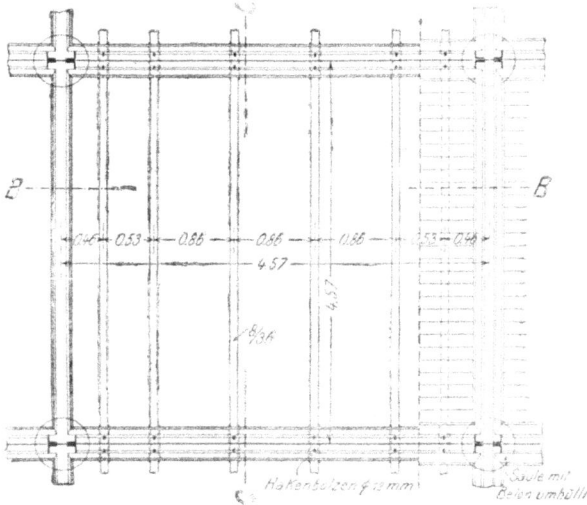

Schnitt $C-C$.

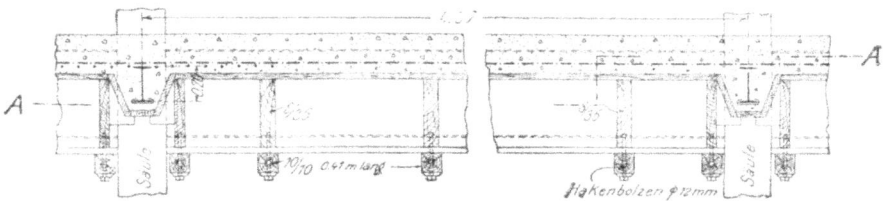

Schnitt $B-B$.

Abb. 260.

an den eisernen Trägern aufgehängt. Im folgenden sollen einige Beispiele vorgeführt werden.

Abb. 257 zeigt eine Vorrichtung, bei der die Deckenschalung auf einem Lattengestell ruht, das auf den Bodendielen für die Rippe aufliegt. Die letzteren sind mit Haken an den Unterflansch des Eisenträgers aufgehängt, welche aus zwei Teilen bestehen, einem horizontalen gußeisernen Plättchen mit Gewinde und dem Hängebolzen, der, eingeölt oder eingeseift, leicht herausgeschraubt werden kann. Als Verlust ist nur das horizontale Stück zu beklagen. Die Abb. 258 u. 259 zeigen Konstruktionen, wie sie häufig verwendet werden. In Abb. 258 ist über den oberen Flansch des Deckenträgers ein Flacheisen gelegt, das auf beiden Seiten etwas über die Flanschenden hervorsteht. Von diesem Flacheisen hängen zwei Drähte herab, die ein hochkantig gestelltes Flacheisen umfassen, auf welchem dann die Schaldielen aufgelegt werden.

In Abb. 259 schneidet der Beton mit der Unterkante des Trägers ab. Das auf diesen aufgelegte Flacheisen ist mit dem einen Ende hakenförmig um den Oberflansch herumgebogen, am anderen Ende hängt ein Draht herab, welcher ein Kantholz trägt, auf dem die Schaldielen aufliegen.

Abb. 260 zeigt eine Rüstung im Grundriß und in zwei Schnitten. Die Schalung der Deckenplatte besteht aus 25 mm starken, gehobelten Brettern, welche von 36 cm hohen, 8 cm starken Bohlen getragen werden, die quer zu den Unterzügen liegen. Diese Bohlen sind an den Enden in den Winkel des die Unterzüge umhüllenden Betons geschnitten und liegen daselbst auf einem quadratischen Holzklotze von 10 cm Seitenlänge auf, der von den Unterflanschen der Unterzüge mittels zweier 12 mm starker Hakenbolzen herabgehängt ist.

Die Schalung für Boden- und Seitenflächen des Betons der Unterzüge wird von den eben genannten Holzstücken und den Enden der hochkantig gestellten Bohlen getragen.

Zur Aufnahme der Boden- und Seitenschalung für den Beton um die Nebenträger herum sind auf die zunächst gelegenen Tragbohlen in angemessenen Abständen dreieckige Dielstücke aufgenagelt, die aus dem Schnitt B—B ersichtlich sind.

Die Formen werden abgenommen, indem man die Mutter am unteren Ende der Hakenbolzen herausdreht. Letztere können vom Beton dadurch losgemacht werden, daß man die zwischen sie und die Schalung vor dem Betonieren eingestellten Keile entfernt.

d) Herstellung des Fußbodens.

Die Anordnung über der eigentlichen tragenden Decke besteht gewöhnlich darin, daß man bis zur Höhe des Oberflansches der eisernen Träger mit Schlacken oder magerem Schlackenbeton auffüllt, wenn die Decke nicht ohnehin schon so hoch heraufgeht. Will man einen hölzernen Fußboden herstellen, so werden darauf schwalbenschwanz-

förmig geschnittene Lagerhölzer verlegt, darauf weiterer Schlackenbeton gegeben, bis diese Hölzer ganz eingebettet sind, und dann der
einfache oder doppelte Fußboden meist aus Ahornholz aufgenagelt.
Neuerdings wird der Fußboden häufig so ausgeführt, daß man auf die
eben abgeglichene Betonfläche einen 2½ cm starken Zementglatt-
strich im Mischungsverhältnis 1 : 1 aufträgt, ehe der Beton erhärtet
ist, und auf diesem dann Linoleum verlegt. In den Hallen und Gängen
wird der Beton meist mit Mosaikplatten von etwa 20 mm Stärke
belegt.

e) Decken- und Stockwerkshöhe.

Die Höhe der Decken hängt von der Höhe der eisernen Deckenträger ab. In den meisten Fällen ist eine ebene Untersicht erwünscht,
wenigstens zwischen den Hauptträgern, so daß also günstigstenfalls
nur diese unter die Zwischenfelder hinabreichen. Da der Unterflansch
der Träger wegen des Feuerschutzes noch einige cm mit Material ge-
deckt sein soll und für die Lagerhölzer und Fußbodenbretter auch
noch etwa 10 cm Raum über dem Nebenträger nötig sind, so muß
für die gesamte Deckenhöhe immerhin 15—20 cm zu der Höhe der
eisernen Deckenträger zugeschlagen werden.

Die Höhe der normalen Stockwerke schwankt je nach dem Zwecke,
dem die Geschosse zu dienen haben. Als mittleres am häufigsten vor-
kommendes Maß kann 3,60 m gelten, was etwa den bei uns in Geschäftsgebäuden vorkommenden Verhältnissen entspricht. Sehr häufig
nehmen die Stockwerkshöhen von unten nach oben hin ab, wohl aus
dem Grunde, weil in den unteren Geschossen eine größere Fenster-
fläche für den Lichteinfall als nötig erachtet wird. Für größere zusammenhängende Räume, wie sie Banken brauchen, oder für Festsäle
und Repräsentationsräume der Riesenhotels werden natürlich weit
größere Höhen nötig, es werden dann zwei oder gar drei Stockwerke
zusammengenommen. So ist der Hauptfestsaal des im Jahre 1909
erstellten La Salle Hotels in Chicago 39½ m lang und 13,7 m breit
und hat eine lichte Höhe von 9½ m. Derartige Räume brauchen, um
dies nebenbei zu sagen, nicht im Erdgeschoß zu liegen, wie das fast
immer bei uns der Fall ist. Der erwähnte Festsaal liegt z. B. über dem
19. Stockwerk, mit den Aufzügen ist er ja mühelos erreichbar.

IX. Scheidewände.

Die Scheidewände werden aus Terrakottasteinen, aus Eisenbeton, zuweilen auch aus Gipsplatten, hergestellt.

Scheidewände aus Terrakotta. Diese werden aus einzelnen Hohlsteinen von 5, 7½, 10 und 15 cm Stärke mit bestem Zementmörtel aufgemauert. Etwa 15% der Zahl der Steine sollte aus porösem Material bestehen, damit das Holzwerk zur Aufnahme des Putzes daran angenagelt werden kann. Die nur 5 cm starken Wände werden höchstens zur Einfassung von Klosetts oder Rohrschächten verwendet, sonst wären sie zu schwach, sie können aber in ihren Lagerfugen mit kleinen Drahtgeflechten durchzogen werden und sind dann sehr widerstandsfähig. Die verschiedenen Stärken werden je nach der Höhe der Wand angewendet. Die Steine sind gewöhnlich 30 cm lang und 30 cm hoch, sie werden jedoch auch in 20 cm Höhe angefertigt. In Geschäftsgebäuden werden die Scheidewände zwischen den Zimmern meist 7½ cm, diejenigen, welche an den Hallen und Gängen liegen, 10 cm stark ausgeführt.

Scheidewände aus Eisenbeton. Die Scheidewände aus Eisenbeton werden als Putzwände ausgeführt oder zwischen Schalungen eingegossen. Derartige Wände sind sehr widerstandsfähig, nur muß das Eisengeflecht genügend engmaschig sein. Im Feuer und Erdboden von San Francisco i. J. 1906 haben sie sich erheblich besser bewährt als solche aus Terrakotta, die nicht genügend elastisch waren.

Scheidewände aus Gipsplatten werden 8—10 cm stark ausgeführt, man sieht sie jedoch verhältnismäßig selten.

X. Einrichtungen zum Hochheben der Baumaterialien für die Decken, Scheidewände und für die Ummantelung der Eisenkonstruktion.

Die Materialien für die Herstellung der Decken und die Ummantelung der Eisenteile sowie zur Hintermauerung der Umfassungswände, also Terrakotta, Kies oder Steinschlag, Sand, Schlacke, Zement, Ziegelsteine werden auf Wagen angefahren und im Erdgeschoß abgeladen, oder aber auf Holzrutschen durch die Kellerfenster

hinab in das Kellergeschoß befördert. Dies geschieht sehr
rasch, weil die Fuhrwerke rückwärts an die Öffnungen heranfahren
und die Entladung durch Kippen der Wagenkasten erfolgt. Der
Beton sowohl als der Mörtel werden in diesen Geschossen zubereitet.
Das Hochheben der Materialien geschieht mit einem oder mehreren

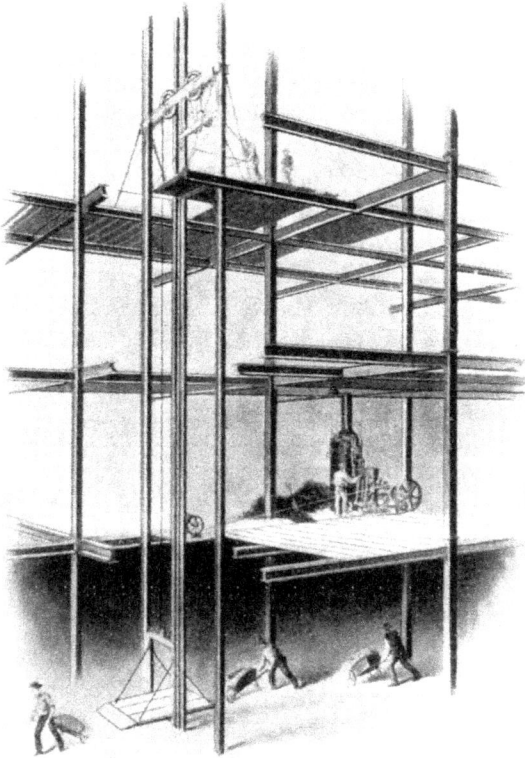

Abb. 261.
Aufzüge zum Hochheben der Baumaterialien im Gebäudeinnern.

senkrechten Aufzügen, wie dies aus der Abb. 261 ersichtlich ist. Meist
sind zwei solcher Aufzüge nebeneinander angebracht, die zusammen
wirken; wenn der eine aufwärts geht, kommt der andere herunter,
und da sich die Eigengewichte gegenseitig ausgleichen, so wird an
Kraft gespart. Die Aufzüge sind zwischen offengelassene Deckenfelder

eingebaut. Das Aufzugsgestell besteht aus dem Ladebrett, welches an seitlichen Leisten befestigt ist, die oben durch einen Holm verbunden sind. Von den Leisten gehen vier Stück Hängestangen nach dem Ladebrett herab. Die Leisten sind mit Nuten versehen und laufen in vertikalen Führungshölzern. In der Mitte des Holmes greift das Drahtseil an. Der Antrieb der Aufzüge geschieht mit Dampfaufzugsmaschinen mit stehenden Kesseln oder aber elektrisch. Die Verständigung des Maschinisten mit den außer Seh- und Hörweite befindlichen Arbeitern, welche die Materialien zubringen bzw. abnehmen, geschieht durch Glockenzeichen mit elektrischen Klingelsignalen oder gewöhnlichen Ziehglocken. Die Schnelligkeit und Promptheit, mit der dabei gearbeitet wird, ist erstaunlich und kann nur durch angestrengte Aufmerksamkeit aller beteiligten Leute, insbesondere aber des Maschinisten, erreicht werden. Beim Curtis Gebäude in Philadelphia beispielsweise machten die Aufzüge bis zum zehnten Stockwerk hinauf 90 Rundfahrten pro Stunde.

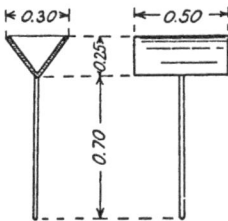

Abb. 262.
Mörteltrog.

Beton, Steine usw. werden in Schubkarren eingefüllt auf das Podium gefahren, hochgehoben und oben an die Verwendungsstelle geschoben, die leeren Karren kommen wieder herab.

Der Mörtel wird in Mörteltrögen (Abb. 262) hergetragen, in besondere auf dem Aufzugsbrett angebrachte Gestelle eingehängt und oben wieder abgenommen.

XI. Außenmauern.

a) Allgemeines.

Solange die Umfassungswände noch die Lasten der auf ihnen liegenden Träger aufzunehmen hatten und man eiserne Wandsäulen noch nicht kannte, waren die Dimensionen dieser Mauern recht groß. So hatten beispielsweise diejenigen des einen Teils des 16 stockigen Monadnock Gebäudes in Chicago eine Stärke von 1,80 m am Boden. Mit dem Übergang zum Eisenskelettbau hatten die Mauern nichts mehr zu tragen, es wurde ihnen vielmehr lediglich eine dekorative und schützende Funktion überlassen, und sie konnten deshalb bedeutend dünner hergestellt werden.

Die Baugesetze verlangen in den obersten 15 m des Gebäudes
eine Stärke von 30 cm, die nach unten absatzweise je um 10 cm zunehmen muß. So schreibt das New Yorker Baugesetz eine solche
Zunahme von 10 cm für jede weiteren 15 m nach abwärts vor. Damit
erhält man einen Mauerquerschnitt nach Art der Abb. 263.

Das Material, aus dem die Außenmauern hergestellt werden,
ist Ziegelstein, Terrakotta und Haustein verschiedener Art. Mit den
beiden letztgenannten Materialien sowie mit Ziegelverblendern werden die Sichtflächen verkleidet, während das gewöhnliche Ziegelmauerwerk zur Hintermauerung dient. Die Terrakotta ist als äußere Verkleidung zweifellos sehr gut geeignet, insbesondere
wegen ihrer guten Feuersicherheit, wobei es im Gegensatz zu den Terrakottaverkleidungen im Gebäudeinnern
sicher an das Eisenwerk oder die Hintermauerung verankert ist. In San Francisco hat man ja aus dem
Erdbeben und Feuer die besten Lehren ziehen können,
und es ist in dieser Stadt eine Zunahme des Gebrauchs
von Terrakotta für äußere Verkleidungen eingetreten,
während der Verbrauch für Innenkonstruktionen abgenommen hat. Der große Absatz an Steinen hat die
Terrakottaindustrie naturgemäß auf eine sehr hohe
Stufe der Vervollkommnung gebracht, und es werden
prächtige, künstlerisch hochstehende Muster angefertigt,
vom einfachsten bis zum kompliziertesten Stein, wobei die Farben die allerverschiedensten sind. Die Steine
werden nach hinten an die Wandträger oder das Hintermauerwerk mit verzinkten Flacheisen oder Rundeisen-
stäben solid verankert, nach Bedarf auch an Hängestangen von den Wandträgern herabgehängt. Abb. 264
u. 265 zeigen die Ausbildung des Dachgesimses und des
nächstunteren Gurtgesimses eines 12 stockigen Ge-
schäftshauses in Pittsburg.

An Hausteinen werden zur Verkleidung Sandsteine, Kalksteine
(meist aus dem Staate Indiana) und Granit verwendet. Abb. 266
zeigt die Säulenummauerungen aus Granit im Erdgeschoß des La
Salle Hotels in Chicago.

In bezug auf Widerstandsfähigkeit gegen Feuer sind diese
Steinverkleidungen der Terrakotta nicht ebenbürtig, weil sie alle mehr
oder weniger Wasser enthalten, welches durch die Hitze verdunstet

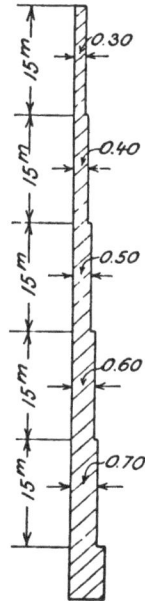

Abb. 263.
Mauerstärke
nach dem
New Yorker
Baugesetz.

und die Steine sprengt. Insbesondere hat sich Granit beim Feuer
von San Francisco nicht bewährt. Er springt sehr leicht und reißt
schon durch die Hitze, ehe noch die Wasserstrahlen auf ihn einwirken.

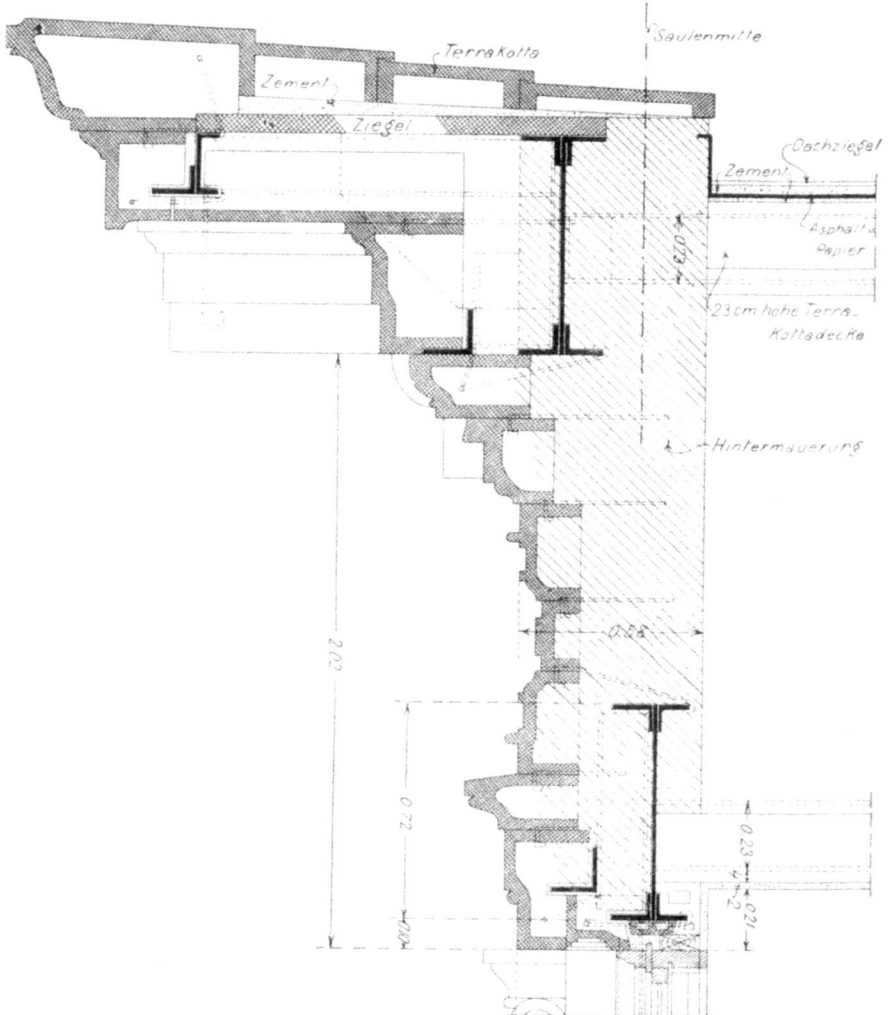

Abb. 264.
Hauptgesims mit Terrakottaverkleidung.

b) Herstellung der Außenmauern.

Das Vermauern der Steine geschieht von zweierlei Maurern, den
Steinmaurern, welche die Stein- oder Terrakottaverkleidung ver-

setzen, und den Ziegelmaurern, welche das Hintermauerwerk hoch-
führen. Wird Terrakotta verwendet, so werden die Hohlräume derselben am besten mit Ziegelbrocken und Mörtel ausgemauert. Hausteine werden je nach deren Länge mit einem oder 2 Ankern aus gal-
vanisiertem Eisen verankert, und zwar wird, damit die Lagerfuge
nicht stärker wird, in die obere Fläche des Steines ein Loch und ein

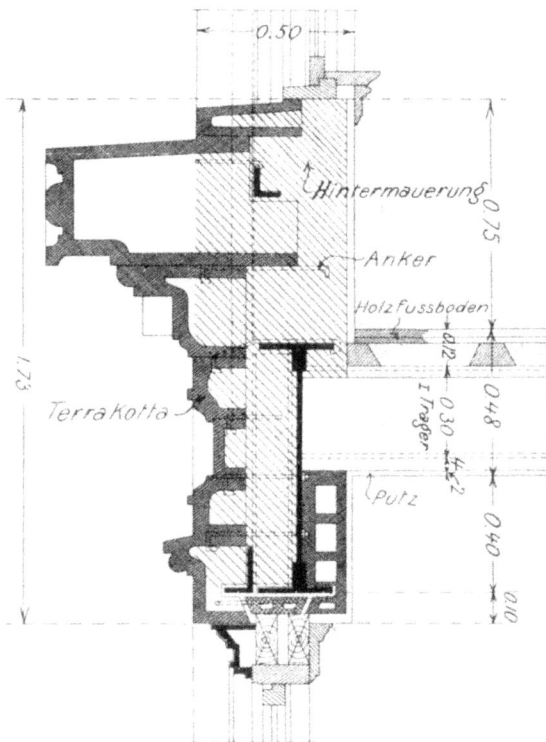

Abb. 265.
Gurtgesims mit Terrakottaverkleidung.

Schlitz eingehauen, in welche das Eisen eingreift. Stoß- und Lagerfugen der Hau- oder Terrakottasteine werden 5—6 mm stark gemacht und mit bestem Portlandzementmörtel, Mischung 1:1—1:1½,
ausgefüllt. Um die Feuchtigkeit nicht durchzulassen und das Auf-
treten von Flecken zu verhindern, werden die Hausteine häufig
mit einem Anstrich von Asphalt versehen.

Zuweilen werden die Verkleidungen auch aus Ziegelverblendern hergestellt. Diese werden dann nicht verankert, sondern nur mit Mörtel satt an das Mauerwerk angeschlossen.

Die Herstellung der Mauerung geschieht entweder von inneren Gerüsten, also durch Mauern überhand, oder aber in den meisten Fällen und besser von außenseitigen Bühnen aus. Diese sind Hängebühnen und werden in verschiedenartigen sehr brauchbaren Formen ausgeführt. Von ihrer Eignung hängt natürlich das rationelle Mauern in vorderer Linie ab.

Abb. 266.
Wandmauerung beim La Salle Hotel in Chicago.

Die Abb. 267 u. 268 zeigen eine sehr sinnreiche Vorrichtung. Die Arbeitsbühne, welche gewöhnlich eine Breite von 1,2—1,5 m hat, besteht aus einem auf doppeltem T-Eisen aufgelegten Bohlenbelag. Zwischen den Stegen der zwei T-Eisen geht ein Drahtseil durch, an dem die Bühne hängt. Die beiden Seilenden gehen hinauf nach einem in einem höheren Stockwerk aufgestellten Windwerke, und zwar führen sie je auf eine Trommel, welche durch Schnecke und Schneckenrad von einer Rolle aus in Drehung versetzt werden können. Der

Abb. 267.
Mauerung der Umfassungswände. Hängebühne mit oberem Windwerk.

Antrieb dieser Rolle geschieht mit Hilfe eines endlosen um dieselbe geschlungenen, frei herabhängenden Seiles, das von den Maurern auf der Bühne leicht erfaßt und selbst bedient werden kann. Das Windwerk ist auf einem Winkeleisenrahmen aufmontiert (Abb. 269) und wird auf zwei in entsprechendem Abstande gelegten ⊏-Eisen

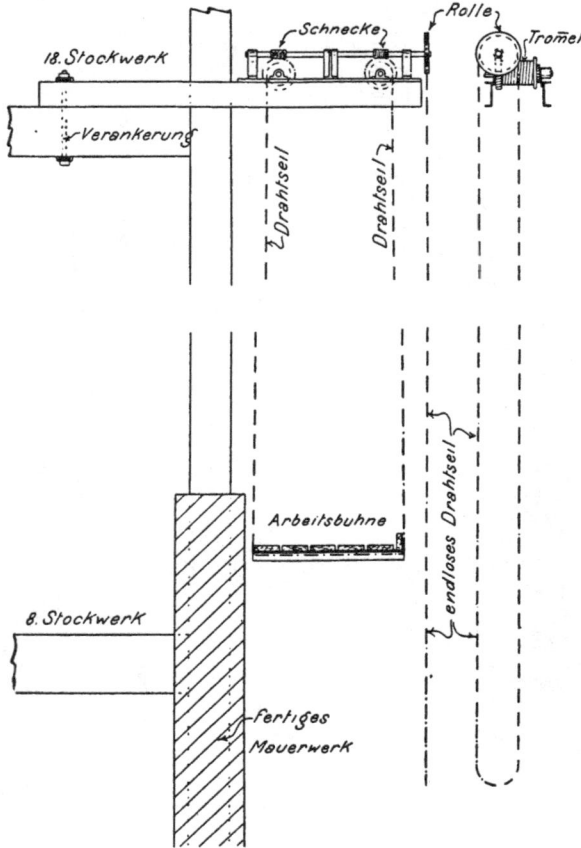

Abb. 268.
Hängebühne mit oberem Windwerk.

aufgesetzt, die über die Außenmauer herauskragen und nach hinten verankert sind. Die Arbeitsbühne kann auf diese Weise also leicht von den Maurern selbst, ohne daß sie ihren Platz verlassen, mit dem Fortschreiten der Mauerung hochgehoben werden.

Die Anordnung der Mauerungsbühnen an dem 16 stockigen Neubau Ecke Broadway und 4. Straße in New York ist in Abb. 270 im

Grundriß, Höhenschnitt und in der Ansicht wiedergegeben. Die Kragträger, welche die Windwerke aufnehmen, sind im obersten Stockwerk in 2,70 m Abstand verlegt. Abb. 271 gibt ein Lichtbild, wobei das Eisengerüst fertig aufgestellt und die Mauerung bis zum 10. Stockwerk gediehen ist. Abb. 272 zeigt das Singer Gebäude in entsprechendem Stadium.

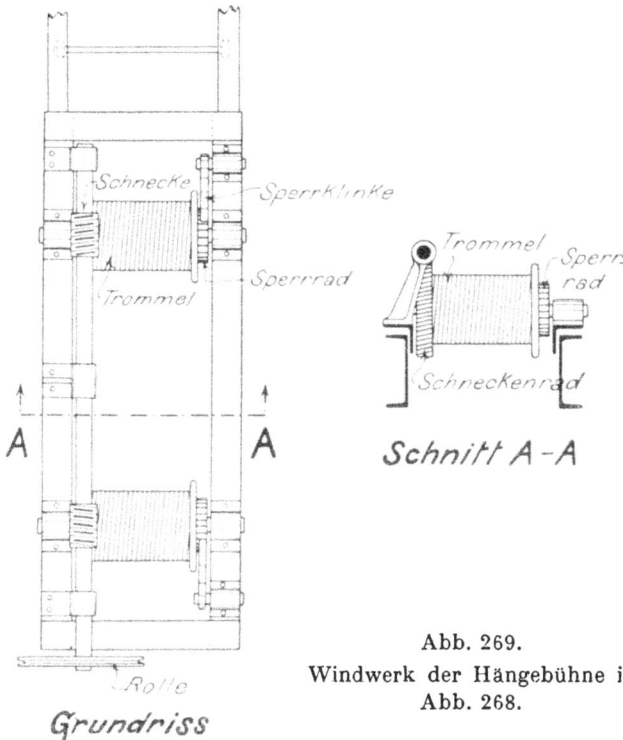

Schnitt A-A

Grundriss

Abb. 269.
Windwerk der Hängebühne in
Abb. 268.

Eine andere Anordnung, bei welcher das Windwerk auf der Bühne selbst steht, zeigt Abb. 273. Der Bohlenbelag der Bühne liegt wiederum auf Paaren von Winkeleisen. Das Windwerkchen wird wegen des kleinen zur Verfügung stehenden Raumes durch eine Knarre betätigt, welche in das am einen Trommelende aufgesetzte Zahnrad eingreift. Am andern Trommelende sitzt ein Zahnrad mit Sperrklinke. Die Trommelwelle lagert in zwei Flacheisen, die mit den Winkeleisen fest verbunden sind. Sämtliche Seile führen oben über feste Rollen (Abb. 273a), die an einem Kragträger festgemacht sind.

Eine weitere einfache Anordnung ohne Windwerk ist in Abb. 274 dargestellt. Die Hängeeisen sind Flacheisen, die mit Löchern versehen sind zum Befestigen von doppelten Traghölzern mittels Schrauben, auf denen der Bohlenbelag ruht.

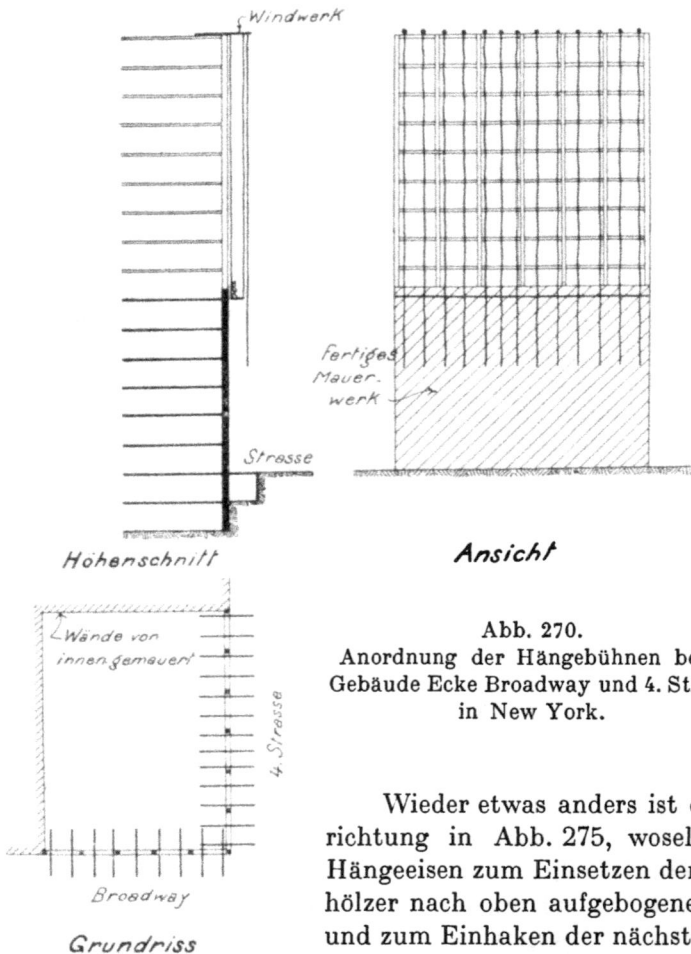

Windwerk

Fertiges Mauer-werk

Strasse

Höhenschnitt

Ansicht

Wände von innen gemauert

4. Strasse

Broadway

Grundriss

Abb. 270.
Anordnung der Hängebühnen beim
Gebäude Ecke Broadway und 4. Straße
in New York.

Wieder etwas anders ist die Einrichtung in Abb. 275, woselbst die Hängeeisen zum Einsetzen der Traghölzer nach oben aufgebogene Haken und zum Einhaken der nächstunteren Eisen unter dem Haken eine senkrechte mit Schlitz versehene Fortsetzung haben.

Zum Schutz gegen Herunterfallen der Maurer sind die Bühnen außen mit einem leichten Geländer aus Draht- oder Hanfseilen versehen. Wenn sehr rasch gearbeitet werden soll, so erstrecken sich die Bühnen rings um das ganze Gebäude herum.

Die Verkleidungssteine werden auf Wagen angefahren, und zwar
aus Mangel an Platz nur der Bedarf für den betreffenden Tag. Besondere Derricks, welche in der Frontfläche des Eisenwerks der Außenmauer aufgestellt sind, laden die Steine vom Wagen und setzen sie
auf die über den Gehwegen befindlichen Plattformen ab, die wir

Abb. 271.
Gebäude Ecke Broadway und 4. Straße in New York.
Aufmauerung der Außenwände.

weiter oben schon als Schutzdächer für den Personenverkehr kennen
gelernt haben (Abb. 276). Dieses Dach dient als provisorischer Stapel-
raum der Steine. Im Lichtbilde ist ein solcher Derrick aus Abb. 277
in deren Mitte ersichtlich. Der Drehpunkt des Mastes ragt etwas
über die Fläche des Eisenwerks hervor, die beiden Schwellen, welche

Abb. 272.
Singer Gebäude in New York in der Ausführung.

die Zapfenplatte tragen, müssen deshalb nach hinten verankert sein.
Das Versetzen der Steine geschieht dann mit diesen Derricks oder
aber steht eine größere Anzahl kleinerer, bockartiger, von Hand
anzutreibender Aufzugwinden zur Verfügung, wie aus Abb. 277 ebenfalls einige ersichtlich sind.

Über die Massen, um welche es sich dabei handelt, und die Leistungen, die vollbracht werden, sollen einige Angaben von ausgeführten Bauten einen Begriff geben.

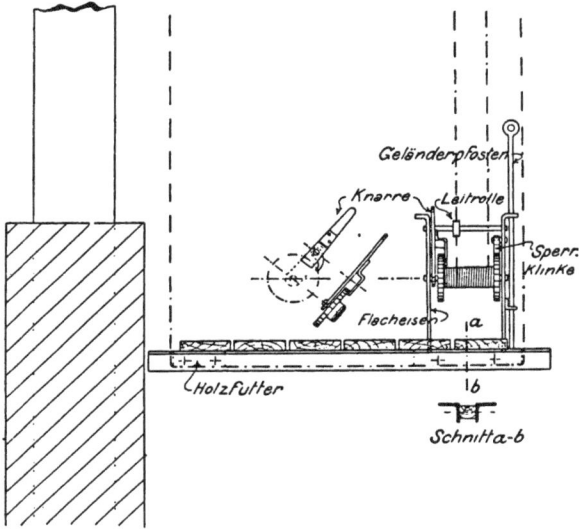

Abb. 273.
Hängebühne mit auf der Bühne selbst aufgestellter Winde.

Beim Bau des Trinity and United States Realty Gebäudes in New York wurden täglich 85 Wagenladungen oder 340 t Haustein für die Umfassungswände vermauert, der Gesamtverbrauch betrug etwa 8000 t Haustein. Das Versetzen geschah durch 150 Steinmaurer, die Hintermauerung wurde von weiteren 225 Mann ausgeführt, wobei ungefähr 10 Millionen Ziegelsteine gebraucht wurden.

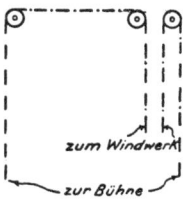

Abb. 273 a.
Führung der Drahtseile über Rollen.

Am Gimbel Gebäude in New York, das die großen Abmessungen im Grundriß von 121 × 60 m hat, haben 400

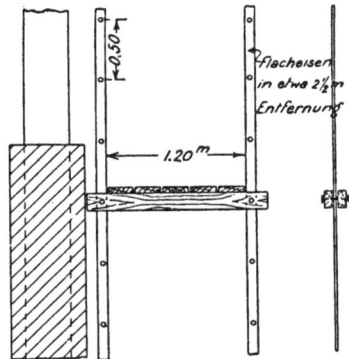

Abb. 274.
Hängebühne ohne Windwerk mit Flacheisen als Hängeeisen.

Maurer und Handlanger gleichzeitig gearbeitet. Der Arbeitsfortschritt betrug 3 Stockwerke pro Woche.

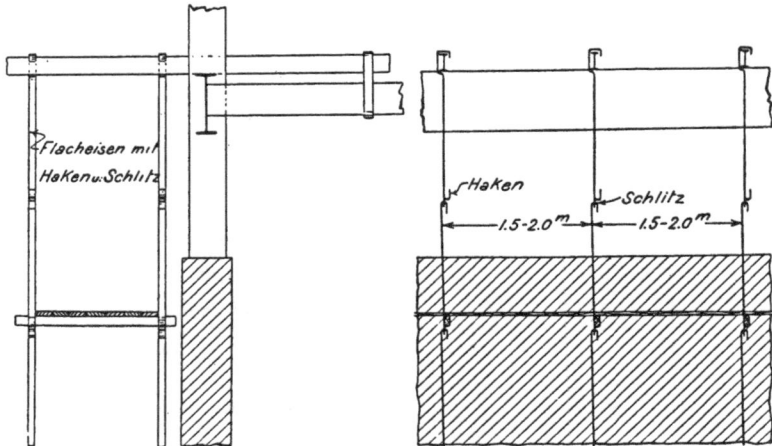

Abb. 275.
Hängebühne ohne Windwerk mit Hakeneisen.

An den Außenmauern des City Investing Gebäudes in New York arbeiteten gegen 1000 Maurer und Helfer. Die Schnelligkeit betrug 2 Stock pro Woche.

Das Municipal Gebäude in New York enthält etwa 9300 cbm Granit für die Verkleidung der Außenmauern. Derselbe wurde unter den Zufahrten der Brooklynbrücke aufgestapelt und nach Bedarf zur Baustelle gefahren.

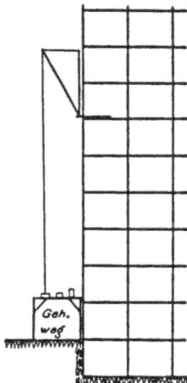

Abb. 276.
Derrick zum Hochziehen der Steine für das Verkleidungsmauerwerk.

XII. Einrichtungen innerhalb des Gebäudes zur Handhabung des Verkehrs.*)

Der Personenverkehr im Gebäude wird durch die Personenaufzüge bewerkstelligt. Die Treppen spielen, wie bereits erwähnt, keine Rolle.

*) Unter Benutzung der Abhandlung von Brown in den Transactions of the American Society of Civil Engineers. Vol. LIV. Part B, 1905.

Abb. 277.
Derricks zum Abladen und Versetzen der Steine für das Verkleidungsmauerwerk.

Die Personenaufzüge sind die Seele der Wolkenkratzer. Ohne sie sind die hohen Häuser überhaupt undenkbar, sie wären ein Riesenkörper ohne Leben. Sie vermitteln fast lautlos in immerwährendem Gange den ungeheuren Verkehr, der sich in dem Gebäude abspielt. Der Erfolg der hohen Gebäude, d. h. die Nachfrage nach vermietbaren Räumen, hängt in vorderer Linie von einem guten Aufzugsbetrieb ab. Die Wolkenkratzer sind in ausgiebiger Weise mit diesem Verkehrsmittel versehen. Die im Grundriß kleinen Gebäude besitzen 3, 4, 5 Aufzüge. Mit der Flächengröße und Gebäudehöhe steigert sich diese Zahl, bis wir in den modernsten Häusern bis zu 42 Aufzüge installiert finden. Dabei laufen diese Aufzüge nicht alle gleich schnell und halten nicht alle an jedem Stockwerk an. Es sind vielmehr gewissermaßen Schnellzüge (Express Elevators) und gewöhnliche Züge (Local Elevators) da. Während die letzteren an jedem Stockwerk nach Bedarf halten, durchlaufen die Schnellzüge eine gewisse Zahl von Stockwerken ohne Aufenthalt. Von den 39 Aufzügen des Hudson Terminal Gebäudes in New York sind 22 Schnellzüge, die ohne Aufenthalt bis zum 11. Stockwerk fahren. Die übrigen 17 sind Lokalzüge.

Nach dem Bewegungsmittel unterscheidet man hydraulische und elektrische Aufzüge, die beide ihre Fürsprecher haben und in der praktischen Anwendung sich die Wage halten. Fahrkorb, Fahrschacht und Führung sind praktisch bei beiden dieselben, der Unterschied befindet sich außerhalb des Fahrschachtes.

Die Nutzlast für einen Aufzug wird gewöhnlich zu 290—390 kg pro qm Bodenfläche angenommen. Die Bodenfläche eines Personenaufzuges beträgt etwa 3 qm. Im Singer Gebäude haben die Fahrkörbe eine Grundfläche von 3,25 qm.

Die Schnelligkeit, mit der gefahren wird, schwankt zwischen 60 und 180 m pro Minute, 120 m können als Mittel für Geschäftsgebäude mittlerer Höhe angenommen werden, 180 m für die Schnellzüge. Das oberste Stockwerk des Singer Gebäudes wird auf diese Weise in weniger als einer Minute erreicht.

Im Falle von hydraulischen Aufzügen ist es gebräuchlich, sie auszubalancieren bis auf ¾ des Gewichts des Fahrkorbes. Bei den elektrischen Aufzügen hingegen wird das ganze Gewicht des Fahrstuhles und 40—50% der Nutzlast ausbalanciert. Ohne Nutzlast ist also eine Kraft zur Niederbewegung nötig gleich dem halben Gewicht der Nutzlast zuzüglich der Reibung der Maschine. Wenn der Fahrstuhl mit der halben Nutzlast belastet ist, ist er ausbalanciert und die zur Bewegung erforderliche Kraft ist gleich der Reibung der Maschine. Bei voller Nutzlast sind die Bedingungen dieselben wie bei leeren Wagen, nur daß die Kraft statt zum Abwärtsfahren zur Aufwärtsbewegung gebraucht wird. Es ist also bei den elektrischen Aufzügen sowohl zum Auf- als zum Abwärtsfahren Kraft nötig, diese ist aber nie so groß wie im Falle des hydraulischen Aufzuges.

Die gewöhnliche Anforderung, die an einen Aufzug in einem Geschäftsgebäude gestellt wird, ist die, daß er eine Maximallast von 1130 kg mit einer Schnelligkeit von 75 m pro Minute und eine Last von 680 kg mit einer solchen von 180 m pro Minute zu heben vermag.

a) Hydraulische Aufzüge.

Man unterscheidet in der Hauptsache: Hydraulische Aufzüge mit vertikalem (stehendem) Zylinder, solche mit horizontalem (liegendem) Zylinder und Plungeraufzüge.

Hydraulische Aufzüge mit stehendem Zylinder. Die Maschine besteht aus einem vertikal stehenden Zylinder samt Kolben, welch letzterer mit einem Flaschenzug in Verbindung gebracht ist (Abb. 278). Die festen oberen Rollen müssen hoch genug gesetzt werden, um für den Hub des Kolbens Raum zu lassen. Die Seilenden sind an der oberen festen Rolle festgemacht, das Seil geht abwechselnd um die losen und festen Rollen herum, läuft schließlich am Fahrschacht hoch und geht über eine über dem Fahrschacht angebrachte feste Rolle herab zu dem Fahrkorb, den es faßt. Der Flaschenzug muß natürlich den Kolbenweg verringern, das Verhältnis des Fahrkorbweges zum Kolbenwege ist gleich dem Verhältnis der doppelten Zahl der losen Rollen zu 1. Das Gewicht des Fahrstuhles ist teilweise durch das Gewicht des Kolbens und dasjenige der losen Rollen, zu denen noch gußeiserne Gewichte treten, ausgeglichen, so daß nur gerade genügend unausbalanciertes Gewicht vorhanden ist, um den leeren Fahrkorb mit geeigneter Geschwindigkeit abwärts gehen zu lassen.

Hydraulischer Aufzug mit liegendem Zylinder. Die Anordnung mit horizontalem Zylinder ist im Prinzip dieselbe, nur ist, um an Raum zu sparen, das Übersetzungsverhältnis größer gemacht und die festen und losen Rollen liegen nebeneinander. Die Rollen bewegen sich unabhängig auf einem Gestell. Das gewöhnliche Übersetzungsverhältnis bei horizontalem Zylinder ist 1:10, während es bei vertikalem Zylinder 1:4, ja bei niedrigen Gebäuden

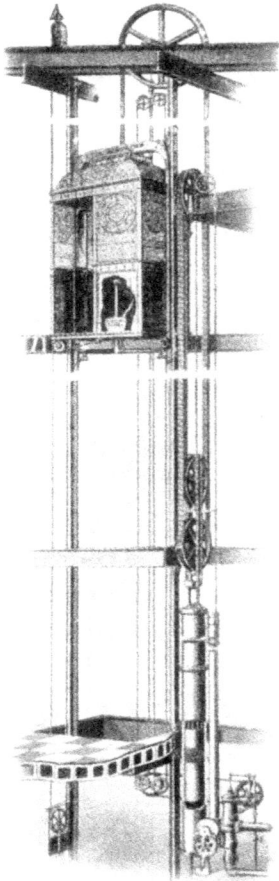

Abb. 278.
Hydraulischer Aufzug mit
vertikalem Zylinder.

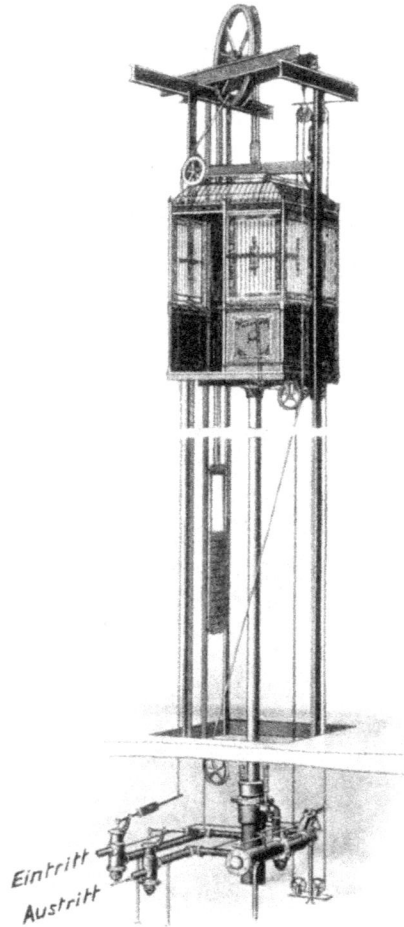

Abb. 279.
Plunger Aufzug.

nur 1 : 2 beträgt, da ja die Länge des vertikalen Zylinders nur durch
die Höhe des Gebäudes beschränkt ist.

Bei der horizontalen Anordnung kann das Gewicht des Kolbens
und der losen Rollen nicht am Ausbalancieren mithelfen, daher wird
ein besonderes Gegengewicht, das an dem Fahrstuhl mit besonderen
Seilen befestigt ist, angewendet.

Plungeraufzug. Der treibende Teil besteht aus einem Zylinder, der direkt unter dem Fahrstuhl vertikal in den Boden geht und

von einer Länge gleich der Bahnlänge des Aufzugs (Abb. 279) ist. In diesem Zylinder arbeitet ein Kolben derselben Länge (Plunger), der an seinem obersten Ende den Fahrkorb trägt. Der Plunger ist aus einer Eisenröhre hergestellt, deren Durchmesser gewöhnlich zwischen 10 und 20 cm schwankt. Der Zylinder besteht aus einer Eisenröhre von 2—5 cm größerem Durchmesser als der Plunger und ist am oberen Ende mit einer Stopfbüchse versehen, welche den dichten Abschluß bewirkt. Das Wasser wird in dem Zylinder in dessen oberem Ende zu- und abgelassen, was durch einen Dreiweghahn geregelt wird. Indem man den Hahn in eine bestimmte Stellung bringt, wird zwischen dem Zylinder und der Wasserzufuhrröhre Verbindung hergestellt und das eintretende Wasser übt auf das untere Ende des Plungers einen Druck aus, der den Fahrkorb aufwärts bewegt. Beim Schließen des Hahnes bleibt der Plunger stehen. Wenn der Fahrstuhl abwärts gehen soll, so wird der Hahn so gestellt, daß das Wasser frei austreten kann, wodurch Plunger und Fahrstuhl sich abwärts bewegen.

Das Bohren der tiefen Löcher in dem unsicheren Boden zur Aufnahme der Zylinder ist eine schwierige Sache. Die Herstellung geschieht gewöhnlich so, daß man eiserne Mantelröhren bis auf den Felsen hinabtreibt und das Material herausnimmt. Dann werden die Löcher durch einen Drehbohrer fortgesetzt bis auf die nötige Tiefe. Hierauf werden die eisernen Zylinder eingestellt, welche die Plunger aufnehmen.

b) Elektrische Aufzüge.

Die meisten der elektrischen Aufzüge sind sog. Seiltrommelaufzüge, wobei der Elektromotor mit Hilfe von Schnecke und Schneckenrad eine Trommel in Umdrehung versetzt, auf welcher sich das Seil, an welchem der Fahrstuhl hängt, auf- bzw. abwickelt.

Um den Achsdruck der Schneckenwelle auszugleichen, wird meist eine zweite Schnecke samt Schneckenrad angewendet.

Der Antriebmechanismus kann unten neben dem Fahrschacht aufgestellt werden (Abb. 280), in diesem Falle sind über dem Aufzugschacht 4 Rollen je paarweise übereinander angeordnet, über welche die nach dem Fahrstuhl und den Gegengewichten führenden Kabel laufen.

Oder er kann über dem Fahrschacht seine Aufstellung finden (Abb. 281). Diese Anordnung hat den Vorteil, daß alles Rollenwerk, welches Platz wegnimmt und den Wirkungsgrad vermindert, entfallen kann. Statt auf der Decke aufgestellt, kann der Mechanismus auch an die Unterseite der Decke angehängt sein.

Abb. 280.
Elektrischer Aufzug mit untenstehendem
Antrieb.

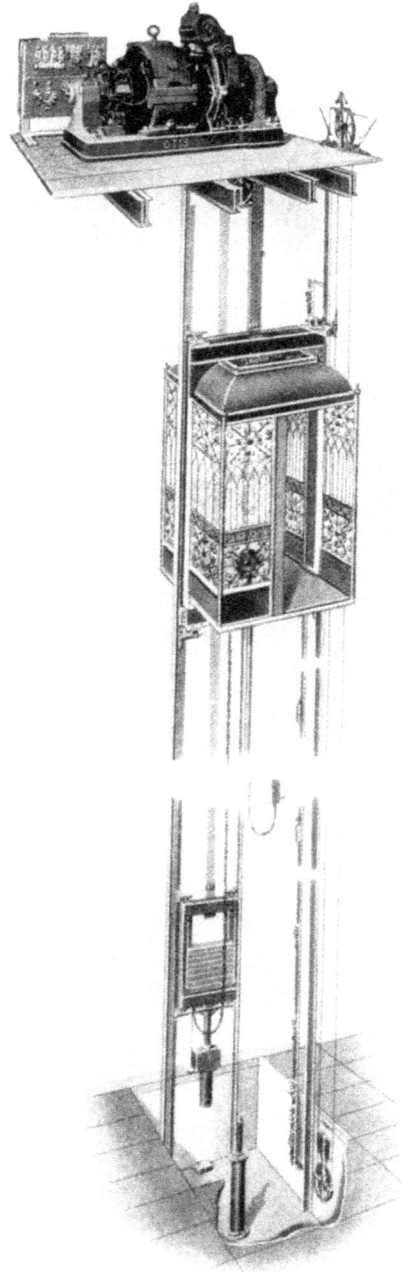

Abb. 281.
Elektrischer Aufzug mit über dem Fahrschacht aufgestellter Antriebsmaschine.

Bei den Aufzügen des Singer Gebäudes wurde auf die Anwendung einer Schneckenübersetzung verzichtet, indem die Motor- und Trommelwelle direkt gekuppelt sind. Dies konnte nur dadurch ermöglicht werden, daß man einen sehr langsam laufenden, bloß 60 Umdrehungen pro Minute machenden Motor konstruierte. Man erhält dabei, da die den Wirkungsgrad erheblich herabmindernde Schnecke wegfällt, einen Apparat von hoher Leistungsfähigkeit.

c) Sicherheitseinrichtungen der Aufzüge.

Die Sicherheit der Aufzüge ist von der allergrößten Wichtigkeit und die weitere Ausbildung der hiezu ersonnenen Einrichtungen bildet den Mittelpunkt des Konkurrenzkampfes der großen Aufzugfabriken.

In der ersten Zeit der Aufzüge mit geringer Geschwindigkeit ging man davon aus, das Abfallen des Fahrkorbes durch Brechen der Kabel zu verhüten, und die entsprechenden Einrichtungen zielten darauf ab, daß, wenn die Kabel brechen sollten, der Fahrkorb angehalten wurde. Mit der Einführung höherer Geschwindigkeiten und der Anwendung einer größeren Zahl von Kabeln waren Unfälle durch Brechen derselben fast ausgeschlossen. Nichtsdestoweniger nahm man den Standpunkt ein, daß Unglücksfälle vorkommen können bei etwaigem Durchgehen des Fahrkorbes, was durch Störung der Steuerung, dem Ausbleiben des Druckes usw. hervorgerufen werden könnte, und man entschied sich, Sicherheitsvorrichtungen anzubringen, die auf der Schnelligkeit des Fahrkorbes basierten.

Die zwei grundlegenden Sicherheitselemente sind die Verhinderung des Eintritts außergewöhnlicher Schnelligkeit und das Überfahren der oberen und unteren Grenze.

Die ersten derartigen Sicherungen brachten sehr rasche, als Stöße wirkende Halte hervor. Bei den damaligen geringen Geschwindigkeiten war das für die Passagiere kaum gefährlich. Anders heutzutage bei Geschwindigkeiten von 2½, 3 und 3½ m pro Sekunde, wo das plötzliche Halten schwere Schäden für die Gesundheit der Fahrenden nach sich ziehen würde, selbst wenn der Mechanismus dem plötzlichen Stoß standhalten könnte.

Deshalb sorgen die modernen Sicherheitseinrichtungen für die Erzeugung eines angemessenen Widerstandes, so daß der Fahrkorb eine Strecke gleiten muß, ehe er zur Ruhe kommt. Sobald aus irgendeinem Grunde die Schnelligkeit des Fahrkorbes größer wird als diejenige, auf welche der Schnelligkeitsregulator gestellt ist, d. h.

die normale Geschwindigkeit um 30—50% überschreitet, treten die Sicherheitseinrichtungen in Tätigkeit und der Fahrkorb wird zum Stehen gebracht.

Alle Regulatoren sind Zentrifugalregulatoren und gewöhnlich in fester Lage am oberen Ende des Fahrschachtes aufgestellt und durch ein Seil in Umdrehung versetzt, das mit den Sicherheitseinrichtungen am Fahrkorb verbunden ist. Der Regulator wirkt, indem er das Seil faßt und dessen fernere Bewegung hindert, die weitere Bewegung des Fahrkorbes bringt dann die Greifer zur Wirkung.

Die eigentliche Sicherheitseinrichtung ist gewöhnlich oben und unten am Fahrkorb angebracht und besteht darin, daß an die Führungsständer starke Backen angedrückt werden, die durch ihre Reibung eine Verzögerung der Fahrgeschwindigkeit und schließlich das Halten veranlassen. Die Führungsständer bestehen entweder aus Hartholz oder T-förmigen Schienen.

Das Überfahren der Grenzen ist bei den hydraulischen Aufzügen durch die Einführung eines zweiten Hahnes unmöglich gemacht, welcher durch die Bewegung des Kolbens geschlossen würde, auch ist der Hub des Kolbens durch den Zylinder begrenzt.

Ein wichtiges Sicherheitselement bei allen Typen von Aufzügen ist, daß das Gegengewicht auf den Boden kommt, ehe der Fahrkorb das darüber liegende Eisenwerk erreicht.

Bei den meisten der elektrischen Aufzüge sind die Bremsen durch Magnete, die von dem elektrischen Strom bedient werden, von ihrer Wirkung abgehalten und es wird daher bei Unterbrechung des Stromes mittels einer der Sicherheitseinrichtungen die Bremse in Tätigkeit gesetzt.

Zuweilen sind, wie z. B. beim Singer Gebäude, am unteren Ende des Fahrschachtes Luftkissen angebracht, d. h. es ist der untere Teil desselben auf etwa 1 m Länge und mehr luftdicht gemacht. Wenn der Fahrkorb in diesen Schacht fallen würde, so wird die Luft darunter komprimiert und wirkt wie ein Kissen, und das Anhalten geschieht allmählich durch das Entweichen der Luft rund um die Seiten des Fahrkorbes herum.

d) Anzeigevorrichtungen und weitere Zubehörden.

Bei der meist großen Anzahl von Aufzügen ist die Frage der Förderung der Menschen auf rasche, angenehme und möglichst billige Art und Weise von großer Wichtigkeit. Es sind deshalb teilweise äußerst geistreiche Einrichtungen vorhanden, die diesen Bedingungen in möglichst vollkommener Weise gerecht werden wollen.

Damit ein Passagier die Stellung der Aufzüge bei seinem Eintritt in das Gebäude rasch erkennt, ist im Erdgeschoß für jeden Aufzug ein Zifferblatt aufgestellt. Diese Zifferblätter tragen Zahlen, welche die verschiedenen Stockwerke vorstellen, und bewegliche Zeiger, die von dem betreffenden Aufzugmechanismus in Bewegung versetzt werden und die Lage des Fahrkorbes im Aufzugschacht anzeigen. So wird der Passagier inne, welcher Fahrkorb seinem Stock am nächsten ist.

Beim Singer Gebäude hatte man zur Aufstellung der Zifferblätter wenig Platz und man verwendete deshalb an Stelle mechanischer Anzeiger kleine aufleuchtende Glühlämpchen. Auf einer großen Tafel sind entsprechend der Anzahl der Aufzüge vertikale Reihen von kleinen Glühbirnen, für jeden Stock eine, aufmontiert, die durch Aufleuchten die Stellung des Fahrkorbes angeben. Hierbei ist eine sehr klare und rasche Übersicht möglich. Eine derartige Tafel befindet sich auch im Zimmer des Chefingenieurs des Hauses, der damit eine Kontrolle ausüben und feststellen kann, ob die Aufzüge ihre Pflicht tun.

Für jeden Aufzug oder für eine Gruppe von Aufzügen ist ferner an den Aufzugeinfassungen eine Tafel mit Druckknöpfen da, um den Führer zu benachrichtigen. Dabei sind für »Auf« und »Ab« je besondere Knöpfe vorhanden.

Für den Führer ist jeder Fahrkorb mit einem Signallicht versehen, das 1½ Stockwerke vor demjenigen Stockwerk aufleuchtet, auf dem der Passagier geläutet hat. Umgekehrt ist gewöhnlich noch eine Platte da, mit »Auf« und »Ab«-Licht versehen, welche dem Passagier, der geläutet hat, 2½ oder 3 Stockwerke zuvor die Ankunft des Fahrkorbes auf seinem Stockwerk anzeigt.

Häufig sind dann die Aufzugkörbe noch mit einem Telephon und einem Megaphon ausgerüstet, die oberhalb des Halte- und Anfahrmechanismus angebracht sind.

Die Türen, natürlich in Eisen, sind meist nach beiden Seiten zusammenfalzbar. Sie können während des Fahrens nicht geöffnet werden, außer mittels besonderer Mechanismen.

XIII. Maschinelle Anlagen zum Betrieb der hohen Gebäude.

Der steigende Erfolg der hohen Gebäude ist zum nicht geringen Teil den vollkommenen mechanischen Einrichtungen zuzuschreiben, welche einen großen Komfort in jeder Richtung ermöglichen. Solche Einrichtungen werden bei uns erst allmählich bekannt.

Die maschinellen Anlagen befinden sich in den untersten Geschossen. Sie begreifen in sich Kesselanlagen und Dampfmaschinen zur Heizung und zum Antrieb der Dynamos, zur Erzeugung von elektrischem Strom für Beleuchtung und für den Aufzugdienst, zum Betrieb der Pumpen für Wasser und zur Speisung der hydraulischen Aufzüge, für die Eis- und Kühlmaschinen und für die Vakuumpumpen zur Staubabsaugung.

Elektrizität, Gas, ja in manchen Städten (z. B. im Unterteile von New York) auch Dampf, könnte man ja aus den in den Straßen liegenden Leitungen entnehmen, man zieht jedoch fast immer vor, eigene Kraftanlagen einzurichten, um vor den Unsicherheiten der Entnahme aus den Straßenleitungen sichergestellt zu sein.

In den neueren Häusern kann man in jedem Raum heißes, kaltes und Eiswasser am Hahn bekommen. Alles Wasser ist gewöhnlich filtriert, das Trinkwasser sowohl als das nicht zu Trinkzwecken verwendete Wasser. Ersteres meist zweimal. Die Kühlung des Wassers geschieht mit künstlichem Eis, das in einer eigenen Eisanlage hergestellt wird.

Die Wasserröhren im Hause sind gewöhnlich in zwei getrennten Teilen verlegt, solche zum Hausgebrauch und solche, die Feuerlöschzwecken dienen.

In jedem Raum befindet sich ein Thermostat, der automatisch in allen Zimmern stets eine gleiche Temperatur herstellt.

Zuweilen ist jedes Zimmer im Gebäude mit einem Vakuumreinigersystem verbunden, so daß der Mieter mühelos selbst Hut und Kleider reinigen kann.

Da in den Grundprinzipien die maschinellen Anlagen in den Riesenhäusern einander ähnlich sind, so sollen diese an einer großen ausgeführten Anlage, derjenigen für das 14 stockige, 50 × 100 m im Grundriß messende Warenhaus von Wanamaker in New York, kurz besprochen werden.

K e s s e l a n l a g e. Die nötige Kraft wird in 8 Stück Babcox und Wilcox Wasserröhrenkesseln, jeder für 300 PS, erzeugt. Die Verbrennungsgase werden in einer Blechröhre von 2,45 m innerem Durchmesser und 83 m Länge über das Dach geführt.

D i e e i g e n t l i c h e M a s c h i n e n a n l a g e besteht aus sechs liegenden Kompounddampfmaschinen mit 42 bzw. 77 cm Zylinderdurchmesser und 68 cm Hub, die je 650 PS entwickeln können. Die Maschinen laufen ohne Kondensation, der Abdampf wird für Heizzwecke benutzt.

Sie treiben die elektrischen Generatoren und die Pumpen für die 29 hydraulischen Aufzüge.

H e i z u n g s a n l a g e. Zu beheizen sind 14 Stockwerke mit je 54 × 97 m Fläche und 2 Untergeschosse, zusammen nicht weniger als 100 000 qm Fläche.

Der Heizapparat besteht aus einem Expansionsgefäß, in welches der Abdampf von den Dampfmaschinen geführt wird. Dieses ist ein Blechzylinder von 1,80 m Durchmesser und 7,50 m Länge, von welchem die Rohrleitungen ausgehen. Die Heizkörper sind zu je zweien mit etwa 6 qm Heizfläche unter den Fenstern aufgestellt. Pro Stockwerk sind Radiatoren mit etwa 516 qm Heizfläche vorhanden.

V e n t i l a t i o n s a n l a g e. Die Luft wird durch die Gitterüberdeckungen der Gehwege mittels Fächern hereingezogen und da naturgemäß sehr viel Staub und Schmutz mitgeführt wird, kurz vor den Fächern gereinigt und entfeuchtet. Alle Räume münden in einen Lichthof, der zur Abführung der gebrauchten Luft dient und oben ebenfalls Fächer zur Luftabsaugung hat.

E l e k t r i s c h e B e l e u c h t u n g. Zur Beleuchtung sind gegen 1100 Bogenlampen und 6000 Metallfadenlampen vorhanden.

D i e A u f z u g a n l a g e besteht aus 29 Aufzügen, darunter 3 großen Lastaufzügen, 3 Wagenaufzügen für Wagen samt Pferden und 3 Aufzügen bis zum Gehweg (Gehwegaufzüge für Asche usw.). Es sind hydraulische Aufzüge des Plungertyps, die mit einem Arbeitsdruck von 11,2 kg/qcm arbeiten. Das Druckwasser wird von 5 Pumpen geliefert, die ihr Wasser aus einem 68 cbm haltenden Behälter entnehmen.

E i n r i c h t u n g g e g e n F e u e r s g e f a h r. Hiefür ist in erster Linie ein ausgedehntes Netz von Wasserröhren in der Decke untergebracht, von denen aus in etwa 3 m Abstand in jeder Richtung senkrechte Stutzen etwas unter die Decke herabreichen, so daß ein solcher Stutzen eine Fläche von 9 qm bedeckt (Sprinkler System).

Ähnliche Einrichtungen sind bei uns nur in den neuesten Theatern vorgesehen. Die Anlage hat im ganzen gegen 8000 Auslässe, für das ganze System wurden 66 000 lfd. m Röhren benötigt. Das hiefür benötigte Wasser wird aus 8 Stück eisernen Behältern, die auf dem Dach aufgestellt sind, geliefert, von denen die Hälfte je 45, die andere je 78 cbm Fassungsraum haben. Die ersteren werden unter einem Luftdruck von 5,3 kg/qcm gehalten, die Luft beansprucht etwa ⅓ des Raumes, sie wird durch einen im Maschinenraum aufgestellten Luftkompressor geliefert.

Die Sprinkler Auslässe sind normalerweise verschlossen, sobald eine gewisse hohe Temperatur überschritten wird, schmilzt das Verschlußmetall ab und das Wasser kann frei ausströmen.

Als weiteres Zubehör für die Feuerlöscheinrichtung kommt eine getrennte Anlage hinzu, die aus 4 Standröhren nahe dem Treppenhaus besteht, mit Schläuchen und Anschlüssen in jedem Stockwerk. Diese Standröhren werden von 4 großen Behältern auf dem Dach versorgt und stehen auch mit den Straßenleitungen in Verbindung.

K ü h l a n l a g e. Bei der großen Hitze, welche in den östlichen amerikanischen Städten herrscht, spielen die Kühlanlagen eine große Rolle. Diejenige dieses Gebäudes besteht aus 2 Absorptionskühlmaschinen von 45 t Leistung, jede fähig, 480 l Salzsole pro Minute von —12° C auf — 18° C zu kühlen. Der Antrieb geschieht mit Abdampf von der Kraftanlage. Die Sole zirkuliert im ganzen Gebäude und wird durch 2 elektrisch betriebene Solepumpen und 2 Ammoniakpumpen gehoben, außerdem sind 2 Trinkwasserpumpen für kaltes Wasser, sog. Eiswasser, das in 7 Röhren hochgehoben wird, vorhanden.

Ähnlich sind die Kraftanlagen der übrigen Wolkenkratzer auch, wobei sich natürlich je nach den Bedürfnissen kleine Abweichungen ergeben, jedenfalls bildet in dieser Beziehung jedes Riesenhaus ein Reich für sich, das auf nichts als sich selbst angewiesen ist und alle Bedürfnisse selbst befriedigt.

XIV. Wolkenkratzer aus Eisenbeton.

Eine mindestens ebenso großartige Entwicklung wie bei uns hat der Eisenbetonbau in den Vereinigten Staaten von Nordamerika hinter sich, das zeigt am besten der ungeheure Aufschwung, den die

Zementproduktion dieses großen Landes seit dem Ende des vorigen
Jahrhunderts genommen hat. In noch weiter gehendem Maße als bei
uns hat sich der Eisenbeton fast aller Zweige des Bauwesens be-
mächtigt.

So hat die neue Bauweise natürlich auch Anstrengungen gemacht, den Bau der hohen Häuser an sich zu ziehen, ohne daß ihr
dies jedoch in der erhofften Weise geglückt wäre, die Eisenskelettbau-
art behauptet nach wie vor in den ganz hohen Häusern ausschließlich,
in den mittleren und niedrigeren der hohen Häuser fast ausschließlich
das Feld, indem bis jetzt nur ein Haus aus Eisenbeton mit 16 Stockwerken, das Ingalls Gebäude in Cincinnati, O., im übrigen einzelne
10- und 12 stockige Eisenbetongebäude errichtet worden sind.

Das System des selbsttragenden Eisenwerks hat eben so viele
Vorzüge, daß es schwer durch eine andere Bauart zu ersetzen sein
wird.

Was die Schnelligkeit des Bauens anbelangt, auf welche ja der
Amerikaner so großen Wert legt, so sind auch im Eisenbetonbau
hervorragende Rekorde zu verzeichnen, doch dürften sie nicht an das
heranreichen, was in dieser Beziehung im Eisenskelettbau geleistet
wird. Die Verwendung fertiger, einen Anhalt bietender Stücke, die
Möglichkeit am Rohaufbau nicht nur in einem, sondern in mehreren
Niveaus arbeiten zu können, gestattet beim Eisenskelettbau die Unterbringung von mehr Arbeitern als am Eisenbetonhaus. Auch ist das
schnelle Bauen in Eisenbeton mit einem Mehraufwand an Schalung
und Rüstung verknüpft, weil eine Wiederverwendung derselben nur
in bescheidenem Maße stattfinden kann.

Weiterhin nachteilig ist im Eisenbetongebäude der Umstand,
daß der zahlreichen Schalungsstützen wegen ein Weiterarbeiten in
den umbauten Räumen unmöglich ist. Bei etwaiger Nichtbeachtung
vorgesehener Aussparungen für Röhren und andere Leitungen oder
bei notwendig werdenden Lageänderungen derselben müssen Löcher
durch den Beton der Decke gehauen werden, was der Konstruktion
gewiß nicht zum Vorteil gereicht. Beim Eisenskelettbau dagegen
gestattet die sofortige Zugänglichkeit des Rohbaues die unverzügliche
Inangriffnahme der übrigen Arbeiten; die Leitungen werden vor Ein-
mauerung der Decke verlegt. Unangenehm ist ferner im Eisenbetonhaus der Umstand, daß die Säulen in den unteren Stockwerken eine
zu große Fläche bedecken. Für die Aufnahme der großen Lasten
werden diese zwar als spiralarmierte Säulen mit einer zulässigen
Beanspruchung des Betons von etwa 70 kg pro qcm ausgeführt, trotz-

dem würden sich aber für ganz hohe Gebäude ungemein große Säulenquerschnitte ergeben, welche zuviel an Grundrißfläche wegnehmen
würden. Die Säulen des untersten Stockwerks des Ingallsgebäudes
haben die noch erträgliche Querschnittsfläche von 97 × 86 cm.

Die Gestaltung der Eisenbetongebäude als Ganzes, die Ausbildung
der Trageglieder im allgemeinen, weicht von dem bei uns geübten
Verfahren kaum viel ab.

Die Gebäudeaußenseiten, soweit sichtbar, werden ihres unbe-
friedigenden Aussehens wegen gewöhnlich mit Hausteinplatten, Ziegelverblendern oder Terrakottasteinen verkleidet. Um diese mit dem
Beton zu verbinden, werden schon beim Betonieren der Mauer ver-
zinkte Ankereisen in den Beton eingelegt, welche über die Schalung
herausstehen und nachher in die Fugen der Verkleidungssteine ein-
gebunden werden.

Am meisten Unterschiede bestehen noch in der Art und Form
der Bewehrungseisen, in der Anwendung dauerhafter und schnell auf-
zuschlagender Verschalungsformen und in der Art und Weise der
Betonierung.

Die wichtigsten Unterschiede gegen die bei uns üblichen Methoden sollen im folgenden vorgeführt werden:

B e w e h r u n g s e i s e n. Stärke und Spannweite der Decken,
soweit sie zwischen Balken gelegen sind, sind im allgemeinen von
unseren gebräuchlichen Maßen nicht verschieden, die Einlagen, welche
hiefür Verwendung finden, sind bereits unter Abschnitt VIII, Deckenkonstruktionen, beschrieben.

Die Balken und Träger erhalten Einlagen aus Rundeisen oder aus
irgendeiner der vielen Arten von deformierten Eisen, welche auch
für die Decken verwendet werden, wobei bezüglich der Lage im Betonkörper, der Abbiegungen usw. wesentliche Abweichungen gegen unsere
Ausführungen nicht bestehen. Hiebei werden die Eisen einzeln in
den Schalungstrog eingelegt. Es sind aber auch eine Reihe von Be-
wehrungen im Gebrauch, wo durch besondere Anordnungen die einzelnen Zugeisen zusammen mit den Bügeln in einer Werkstätte zu einem
einheitlichen starren Gerippe verbunden werden und so als lager- und
transportfähige Stücke in die Balkenschalung eingebracht werden
(Unit system).

Diese Systeme sind bei den besonderen amerikanischen Lohn-
und Arbeitsverhältnissen dem Bedürfnis entsprungen, die teure Arbeit
auf der Baustelle möglichst zu eliminieren und die Stücke unter weit-
gehender Anwendung von maschineller Arbeit in der Werkstätte

herzustellen; die Einlagen werden auf diese Weise genauer und sicherer gegeneinander festgelegt als durch das übliche Verfahren an Ort und Stelle.

Das von Tucker & Vinton in den Handel gebrachte Bewehrungsgerippe besteht aus Rundeisenzugstäben, welche mittels Rundeisen- oder Flacheisenbügeln zu einer Einheit verbunden sind. (Abb. 282 und 283.) Während im ersteren Falle die Verbindung durch Umwinden der Scherbügel um die Zugeisen erfolgt, geschieht dies bei den

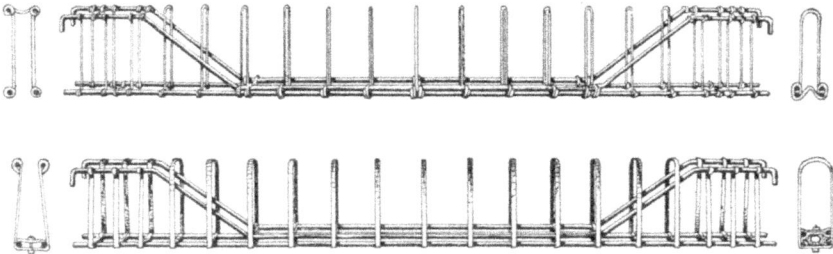

Abb. 282 u. 283.
Armierungsgerippe nach Tucker und Vinton.

Flacheisenbügeln mittels einer über die Einlagen greifenden Feder, welche mit dem horizontalen Bügelteil durch eine Schraube verbunden ist. Im mittleren Balkenteil, wo eine zweite Einlage über der anderen vorhanden ist, ist zwischen beiden Einlageschichten ein Gußklötzchen eingeschaltet, in dessen ausgerundeten Ecken die Eisen liegen und welches diese in festem Abstande hält. Feder und Schraube verbinden wiederum Scherbügel und Zugeisen.

Das System Cummings benutzt einen kleinen Stuhl, in dessen Auskerbung die Eisen eingelegt werden. (Abb. 284.) Quereisen verbinden die Stühle sämtlicher Einlageeisen zu einer Einheit. Der Stuhl sichert gleichzeitig den richtigen Abstand der Einlagen von der Schalung.

Abb. 285 zeigt eine Verbindung mit Hilfe eines Abstandhalters, der aus einem Paar schmaler eiserner Platten von 3 mm Stärke besteht,

Abb. 284.
Cummings System.

die mit Schraubenbolzen zusammengehalten sind und in einer vertikalen Ebene quer zum Träger liegen. Die oberen und unteren Kanten der Platte sind mit Auskerbungen für die Bewehrungseisen

versehen, welche mittels horizontal liegender, 3 mm starker oberer
und unterer Platten festgehalten werden, die durch Bolzen verbunden
sind. Die mit Gewinden versehenen Bolzenenden können noch unter
die Decke herabragen, um Anschlüsse irgendwelcher Art aufzunehmen.

Ein Einlagesystem, das als Zugstab ein besonders ·geformtes
Eisen enthält, ist das von dem Erfinder des Streckmetalls ersonnene

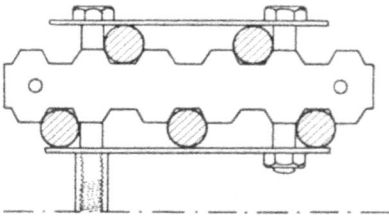

Abb. 285.
Abstandhalter für Träger.

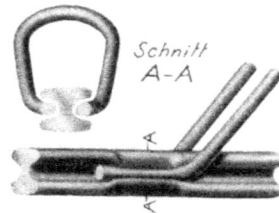

Abb. 286.
Nuteneisen.

N u t e n e i s e n. (Abb. 286—288.) Die Bügel aus Rundeisen, welche
in beliebigen Entfernungen und unter jedem gewünschten Neigungs-
winkel angebracht werden können, werden durch Zusammendrücken
der Backen festgeklemmt. Der Nutzquerschnitt sowohl der Zugeisen

Abb. 287.
Nuteneisen fertig zum Transport.

Abb. 288.
Nuteneisen mit gestellten Bügeln fertig zum Gebrauch.

als der Bügel bleibt dabei der gleiche. Die Eisen werden · von 1,03
bis 14,5 qcm Querschnittsfläche gewalzt.

Das G a b r i e l S y s t e m verwendet als Zugstäbe Rundeisen, um
welche die Schubbewehrung in Form fortlaufender Rundeisenschlingen
herumgewunden ist. (Abb. 289.)

Die General Fireproofing Company in Youngstown, O., bringt
eine Balkenarmierung in den Handel, welche man als G e l e n k - V e r -
b u n d b a l k e n (pin connected girder frame) bezeichnen kann.

(Abb. 290.) Gerade Stäbe und abgebogene Eisen sind von quadratischem Querschnitt. Letztere sind in der oberen Zone über der Säule mit
einem scharfen Knie horizontal zurückgebogen zur Aufnahme des
negativen Stützenmoments. Zum selben Zwecke ist über der Säule
zwischen den abgebogenen Eisen zweier Nachbarbalken eine Verbindung durch Laschen mittels Auge und Bolzen hergestellt. Letztere
werden natürlich erst an Ort und Stelle angebracht, während das
übrige Gerippe in der Werkstätte angefertigt wird. Die Bügel be-

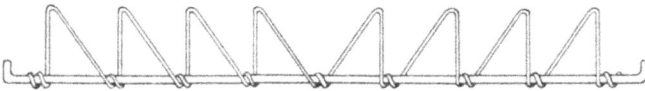

Abb. 289.
Gabriel System.

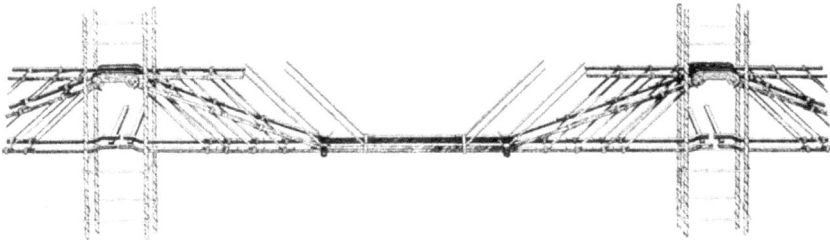

Abb. 290.
Gelenk-Verbundbalken.

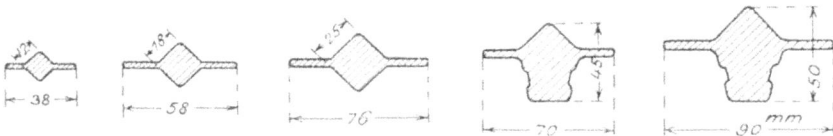

Abb. 291.
Kahneisen.

stehen aus Flacheisen, welche durch Umwicklung mit Draht an den
Zugeisen befestigt sind.

Während bei den bis jetzt genannten Systemen das Gerippe
durch Vereinigung der getrennten Zugeisen und Bügel erhalten wird,
sind bei den Kahneisen, die eine große Verbreitung gefunden haben,
die Scherbügel bereits am Zugeisen angewalzt.

Wie Abb. 291 zeigt, besteht das Kahneisen aus einem Kern mit
seitlich angewalzten Rippen, welche teilweise ausgeschnitten und
als Schubbewehrung nach oben aufgebogen sind. Die Eisen werden

in fünf verschiedenen Größen hergestellt, drei Eisen mit quadratischem, über Eck gestelltem Kern von 2,6; 5,1 und 9,0 qcm Querschnitt und 2,1; 4,0 und 7,1 kg pro lfd. Gewicht. Die beiden andern Querschnitte haben Kerne besonderer Form von größerer Höhe als Breite und 12,9 bzw. 19,4 qcm Querschnitt und 10,1 bzw. 15,2 kg Gewicht pro lfd. m.

Zur Aufnahme der Stützenmomente bei kontinuierlichen Balken werden besondere Stäbe in die obere Zone eingelegt.

Seit einigen Jahren haben sich die Kahneisenprofile auch auf dem europäischen Kontinent eingebürgert. In Deutschland werden sie von den Krupp'schen Werken in Essen und von der Königin-Marienhütte in Sachsen gewalzt.

Außer diesen wichtigsten gibt es noch eine Menge anderer Gerippearten, deren Aufzählung zu weit führen würde.

Trägerlose Decken (Flat slab construction). Derartige Geschoßdecken weisen keine Balken und Träger auf, sie sind vielmehr überall von gleicher Stärke. Sie werden in Amerika sehr häufig verwendet, weil sie den Vorteil einer sehr einfachen Einrüstung besitzen und man deshalb eine erhebliche Ersparnis an Ausgaben für Holz und an Arbeitslohn erzielt. Auch die Bewehrung kann leichter eingebracht und die Betonierung besser durchgeführt werden als in den mehr oder weniger tiefen Schalungskasten der Träger.

Am verbreitetsten ist das der Betonbauunternehmung Turner in Minneapolis patentierte mushroom system (Pilzsystem), bei welchem der Säulenkopf glockenartig verbreitert und als nach allen Seiten auskragendes Tragelement ausgebildet ist.

Zu diesem Zweck werden die Säuleneisen in die Decke herausgebogen oder werden in den Säulenkopf besondere Eisenstäbe eingelegt. Die Deckenarmierung läuft dann zwischen den Säulen sowohl in kürzester als in diagonaler Richtung.

Bezüglich der Bauausführung ist die große Sorgfalt auffallend, mit welcher die Eisen eingelegt werden. Brandversuche und Schadenfeuer haben ergeben, daß es notwendig ist, die Trägerbewehrung mit mindestens 4—5 cm Beton zu bedecken, um eine feuersichere Konstruktion zu erhalten, bei den schwächeren Deckeneisen werden 2,5—3 cm als genügend erachtet. Um diesen Abstand von der Schalung einzuhalten und außerdem die Eisen im genauen Abstande einzulegen, verwendet man gerne sogenannte Abstandhalter (spacer). Abb. 292 zeigt den Taxis-Abstandhalter für Deckenplatten, er ist aus einem Flacheisen hergestellt, in welches im Abstande der Deckeneisen durch Stanzen Füße nach unten gebildet sind, welche den erforderlichen Abstand gewährleisten. Außerdem sind an diesen Stellen Flacheisenlappen an den Rändern herausgeschnitten, welche über die Armierungseisen hergebogen werden.

Abb. 293 zeigt einen Abstandhalter für Balken. Es sind kleine gußeiserne Blöcke, welche in ihren Einbuchtungen die Eisen aufnehmen.

Abb. 292.
Taxis-Abstandhalter für Decken.

Hinsichtlich der V e r s c h a l u n g e n ist bemerkenswert, daß mehr als bei uns Formen verwendet werden, welche in leichter Weise zum Aufschlagen und Zusammenlegen beim Ausschalen eingerichtet sind. Diese erfordern wohl einmalige höhere Anlagekosten, sind aber oft wieder verwendbar und vermindern die teure Handarbeit auf dem Bauplatze.

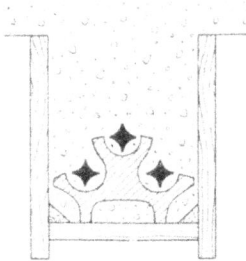

Abb. 293.
Abstandhalter für Balken.

Abb. 294.
Säulenklammer.

Säulenschalungen werden mit Vorteil mit leicht anbring- und abnehmbaren eisernen Klammern zusammengehalten. (Abb. 294.)

Die zylindrischen Säulenschalungen, die meistens bei den trägerlosen Decken Verwendung finden, werden gerne aus Eisenblech zusammengesetzt, die glockenförmigen Säulenköpfe werden mit gußeisernen Stücken verschalt.

Die B e t o n i e r u n g geschah bis vor nicht langer Zeit in der Weise, daß der Beton in gewöhnlich auf dem Erdboden stehenden

Abb. 295.
Schwerkraftbetonierung.

Trommeln gemischt wurde, welche neben einem vertikalen Aufzugs-
gerüst aufgestellt waren. Die Mischmaschine entleerte in eiserne
Kübel, welche innerhalb oder außen am Aufzugsturm hochgezogen
wurden und in jeder gewünschten Lage automatisch zum Kippen

und Entleeren in Karren oder aber in kleine Trichter gebracht wurden, welche einen Ausgleich ermöglichten. Von da ab erfolgte die Verteilung des Betons in Schubkarren, zweirädrigen Handwagen oder in Kippwagen, welche auf Gleisen liefen.

Seit dem Jahre 1908 jedoch ist eine neue Methode der Betonverteilung in Aufschwung gekommen, welche eine Umwälzung im Betonierverfahren hervorgerufen hat und immer mehr Eingang findet, weil sie für die amerikanischen Verhältnisse vorzüglich paßt. Auch in Deutschland wird dieses System mit größter Aufmerksamkeit verfolgt und seine Vorteile voll anerkannt. Die Methode besteht darin, daß der Beton von hohen Punkten aus in flüssigem Zustande durch Rohrleitungen verteilt wird, wobei die Bewegung durch die eigene Schwere erfolgt. Das System wird deshalb auch von den Amerikanern mit Schwerkraftsystem (gravity system of concrete distribution) bezeichnet. Der Bau wird also vollständig eingegossen. Ein Schaubild einer derartigen Betonierung ist in Abb. 295 gegeben.

Der Aufzugsturm. Die Vertikalförderung des Betons erfolgt wie bisher in hölzernen oder eisernen Aufzugstürmen. Die letzteren werden als Normalkonstruktionen ausgeführt und bei verschiedenen Bauten immer wieder verwendet. Deshalb sind die einzelnen Glieder nicht vernietet, sondern nur durch Schraubenbolzen miteinander verbunden, wodurch ein ungemein schnelles Auf- und Abschlagen des Turmes ermöglicht wird.

Die Türme sind für ihre große Höhe äußerst schlank gebaut. Die Turmenden müssen deshalb nach festen, außerhalb gelegenen Punkten verankert werden.

Die Führung des Bechers erfolgt zwischen vertikalen, am Turm festgemachten Leisten, das Hebeseil geht vom Becher hinauf zu einer oder zwei auf dem Turmende aufgesetzten Rollen und führt über diese herab zur Windetrommel der Aufzugsmaschine.

Die Aufzugstürme werden gewöhnlich an der Gebäudeaußenseite aufgestellt, weil es an dieser Stelle leicht möglich ist, Kies, Sand und Zement zuzuführen. Eine bessere Betonverteilung wäre von zentralen Türmen aus möglich, deshalb werden in manchen Fällen neben den außenseitigen noch zentral gelegene Verteilungstürme errichtet, denen der Beton von den ersteren zugeleitet wird.

Der Aufnahmetrichter. Der Aufzugsbecher entleert sein Gut in den Aufnahmetrichter, das ist ein nach unten sich verjüngender Behälter aus Blech, welcher in den meisten Fällen an der Außenseite des Turmes, zuweilen aber auch im Turminnern angebracht ist.

(Abb. 296.) Die letztere Anordnung hat den Vorteil, daß sie die im ersteren Falle vorhandene starke exzentrische Belastung vermeidet.

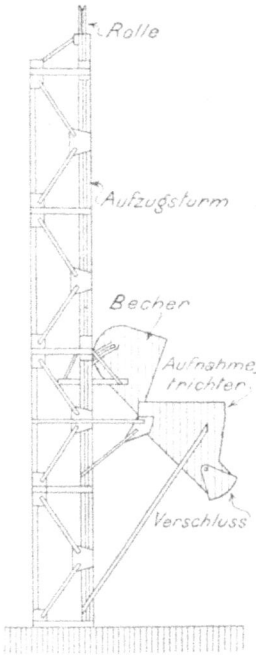

Abb. 296.

Dem Fortschritt des Baues entsprechend muß der Trichter stufenweise höher gesetzt werden, er ist aus diesem Grunde verschiebbar am Turm befestigt, meist in der Weise, wie es Abb. 297 zeigt, mit Hilfe eines eisernen Kranzes.

Die Fassungsfähigkeit des Trichters beträgt meist etwa 2 cbm, ungefähr das Doppelte des Becherinhalts. Zur Regelung des Ausflusses aus dem Trichter in die Leitungen ist am unteren Ende ein Segmentverschluß angebracht, welcher durch einen Arbeiter bedient wird, der auf einer vom Turm auskragenden kleinen Bühne steht. Die Drehung dieses Verschlusses erfolgt durch einen außen am Verschlußarme befestigten Hebel. Die Höhe in welcher der Trichter angebracht werden muß, muß groß genug sein, um mit dem erforderlichen Gefälle den Beton an die entfernteste Stelle des Baues leiten zu können.

Die Förderungsleitungen. Die Leitungen zur Betonförderung können offene Rinnen oder geschlossene Röhren sein. Erstere werden den letzteren vorgezogen, weil Verstopfungen nicht so leicht eintreten und sie wegen leichterer Zugänglichkeit überhaupt besser überwacht werden können.

Die offenen Rinnen haben rechteckigen oder halbkreisförmigen Querschnitt von 20—25 cm Breite, das Material, aus welchem sie her-

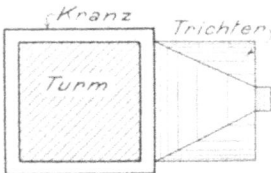

Abb. 297.

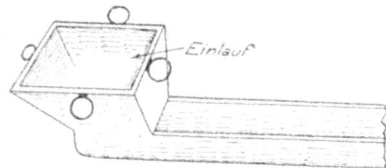

Abb. 298.

gestellt werden, ist gewöhnlich Eisenblech, seltener Gußeisen oder Holz. Das Aneinandersetzen der einzelnen Rinnenstücke erfolgt entweder durch Ineinanderschieben, wobei das hintere Rinnenende breiter als das vordere sein muß, oder die Rinnen werden staffelförmig übereinander angeordnet und die obere Rinne gießt in die nächst untere durch eine trichterartige Erweiterung ein. (Abb. 298.) In diesem Falle können die Rinnen zueinander in jedwede Lage in horizontaler Beziehung gebracht werden. Scharfe Kniebildungen können auch durch Einschaltung eines Blechkrümmers (Abb. 299) bewerkstelligt werden.

Die Herstellung leichter und voller Drehbarkeit um 360° wird erzielt, in dem man zwischen den Rinnen gelenkartige Verbindungen anordnet, wobei man alle möglichen Konstruktionen findet, die Abb. 299 und 306 zeigen zwei diesbezügliche Ausbildungen.

Die geschlossenen Röhren werden da, wo es sich um große Biegsamkeit handelt, also in der Nähe der Aufzugstürme, aus kurzen, mit

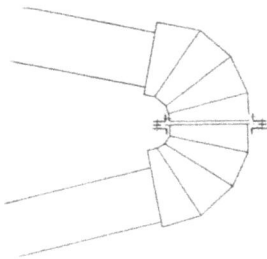

Abb. 299.
Gelenkverbindung mit Blechkrümmer.

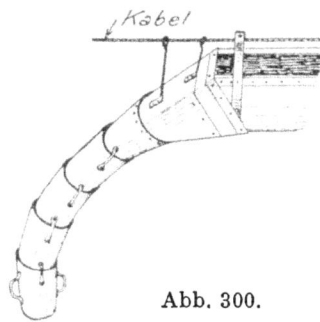

Abb. 300.

Gliedern verbundenen Rohrteilen zusammengesetzt, in der Weise, wie es Abb. 300 zeigt. Diese können häufig als sekundäre Leitungen von der Hauptrinne abzweigen. (Abb. 302.)

Stützung der Leitungen. Die schwachen Leitungen können sich natürlich nur auf eine geringe Länge frei tragen. Um größere Längen ohne Abstützung zu ermöglichen, stellt man mittels Drahtseilen als Zugstangen, welche man über hölzerne oder eiserne Hängesäulen führt, einen armierten Träger her. (Abb. 301.) Die Stützung der Leitungen kann erfolgen durch Auflagerung derselben auf transportablen, leichten hölzernen Böcken. (Abb. 301.) Empfindet man die Böcke hinderlich, so können leichte eiserne Gitterträger mittels Drahtseilen vom Turme herabgehängt sein, auf welchen die Leitungen entweder aufgelegt oder an die sie angehängt werden. (Abb. 302.) Die Drahtseile laufen oben entweder über Rollen oder

sind mit Flaschenzügen verbunden, so daß der Leitung nach Belieben
jede gewünschte Neigung gegeben werden kann.

Statt am Turme selbst können die Drahtseile auch an einem
Kabel befestigt sein, welches vom Turme nach irgendeinem festen
Punkte gespannt ist. (Abb. 303.) Hiebei ist auf gleiche Weise ein
Heben und Senken der Leitung möglich.

Die Rinnen werden angefaßt an Ringen, welche an Quereisen
befestigt sind oder so, wie es die Abb. 304 und 305 zeigen. Im letzteren

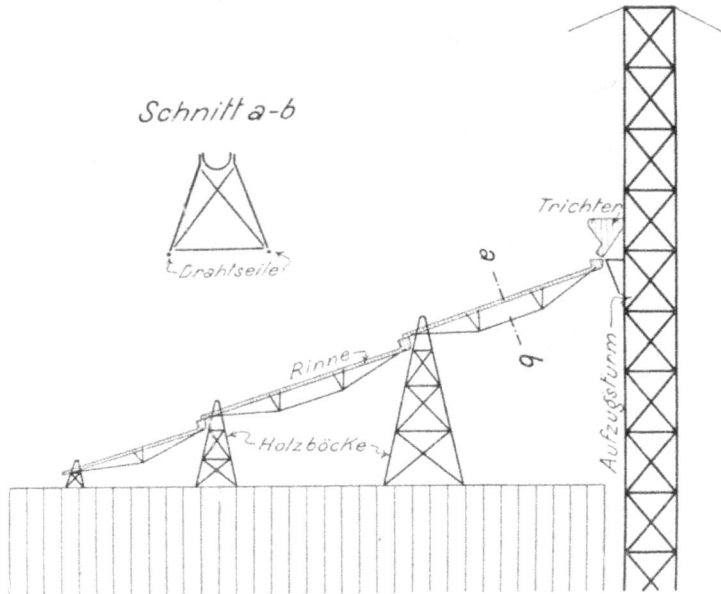

Abb. 301.
Stützung der Förderleitungen mit hölzernen Böcken.

Falle ist um die Rinne ein Draht geschlungen, wobei dieselbe durch
hölzerne Leisten geschützt ist.

Das weitestgehende Maß von Bewegungsfähigkeit der Leitung
erhält man dann, wenn man dieselbe an einem vom Turme ausladenden
Ausleger aufhängt. Abb. 306 zeigt eine solche Anordnung. Der Ausleger, aus einem Gitterträger bestehend, ist auf einem vom Turme vorkragenden eisernen Kranze sowohl in einem horizontalen als einem
vertikalen Zapfengelenk gelagert und ist daher sowohl drehbar als
kippbar. Die große durch denselben quer in den Turm eingetragene
Last macht die Einziehung besonderer Drahtseile im Gerüstwerk not-

wendig, um die entstehenden Zugspannungen aufzunehmen. Mit Hilfe eines zwischen das Auslegerende und das obere Turmende eingeschalteten Flaschenzuges kann derselbe gehoben und gesenkt werden. Auch eine seitliche Schwenkung ist möglich. Die oberste Rinne wird in zwei Punkten ebenfalls mittels Flaschenzügen vom Ausleger gefaßt und kann sowohl durch Betätigung dieser als durch Heben oder Senken des Auslegers angehoben oder abgelassen werden. Die Rinnen sind sowohl unter sich als oben mit dem Trichter in gelenkartige Verbindung gebracht, so daß sie um 360° gedreht werden können.

Eine etwas abweichende Einrichtung ist in Abb. 307 dargestellt. Hiebei ist die Leitung direkt an dem Ankerseile des Auslegers be-

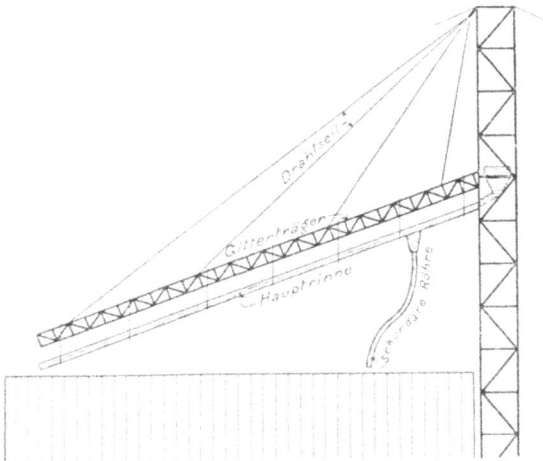

Abb. 302.
Aufhängung der Förderleitung an einem Gitterträger.

festigt. Längere Rinnen werden mit Streben auf den letzteren abgestützt. Die Abbildung zeigt gleichzeitig die Anordnung, wie sie bei zentralen Türmen beliebt ist, wo zwei einander gegenüberliegende Ausleger vorhanden sind und die Rinnen von einem im Turminnern aufgestellten Trichter gespeist werden.

Als zweckmäßigstes Gefälle der Leitung hat sich eine Rinnenneigung von etwa 15—20° gegen die Horizontale herausgestellt. Dieses ist für den gleichmäßigen Fluß des Betons am günstigsten.

Der Beton, welcher zu dieser Art von Betonierung verwendet wird, muß natürlich ziemlich naß sein und fließen. Die Naßbetonierung kam aber nicht erst mit dem in Frage stehenden Verfahren auf,

sie wurde vielmehr in Amerika schon lange vorher allgemein geübt.
Mit diesem nassen Beton hat man daselbst bei Eisenbetonbauten die
besten Erfahrungen gemacht, und es ist schon längst verwunderlich,
daß man in Deutschland insbesondere seitens der Behörden der Ver-

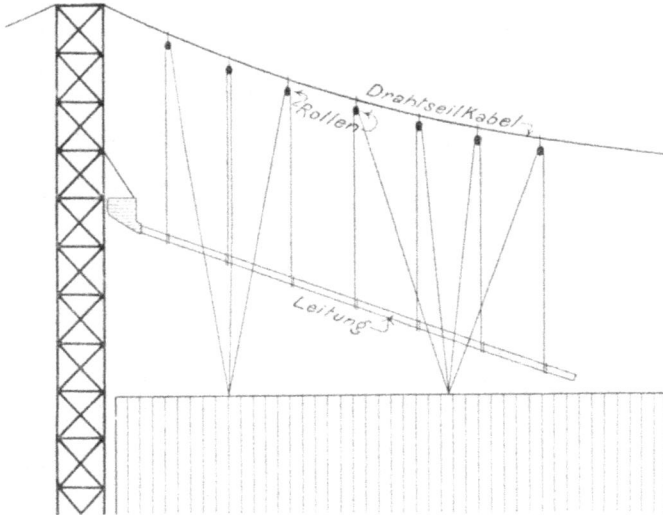

Abb. 303.
Aufhängung der Förderleitung an einem Drahtkabel.

wendung nassen Betons soviel Widerstand entgegensetzt, wo er doch
für den Eisenbetonbau viel eher paßt als der gestampfte Beton. Die
Praktiker, unter welchen in diesem Falle die Eisenbetonunternehmer
verstanden sein sollen, waren von jeher geneigt, dem Beton mehr Wasser

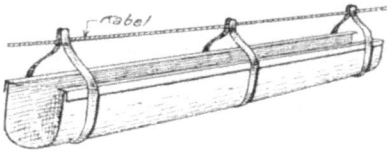

Abb. 304.

Abb. 305.

zuzusetzen, und sie wären längst zum nassen Beton übergegangen,
wenn dies nicht immer wieder an dem Widerstreben der Bauaufsicht
scheitern würde, welche zu meinen pflegt, daß man nur durch Stampfen
guten Beton erhalten könne, während ein befriedigender, allseitig
dichter Anschluß des Betons an die Eiseneinlagen nur mit nassem

Beton möglich ist. Laboratoriumsversuche sind für die Praxis nicht ausschlaggebend.

Die Voreingenommenheit gegen den nassen Beton hat zwar gegen früher schon bedeutend abgenommen, vielleicht gelingt es der

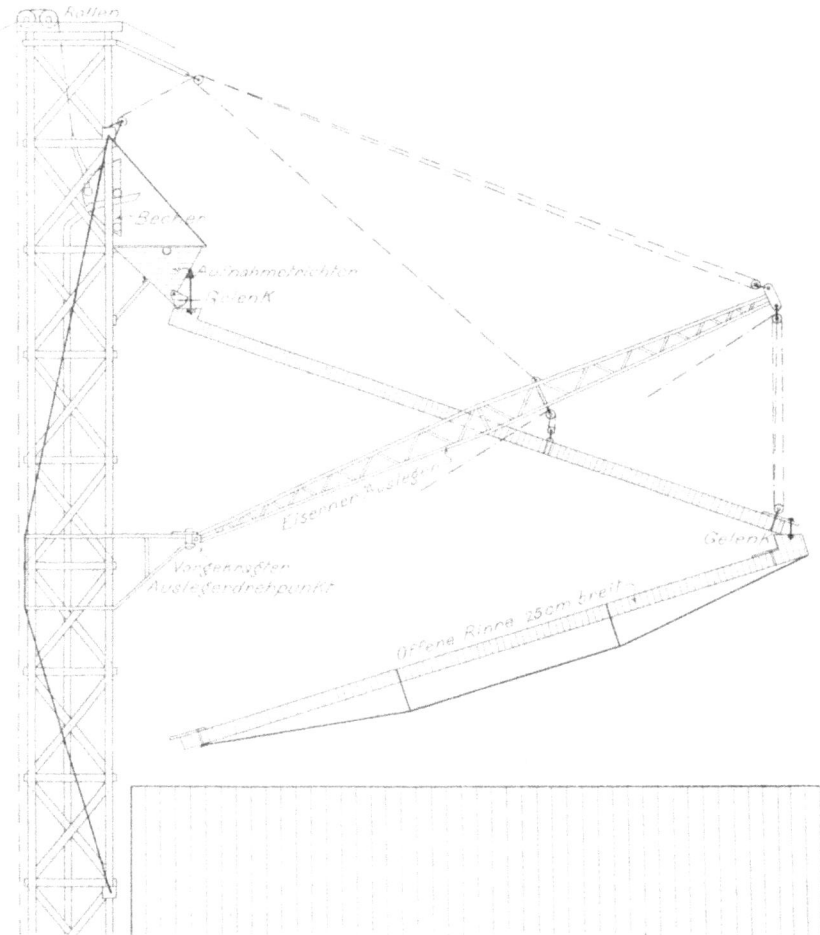

Abb. 306.
Aufhängung der Förderleitung an einem Ausleger.

neuen Baumethode, welche wegen ihrer Wohlfeilheit äußerst konkurrenzfähig ist, den Widerstand vollends ganz zu brechen.

Der große Vorteil besteht vor allem in wirtschaftlicher Beziehung, indem mit dem Schwerkraftverfahren ein weiterer Schritt im Ersatze

teurer Handarbeit durch maschinelle Methoden getan ist. Sämtliche
Arbeiter, welche seither den Beton in horizontaler Richtung ver-
teilten, fallen weg. Aus diesem Grunde kann natürlich auch eine
Verkürzung der Bauzeit erreicht werden. Die amerikanischen Unternehmer haben Ersparnisse von 50% und noch mehr gegen das früher
übliche Verfahren erzielt.

Außer den eben genannten sind eine Reihe weiterer Vorzüge auf-
zuführen, welche sich zum Teil ebenfalls in Kostenersparnissen äußern.

Das Mehr an mechanischer Behandlung des Betons beläßt demselben in erhöhtem Maße die vorhandene gleichmäßige Zusammen-

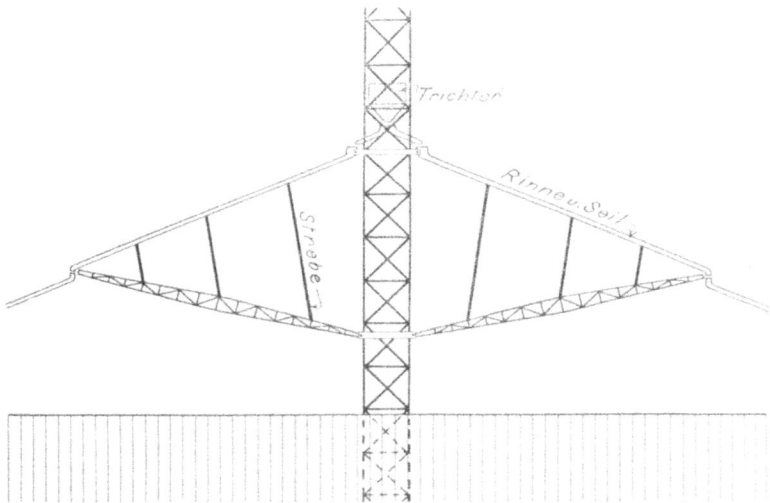

Abb. 307.
Zentraler Verteilungsturm.

setzung, weil ein Entmischen durch den Karrentransport und das
Werfen mit der Schaufel nicht eintreten kann. Auch Verluste an
Betonmasse fallen weg.

Die seither übliche horizontale Betonförderung in Karren oder
gar in Kippwagen, welche auf Gleisen liefen, brachte den Nachteil
mit sich, daß Schalung und Rüstung durch das Fahren nicht bloß
stark mitgenommen wurden, sondern daß sie auch Stößen und schräg-
wirkenden Kräften ausgesetzt waren und deshalb besonders hiefür
berechnet und konstruiert sein mußten. Diese Mißstände fallen bei
der Schwerkraftmethode, wo nur wenige Arbeiter auf der Schalung
stehen, weg. Auch das Auskippen eines beladenen Wagens wirkt auf

die Schalung wesentlich ungünstiger als die fortlaufenden kleinen Ausflußmengen der Förderleitungen.

Die Karrenförderung hat gegenüber der Schwerkraftbetonierung weiterhin das Unangenehme, daß die Eiseneinlagen durch unvorsichtiges Fahren aus ihrer Lage gebracht werden und daß durch die entstehenden Erschütterungen der frisch hergestellte Beton nicht ruhig abbinden kann.

Horizontale Stampffugen, welche als schwache Stellen im Betonkörper zu bezeichnen sind, fallen weg, man hat einen vollständig gleichmäßigen monolithischen Bauteil.

In wirtschaftlicher Hinsicht erfordern die Ausrüstungen für die Schwerkraftbetonierung wohl einmalige höhere Ausgaben, die Möglichkeit ihrer oftmaligen Verwendung und die Ersparnis an Karren und Karrenbahnen macht sie jedoch auf die Dauer überlegen.

Es ist zuzugeben, daß die Schwerkraftbetonierung für die amerikanischen Verhältnisse besonders gut paßt. Aber auch in Deutschland strebt die Entwicklung in mancher Beziehung der amerikanischen zu, die Arbeitslöhne steigen, der Ersatz der Handarbeit durch Maschinen wird immer rentabler. Man vergegenwärtige sich nur das rapide Aufkommen der Baumaschinen im letzten Jahrzehnt.

Es scheint daher, daß die Schwerkraftmethode schon jetzt auch in Deutschland mit Vorteil Verwendung finden könnte, wenn auch der erzielte Gewinn kein so hoher sein dürfte, als er bei amerikanischen Bauten erreicht wird. Es bedarf nur des Anstoßes seitens einer unserer großen Betonbauunternehmungen, welche ja dem Fortschritte in so hervorragender Weise zugänglich sind.

XV. Die Feuersicherheit der hohen Gebäude.

Die ungeheure Verantwortung, welche auf den Bauherren und Konstrukteuren der hohen Häuser und den Behörden, welche dieselben zulassen, lastet, ist leicht zu ermessen, wenn man bedenkt, daß bei einem ausbrechenden Brande Leben und Gesundheit Hunderter und Tausender von Insassen auf dem Spiele steht, welche sich teilweise bis zu mehreren hundert Metern über dem sicheren Erdboden befinden.

Diese Verantwortung wird, wenigstens soweit sie die Wahl der Baustoffe und teilweise auch die Löscheinrichtungen betrifft, in ge-

bührendem Maße gewürdigt, und die Methoden des Feuerschutzes
haben sich zu einem selbständigen Zweig des Ingenieurwesens heraus-
gebildet, mit welchem sich Spezialfirmen beschäftigen. Die Ausgaben für feuerschützende Maßnahmen werden insofern auch gar
nicht so schwer genommen, als dadurch die Prämien, welche man
den Feuerversicherungsgesellschaften zu zahlen hat, erheblich niedriger werden.

Der Grad der Feuersicherheit eines Hauses hängt ab von dessen
Konstruktion, der Art seiner Benutzung und der Feuergefährlichkeit
der umgebenden Gebäude.

In ersterer Hinsicht, das muß unbedingt zugestanden werden,
wird alles getan, um die Tragekonstruktion bei einer Feuersbrunst
ihrer Aufgabe mit größtmöglicher Sicherheit zu erhalten und Ein-
stürze zu vermeiden.

Die als Feuerschutz des tragenden Eisens verwendeten Materialien sind in der Hauptsache Terrakotta und Beton. Terrakotta,
selbst im Feuer hergestellt, ist an sich der vorzüglichste feuersichere
Baustoff. Im ganzen Schutzmantel vermauert, hat sie jedoch Nachteile, weil der Zusammenhang des Ganzen durch die zahlreichen Fugen
gestört ist, so daß bei zahlreichen Schadenfeuern Teile der Hülle ab-
gesprungen sind, insbesondere dann, wenn ein satter Anschluß
der Steine an das Eisen mit Zement oder eine Verankerung damit fehlt.

Umhüllungen mit Beton werden wegen der Einheitlichkeit des
Stoffes und der Fugenlosigkeit im Westen des Landes der Terrakotta vorgezogen, obwohl der Beton an und für sich als feuersicherer
Baustoff der Terrakotta etwas nachstehen dürfte. Bei großer Hitze
und dem Auftreffen von Wasserstrahlen bröckelt nämlich eine dünne
Betonschicht ab. Um daher den Flammen den Zutritt zum Eisen
zu verwehren, wird eine genügend starke Deckung von mindestens
6—8 cm als nötig erachtet. In manchen Fällen hat man um die dek-
kende Betonhülle noch einige Putzschichten auf Drahtgeflecht aufgetragen, welche den Umhüllungsbeton schützen sollen.

Damit ein einmal entstandenes Feuer möglichst wenig Nahrung
findet, wird alles Holzwerk und sonst brennbare Material auf das
absolut Nötige beschränkt. Möbel, Einrichtungsgegenstände, welche
zur Benützung nötig sind, brennbare Waren und Fabrikationsgegen-
stände lassen sich nicht vermeiden, dagegen sind alle Türen- und
Fensterrahmen sowie die Türen und Fenster selbst entweder aus
hohlem gepreßten Metall hergestellt oder mit einem Holzkern ver-

sehen, der mit Eisenblech oder Kupfer überzogen ist. Das wenige nicht zu vermeidende Holzwerk wird gewöhnlich durch eine feuerschützende Methode behandelt.

Zur Bekämpfung eines Feuers sind in allen hohen Gebäuden vertikale, vom Untergeschoß bis zum Dach reichende Standröhren in den Treppenhäusern untergebracht, welche mit den auf dem Dache aufgestellten großen Wasserbehältern oder mit den Pumpen im Maschinenraume in Verbindung stehen, so daß man also von den Straßenleitungen bis zu einem gewissen Grade unabhängig ist. In jedem Stockwerk bestehen Anschlüsse für Schlauchleitungen, so daß man möglichst nahe an den Feuerherd herankommen kann.

In solchen Gebäuden, in denen sich viele Menschen aufhalten und welche von leicht brennbaren Stoffen angefüllt sind, also Warenhäusern und hohen Gebäuden, welche zu Fabrikationszwecken dienen, sind außerdem noch rascher wirkende Einrichtungen, nämlich automatisch wirkende Wasserstreuer (sprinkler) vorgesehen. Es sind dies horizontal innerhalb oder unterhalb der Decke angebrachte Rohrsysteme, von welchen in gewissen Abständen senkrechte Stutzen herabreichen, durch die das Rieselwasser heraustritt. Je nachdem ständig Wasser in den Röhren steht oder nicht, unterscheidet man nasse oder trockene Wasserstreuer. Letztere werden nur da angewendet, wo ein Einfrieren des Wassers möglich ist.

Neben diesen direkten Bekämpfungsmitteln sind insbesondere seit dem Brande des 10 stockigen Ash Gebäudes in New York mit Nachdruck in der baulichen Anlage Vorkehrungen gefordert worden, um der Ausbreitung eines Feuers im Hause Halt zu bieten. Doch ist an die Ausführung derselben nie mit demjenigen Ernste herangegangen worden, welcher der Wichtigkeit der Sache entsprochen hätte.

Um die Ausdehnung auf die ganze Stockwerksfläche zu verhüten, wird dieselbe durch feuersichere Wände in einzelne Teile zerlegt, welche mit automatisch schließenden feuersicheren Türen verbunden sind.

Die Verbreitung auf die übrigen Stockwerke geschah bei den meisten Schadenfeuern in erster Linie durch die ungeschützten vertikalen Verbindungsschächte, in welchen sich die Aufzüge und Treppenanlagen befinden. Diese wirken ihrer bedeutenden Höhe wegen wie die besten Kamine und tragen die Flammen nach oben.

Es wird daher neuerdings großer Wert darauf gelegt, die Treppen und Aufzugsschächte mit feuersicheren Wänden zu umschließen und selbstschließende feuersichere Türen anzubringen. Vielfach wird

vorgeschlagen, das Treppenhaus in einem besonderen, vom Haupt-
bau getrennten Anbau unterzubringen, womit man mehr gegen Rauch
geschützt sei. Doch sind solche Anordnungen nur in ganz wenigen
Bauten zu finden.

Außer durch die vertikalen Verbindungsschächte kann ein Brand
auch durch die Fensteröffnungen übertragen werden. Das Glas wird
durch die Hitze gesprengt, die Flammen schlagen am Haus empor,
sprengen die Fensterscheiben des nächstoberen Geschosses und dringen
in dasselbe ein.

Um dieser Gefahr zu begegnen, macht man Fenster und Fensterrahmen aus Metall und benutzt statt gewöhnlichen Glases das gegen
Feuer widerstandsfähige Drahtglas. Häufig werden auch noch selbstschließende eiserne Läden angeordnet.

Der Grad der Feuersicherheit ist aber nicht nur durch die Beschaffenheit des Gebäudes selbst, sondern auch durch diejenige seiner
Umgebung bedingt. Leicht brennbare und nah anstehende Nach-
barhäuser vermögen selbst einem mit hohem Feuerschutz ausgestatteten Hause gefährlich zu werden. Das Überspringen des Feuers
erfolgt durch die ungeschützten Fensteröffnungen. Die begegnen-
den Mittel hierfür sind bereits genannt worden, in manchen Fällen
werden noch über den Fenstern Wasserstreuer zum Berieseln angeordnet.

Trotzdem so manches getan ist, um ein Feuer möglichst im Keime
zu ersticken oder zu lokalisieren, so glauben selbst mit der Materie
so vertraute Männer wie die Vorstände von Baupolizeiämtern, daß bei
Ausbruch eines Brandes eine Panik entstehen kann, deren Folgen gar
nicht abzusehen sind.

Da ist vor allem die Mangelhaftigkeit der Treppen zu erwähnen.
Bei einem einigermaßen stärkeren Feuer scheint es, als ob die Aufzüge bald ihren Dienst versagen werden. Der Hauptansturm der
kopflosen Menge wird sich nach den Treppen konzentrieren und diese
sind für die Aufnahme solch großer Massen viel zu schmal. Häufig
oder meist ist selbst bei Häusern von größerer Grundfläche nur eine
Treppe und ein einziger Ausgang vorhanden. Hier können sich Szenen
ereignen, welche jeder Beschreibung spotten.

Um die Hausinsassen an eine geregelte und besonnene Entleerung bei Feuersgefahr zu gewöhnen, sollten deshalb unbedingt
von Zeit zu Zeit Übungen abgehalten werden, und es wird von der
Baupolizei neuerdings auch auf die Vornahme solcher fire drills hin-
gedrängt.

Wenn in den Geschäftsgebäuden die Größe der schwebenden Gefahr für Leben und Gesundheit der Bewohner noch dadurch gemildert wird, daß diese Bauten nur zur Tageszeit bewohnt sind, so ist sie voll vorhanden bei denjenigen Wolkenkratzern, welche Hotelzwecken dienen, oder den vornehmen Mietshäusern (apartment houses), welche neuerdings ebenfalls bis zu 12, 14 ja 16 Stockwerken gebaut werden. Obwohl ja die Feuerschutzmaßregeln entsprechend gesteigert sind und im ganzen Hause verteilt Feuermeldestellen an das Büro des Hotels und an die städtische Feuerwehr sowie elektrische Läutwerke zum Wecken der schlafenden Bewohner vorhanden sind, so wird selbst eine kühne Fantasie kaum vermögen, sich die Folgen eines größeren Feuerausbruches bei Nacht in einem derartigen Gebäude auszumalen.